MEICENGQI CHANCHU GUOCHENG SHENTOULU BIANHUA YU PAICAI KONGZHI

煤层气产出过程渗透率变化与排采控制

倪小明　王延斌　张崇崇　杨　建　著

化学工业出版社

·北京·

本书以影响煤层气井产气的主要控制参数之一——渗透率为主线，系统分析了沁东南地区煤层气富集特征及其主控因素，渗透率特征及其主控因素，在此基础上划分了沁东南地区煤储层排采潜力类型。系统分析了不同储层类型下排采过程压力传递的主控因素，应用渗流理论得出不同储层类型下水压和气压的传播变化规律。根据煤层气井的生产特点，对排采阶段进行了重新划分。应用煤层气地质学、渗流力学、岩石力学、岩体力学等理论，构建了煤层气产出过程煤储层有效应力、基质变形及渗透率变化的数理模型，提出了“回升系数”的概念，量化了不同储层属性条件下渗透率变化规律的差异。根据排采过程中围岩含水层对煤层补给量的大小，提出了层状储层和块状储层的概念。充分考虑不同排采阶段引起渗透率变化的根本，构建了不同情况下合理排采工作制度的数理模型，提出了不同情况下合理排采工作制度制定的方法。本书所介绍的研究成果丰富了煤层气开发地质理论，对现场排采提供了重要的借鉴。

本书可供从事煤层气地质及勘探开发领域的科研院所的科技人员、工程技术人员以及高年级本科生、研究生参考使用。

图书在版编目（CIP）数据

煤层气产出过程渗透率变化与排采控制/倪小明等著．—北京：化学工业出版社，2015.7

ISBN 978-7-122-23929-7

Ⅰ.①煤…　Ⅱ.①倪…　Ⅲ.①煤层-地下气化煤气-渗透率-研究②煤层-地下气化煤气-地下开采-研究　Ⅳ.①P618.11

中国版本图书馆 CIP 数据核字（2015）第 097123 号

责任编辑：窦　臻　　文字编辑：冯国庆

责任校对：边　涛　　装帧设计：王晓宇

出版发行：化学工业出版社（北京市东城区青年湖南街 13 号　邮政编码 100011）

印　　刷：北京永鑫印刷有限责任公司

装　　订：三河市宇新装订厂

710mm×1000mm　1/16　印张 16¾　字数 323 千字　2015 年 7 月北京第 1 版第 1 次印刷

购书咨询：010-64518888（传真：010-64519686）　售后服务：010-64518899

网　　址：http：//www.cip.com.cn

凡购买本书，如有缺损质量问题，本社销售中心负责调换。

定　　价：68.00 元

序
Preface

我国煤层气资源丰富，全国埋深2000m以浅煤层气资源量为36.81万亿立方米。开发利用我国丰富的煤层气资源，可有效地增加高效洁净能源供给，减少煤矿甲烷直接排放量，有效缓解温室效应，同时有望从根本上遏止矿井瓦斯灾害、改善煤矿安全生产条件。

我国经过30多年的煤层气勘探开发，消化、借鉴国外成功经验，充分考虑我国煤储层特殊性，初步形成了针对不同煤储层类型的开发技术体系。2014年，全国地面煤层气产气总量为36亿m^3，是2010年产气总量的2.3倍。但不同地域、不同层位、同一地区的不同井型、相同井型之间产气量差异较大。究其原因，煤层气产出是地质属性与工程诱导耦合作用的结果。我国多期构造叠加、构造热事件的耦合作用造成煤层气生成环境、储集空间的特殊性，昭示着我国煤层气开发的地质属性在小范围内也可能存在较明显的差异。我国不同矿区之间和同一矿区内部煤层气资源时空匹配的复杂性、多解性决定了仅从宏观、中观角度研究煤层气开发地质属性的局限性。煤层气产出过程是在人为干预下的诱导作用，地质属性的差异性、人为干预方式及时间等的不同引起诱导过程煤层气产出的关键参数主控因素的变化，最终导致煤层气井产气量的明显差异。进行小范围内煤层气开发地质属性的精细诊断，查明小范围内煤层气产出过程煤储层参数的变化规律，制定出针对不同产气特征的合理的排采工作制度是煤层气井产气最大化的重要保障。

本书正是基于此种状况，既考虑煤储层地质属性的差异性，同时更注重排采过程煤储层关键参数的动态变化。作者以影响煤层气直井产气量的主要参数之一——渗透率为主线，以沁东南地区为研究对象，系统分析了研究区富集高渗的控制因素，划分了排采储层类型潜力，得出了不同储层属性下排采过程煤储层基质、有效应力、渗透率的动态变化规律，提出了不同储层类型下的排采工作制度。

该书以沁东南地区煤储层富集渗透特征为基础，分析不同储层地质属性下关键参数的动态变化规律。紧密结合现场生产实际，提出了排采过程中“回升系数”、“层状储层和块状储层”等概念，量化了不同煤层属性下渗透率变化差异，提出了具有可操作性的不同排采阶段的排采工作制度。本书内容丰富，数据翔实，深信本书的出版对我国煤储层参数的动态变化及排采工艺深入研究将起到积极的推动作用，对从事煤层气地质及勘探开发的科技工作者及现场工作人员具有很高的参考价值。

中国工程院院士

2015 年 2 月

前言

Foreword

煤层气的产出实质上是在人工干预和诱导下使煤层气赋存环境发生改变的结果。原始状态下煤层气赋存环境能量大小的差异，人工干预和诱导行为对赋存环境的改变量、作用时间、影响程度等的不同，造成煤层气产出的难易程度可能存在明显的区别。我国经过30多年的煤层气基础地质理论研究，在煤层气富集成藏规律及成藏模式、煤储层物性非均质性及控制机理、煤储层的吸附特征及储集机理、煤层气成藏动力条件-过程及资源贡献、煤层气有利区块优选理论与方法等方面取得了令人瞩目的成果，但对人工干预和诱导下不同储层属性的动态变化特征研究深度不够，导致煤层气开发地质理论指导现场开发工艺方面显得力不从心。

煤层气排采工程是所有人工干预和诱导工程中持续时间最长、煤层气赋存环境变化最多样的环节。我国储层属性的多样性、地质条件的复杂性决定了排采过程中煤层气直井压力传递的主控因素及变化规律，煤层气产出时煤储层所受的有效应力、基质变形、渗透率等关键参数变化的主控因素及变化规律的不同，这些不同引起排采时需要针对不同情况制定相对合理的排采工作制度。基于相态划分的排采阶段及排采工作制度无法适应多样的煤储层属性及地质特征。

基于此，笔者以沁水盆地东南部为研究对象，在系统分析了3#煤储层埋深、变质程度、厚度、含气量、资源丰度等特征的基础上，结合他人研究成果，论述了埋藏史、热史、构造演化史对沁东南地区含气量总格局的控制及水动力条件对含气量的再分配作用，总结出研究区煤层气富集模式。系统研究了沁东南地区孔裂隙结构特征和渗透率特征，分析了构造对渗透率总格局的控制及应力对渗透率的局部微调作用，划分了高渗区、中渗区和低渗区。评价了沁东南地区煤储层富集性、渗透性、可改造性和可产出性，划分出研究区煤储层排采潜力类型。

系统分析了煤层气直井排采过程中压力传播的主要影响因素，提出了“层状储层”和“块状储层”的概念，得出了不同储层类型下水压和气压的传播变化规律。充分考虑现场煤层气直井的生产特点，对煤层气井的排采阶段进行了重新划分。

应用煤层气地质学、岩体力学、渗流力学、损伤力学、煤层气开发地质学、煤岩学、构造地质学等理论与方法，构建了煤层气直井不同排采阶段包括有效应力、煤基质变形、渗透率等参数变化的数学模型，探讨了不同煤储层属性参数下这些参数的变化规律，提出了“回升系数”的概念，量化了不同煤储层属性下渗透率变化规律的差异。

根据围岩含水层对煤层补给量的大小，结合煤层本身的渗透率性和可改造性，划分了排采储层类型。紧密联系现场实际，对比了不同储层类型下“五段三压式”排采阶段的排采特征差异，提出了相应的排采工作制度，为不同储层类型下排采工作制度提供了参考和借鉴。

本书在撰写过程中，尽可能利用最新的生产和科研资料以及笔者近期的科研成果，使其内涵更加丰富。笔者立足于沁东南地区煤层气开发的地质条件，以煤层气产出的主要通道——储层孔裂隙为主线，对煤层气富集高渗的主控因素、压力传播变化规律、排采过程渗透率变化规律及主控因素进行了较深入的分析和研究，量化了排采不同阶段渗透率变化值，提出了具有可操作性的排采工作制度。

本书撰写工作的分工如下：第一章、第二章，王延斌；第三章、第四章、第八章，倪小明；第五章、第六章、第七章，倪小明、张崇崇；杨建参与了部分章节的编写工作。全书由王延斌教授统一审核、定稿。

中国工程院院士彭苏萍欣然为本书作序。本书所反映的研究工作得到了中国矿业大学秦勇教授、姜波教授、韦重韬教授、杨永国教授、傅雪海教授、桑树勋教授、朱炎铭教授、吴财芳教授、陈玉华老师、申建老师、杨兆彪老师，中国地质大学（北京）汤达祯教授、刘大锰教授、唐书恒教授、黄文辉教授、姚艳斌副教授、许浩副教授，煤炭科学研究总院西安研究院张群教授，中国石油大学张遂安教授、康永尚教授，中国地质大学（武汉）王生维教授，中联煤层气有限责任公司吴建光教授级高工、叶建平教授级高工，北京奥瑞安能源技术有限公司杨陆武教授级高工，奥瑞安能源国际有限公司饶孟余教授级高工，北京九尊能源技术开发有限公司李玉魁教授级高工，山西蓝焰煤层气集团有限责任公司王保玉教授级高工、田永东教授级高工，晋城煤业集团煤层气产业发展局李国富教授级高工，河南省煤层气开发利用有限公司于顺德董事长、冯立杰教授级高工、郭启文教授级高工、徐耀部长、张文勇博士，中国矿业大学（北京）邵龙义教授、孟召平教授的悉心指导和帮助；河南理工大学的周英教授、景国勋教授、魏平儒教授、苏现波教授、勾攀峰教授、郭文兵教授、李化敏教授、郝吉生教授、曹运兴教授、张玉贵教授、张小东教授、潘结南教授、宋党育教授、林晓英副教授、韩颖副教授、郭红玉副教授、刘晓老师对本书的编写提出了许多宝贵意见；硕士研究生贾炳、胡海洋、朱阳稳等在实验室分析、现场数据资料整理、图件清绘等方面做了大量的工作，在此一并致以衷心谢意！笔者引用了大量国内外参考文献，借此机会对这些文献的作者表示感谢。

本书由油气重大专项基金“煤层气开发动态评价模型与软件系统”（编号：

2011ZX05034-005）、高等学校博士学科点专项科研基金项目“煤层气排采过程中煤储层特性变化与产能动态耦合关系”（编号：20120023130001）、河南省科技厅攻关项目（编号142102210050）、河南省教育厅科学研究重点项目（编号：14A440005）和中原经济区煤层（页岩）气河南省协同创新中心等共同资助。

煤层气的产出是储层正能量系统和负能量系统耦合作用的结果。笔者试图立足煤储层基本属性，充分考虑产出过程的动态变化，得出对现场具有实际指导意义的结论。煤储层内部结构的复杂性、空间位置的多变性、地质条件的复杂性、工程工艺技术的多样性、人为操作的偶然性，加之数学模型的简化性、现场实际的出入性及笔者水平的局限性等，导致一些结论还不够准确和具体，还需在今后做进一步和深入细致的研究。书中不足之处在所难免，敬请广大读者不吝赐教！

倪小明

2015 年 2 月 1 日

目录
Contents

第一章

绪论

煤层气作为一种高效、洁净能源，近三十多年来引起了人们广泛的关注，人们纷纷投入到开发煤层气这一行业中来。经过多年的基础地质理论与开发工艺技术、工艺、装备的研究、引进、改进和探索，取得了重要的研究进展。一些地区应用基础地质理论的研究成果指导其勘探开发，取得了较好的效果；但在一些地区应用煤层气的地质理论指导煤层气的开发，效果不甚理想。究其原因，煤层气井能否产气是煤层气成藏动力条件、控藏效应、开发工艺引导耦合作用的结果[1~5]，是微观煤岩孔裂隙结构及能量特征、细观流体流动特征、中观工程工艺引导、宏观能量系统耦合作用的结果。小范围内微观煤岩孔裂隙结构及能量特征的差异性很大程度上决定了细观流体流动特征的多样性，引起煤层气单井产气时主控因素的多变性，进而需要根据不同的主控因素选择相应的开发工程工艺。

我国成煤环境的多期性、多样性及煤储层特征的多变性决定了目前大尺度下煤层气富集地质特征研究和“排水-降压”理论指导煤层气开发的局限性；超微观尺度、微观尺度的煤岩孔裂隙结构及能量特征的研究与中观尺度的开发工程工艺之间缺乏匹配的纽带和桥梁，导致煤层气基础地质理论研究的丰硕成果与产气效果之间存在一定的反差，人们甚至开始怀疑煤层气基础地质理论的正确性及研究的意义和价值。为了尽量消除人们对取得的丰硕煤层气基础地质理论研究成果的误解，使理论对现场工程的可操作性指导意义更强，本书以沁水盆地东南部为研究对象，以煤层气产出的关键参数之一——煤储层渗透率为主线，分析了富集及渗透性特征的主控因素，划分了煤储层排采潜力类型，量化了排采过程中煤储层的重要参数的动态变化值，阐述了其变化规律，提出了不同储层类型下合理的排采工作制度，以期更有效地指导不同储层类型的煤层气的开发工艺。

第一节 研究意义

我国煤层气资源丰富，2006 年油气资源评价结果表明，全国埋深 2000m 以浅煤层气资源量为 36.81 万亿立方米，与我国天然气资源量相当[6]。因此，开发利用我国丰富的煤层气资源，在优化能源结构上可有效地增加高效洁净能源供给；在环境保护上直接减少了煤矿甲烷排放量，可有效缓解温室效应；在矿井瓦斯灾害防治上可改善煤矿安全生产条件[7]。

目前大家比较一致的观点是：煤层气主要以吸附状态赋存在煤储层中[8]，其产出机理与常规天然气差别很大。美国经历了“煤层气资源调查—成藏条件探索—理论研究深化”等几个阶段，形成了“排水-降压-气体解吸-基质扩散-裂隙渗流”的煤层气开采理论。在美国圣胡安盆地（San Juan Basin）、黑勇士盆地（Black Warrior Basin）、粉河盆地（Powder River Basin）等诸多盆地得到了成功应用，形成了低阶煤高渗区空气钻井裸眼洞穴开发技术、中煤阶中渗区射孔压裂大面积降压长期排采技术和中-高煤阶中低渗区多分支水平井技术。美国煤层气年产气量取得快速发展。1988 年突破 10 亿立方米，2005 年达到 525 亿立方米，之后一直维持在 500 亿～600 亿立方米之间。2013 年受页岩气产量和煤层气市场价格的影响，煤层气开发投入力度有所减缓，煤层气年产气量首次降至 500 亿立方米以下。

直到美国形成了新兴煤层气产业后，我国才逐渐完成了其从“灾害气体”到“优质能源”的认识转变并积极投入到煤层气勘探开发的重要实践中。1989 年原能源部召开“第一次全国煤层气研讨会”，拉开我国煤层气勘探开发的序幕。我国的煤层气工作者根据我国煤田地质的特点和煤储层的特殊性，借鉴、消化和吸收了美国煤层气基础地质理论和开发工艺技术，并进行了一定的改进。2004 年前后，中联煤层气有限责任公司、山西蓝焰煤层气集团有限责任公司、华北油田煤层气分公司、中石油煤层气有限责任公司等先后在沁水盆地南部无烟煤区进行了先导性开发试验并取得了成功，拓展了煤层气基础地质理论。美国的“低-中阶煤选区评价理论”、“高煤阶开发缺陷理论”和“产能模式”在中国受到了严峻挑战，我国的科技工作者在无烟煤区煤层气赋存和产出规律认识的指导下发现了沁南大型煤层气田，获得国家批准的煤层气探明储量为 702 亿立方米。煤层气直井产气量取得突破，单井日产气量从几百立方米到几千立方米，个别单井日产量达到 1 万立方米以上，预示着我国煤层气开发具有广阔的前景。

沁东南地区先导性试验获得成功后，带动了周边及其他地区煤层气的勘探开发。该区煤层气开发逐渐向煤层埋藏较深的地域扩展。与此同时，寿阳、屯留、韩城、吴堡、柳林、三交、三交北、峰峰、安阳、焦作、六盘水等地也纷纷展开了较大规模的煤层气的勘探开发，煤层气开发热火朝天地展开。随着煤层气开发的快速推进，开发深度的加大，开发层位的变化，采取了多种煤层气开发工艺技术，但煤层气直井日产气量并未如人所愿的那样取得稳定、高产，主要表现如下。

① 认为相似煤层气储层地质条件的地区，煤层气直井日产气量差异较大。

例如：焦作矿区二$_1$煤层厚度一般在 6m 左右。其中，恩村区块适宜煤层气开发的二$_1$煤层埋藏深度在 500～800m 之间的煤层，含气量一般为 18～25m^3/t，兰氏体积和兰氏压力等方面与山西晋城矿区 3# 煤层的这些煤储层参数十分相似。但在焦作地区进行的 30 多口井的先导性试验，除个别井出现短期产气较高值外，大部分井几乎不产气，产气效果与晋城矿区相比差别较大。

② 同一区块煤层气井的产气表现大相径庭。

例如：沁水盆地东南部的樊庄区块整体产气量较好，但各单井的产气量差异明显，从几百立方米到几千立方米不等。同一区块不同井产气高峰差异明显，规律性不明显；不同区块几乎相同煤层埋深情况下产气量差异明显；不同区块不同埋深产气量差异明显；有的井产水量大，产气量也大；有的井产水量大，产气量却小；有的井产水量小，产气量也小；有的井产水量小，产气量却很大。

由于不能较合理地解释目前煤层气井的产气现象，导致煤层气的开发存在一定的盲目性。查明煤层气井产气量的差异性，急需解决以下几个方面的重要问题。

① 查明小范围内煤层气产出的孔裂隙结构特征及能量的差异性是阐明煤层气井产气量差异的基础。

目前，煤层气井主要开采的是煤储层中的甲烷气体，煤层气储层地质属性的研究是煤层气产出研究的基础。为了查明煤层气产出的地质属性对煤层气井产气量的控制作用，我国煤层气工作者从煤层气的生成、地质构造特征、圈闭形成条件、大型构造形态及成因、水文地质特征等角度对煤层气富集类型进行了划分，以期指导煤层气勘探开发。中国多期构造叠加、构造热事件的影响造成煤层气生成环境、储集空间的特殊性，即使同一地区，受到同期次构造作用影响，构造应力的大小、影响范围及作用对象的差异性，导致同一地区储层特征的差异性，昭示着我国煤层气开发的地质属性与国外的截然不同，也预示着小范围内煤层气开发地质属性也可能不同。煤层气“生、储、盖”的有机组合决定了仅从某一方面或某几方面划分富集类型的片面性；中国不同矿区之间、同一矿区内部煤层气资源时空匹配的复杂性、多解性决定了仅从宏观角度、定性程度研究煤层气井产气量地质属性影响的局限性。为此，查明小范围内煤层气产出的孔裂隙结构特征及能量差异，探索不同孔裂隙结构类型下煤层气产出的主控因素，是分析煤层气井产气量差异的基础。

② 查明不同储层地质属性下煤层气产出过程中储层关键参数的动态变化规律能为煤层气开发工艺的选择提供理论支撑。

煤层及围岩中水的排出，改变了煤层及围岩的力学性质，煤基质、煤的孔裂隙等所受的应力，引起了孔裂隙结构的变化。这些变化既影响了排出水的难易程度，也改变了排采过程中产出气的难易程度。煤层气的产出，使煤层的含气量发生改变，改变了煤层气赋存环境的压力、能量。反过来又引起了孔、裂隙结构的变化，最终影响了排采过程中产出气的难易程度。

煤储层孔裂隙特征，含气量，上覆岩层应力，水平应力，煤岩力学性质，含水量等的差异性，造成煤层气井排采过程中各种参数响应的不同敏感性，这些敏感性的差异决定了储层的伤害程度及煤层气井产气难易程度的差异，最终影响着煤层气井的产气量。煤层气开发储层地质属性的差异性，导致煤层气开发工艺的各个环节对储层作用引起的煤层气产出的正、负效应的差异性，使煤层气井产气量的主控因素分析变得更加复杂，不同条件下产气井产气量的主控因素的不明确导致开发工艺的选择缺乏一定的方向性。查明不同情况下煤层气产出过程中储层参数的动态变化规律，能为根据这些差异性，制定出与其基本匹配的煤层气开发工艺技术提供理论支撑。

③ 煤层气井排采过程的精细化管理是煤层气产出最大化的根本保障。

煤层气井产气量的大小是煤层气开发整个过程的最终表现。煤储层极易受到伤害、敏感性很强的特点决定了需要对煤层气开发的每一过程进行精细刻画和管理。煤层气井的排采管理主要涉及压力系统的管理和煤粉的管理。产水量、储层地质属性等的差异，造成不同排采阶段压力系统改变的主控因素和煤粉运移的主控因素的变化，这些变化又反过来影响了煤层气产出过程的难易。因此，只有通过精细刻画每种情况下的排采工作制度，才能使压力系统和煤粉的改变对储层导流能力的负效应降低到最低。煤层气井排采过程的精细化管理是煤层气产出最大化的根本保障。

通过煤层气产出过程渗透率动态变化与排采控制的研究，试图阐明不同储层类型下的排采潜力类型，为煤层气高产井井位的准确选择和小尺度内煤层气储层改造工艺技术提供方向性的指导。量化不同储层地质属性下煤层气产出过程中关键储层参数的动态变化规律的差异，为煤层气井排采工作制度的制定提供理论依据。不同储层类型条件下煤层气排采工作制度的合理制定，为煤层气产出最大化提供了重要保障。

第二节　研究现状

煤层气井的产出是煤储层微观孔裂隙结构、细观能量系统、中观工程工艺技术及宏观构造动力条件、地下水动力条件等耦合作用的结果。研究内容涉及较多，下面仅对本书主体内容相关的煤储层富集高渗、煤储层孔裂隙及其几何模型、煤层气产气潜力评价、煤层气产出过程的动态参数变化、煤层气井的排采控制等方面的研究进展进行阐述。

一、煤储层富集高渗的研究现状

1. 煤储层富集特征方面的研究

主要开展了煤层气成藏的基本条件和成藏过程等方面的研究。煤层气成藏基本条件方面，主要围绕着煤层气的生成、煤储层的物性、盖层、吸附解吸等方面进行了研究。成藏过程方面主要围绕构造动力条件、热动力条件、水动力条件、聚散动力条件等方面展开研究。

美国的煤层气工作者通过对本国煤储层地质条件及煤层气成藏进行研究，认为影响煤层气富集成藏的控制地质因素主要有：煤的沉积系统和煤层的分布、煤的演化程度（煤阶和甲烷气的生成）、煤中气体含量、煤层的渗透率、水动力因素、大地构造格局和构造条件等[9]，研究成果对美国煤层气的开发选区工作具有重要的指导意义。

我国煤层气研究者根据我国的地质特点，从热动力学条件、构造演化、封盖层、沉积环境、地下水动力条件及耦合叠加效应等方面对煤储层富集控气进行了卓有成效的研究。

热动力学条件不仅影响着煤的变质程度，同时还会引起煤孔裂隙结构、煤层气生成量的变化。研究者在实验室模拟测试的基础上，认为煤层气的成因主要有生物成因和热成因两种类型。低变质煤中主要是生物成因气，中高变质煤中主要是热成因气；提出了“煤化作用阶跃式控气”[10~12]的思想，并通过模拟实验对不同变质程度煤的生气量进行了表征。

构造对煤层气藏的形成和破坏主要表现在地质发展历史和构造样式两个方面。我国研究者把与煤层气富集有关的构造归纳为向斜构造、背斜构造、褶皱-逆冲推覆构造和伸展构造等 4 个大类 10 种型式[13~14]。研究成果对煤层气勘探开发战略选区具有指导意义。

盖层的封闭性在很大程度上决定了煤层气的保存量。研究者们在实验室对盖层的排驱压力、渗透率等参数进行了测试，结合数理模型，把盖层划分为屏蔽层、半屏蔽层和透气层。并根据其在不同构造发育区，划分出 9 类不同的盖层岩性组合类型[15]。提出了“生储盖组合形式”、“有效盖层厚度控气”的观点，为煤层气选区指明了方向。

沉积环境控制着煤层气的储/盖组合、煤储集层的几何形态、煤层厚度，并通过对沉积母质的控制，影响着煤储集层的含气性、吸附性和物性等。研究者基于我国煤层气地质背景条件，把沉积体系下的储/盖层条件划分成 6 种类型[16]，为煤层含气量预测提供了依据。

地下水动力条件的强弱对煤层气的富集与保存有重要的影响。煤层气研究者将水文地质区划分为供水区、强交替区、弱交替区、滞缓区、停滞区和泄水区六种类型[17～18]。认为：地下水动力条件强的地区煤层含气量比较低；地下水相对滞流的地区，煤层气含量较高。流动的地下水带走煤层甲烷的主要方式是通过水对甲烷的溶解作用，并使煤层甲烷的碳同位素发生分馏作用，使煤层甲烷碳同位素变轻[19～21]。

上述研究成果更多偏重于某一因素对煤层气富集的影响。事实上，煤层含气量的多少是多种因素耦合作用的结果。为了更准确地得出煤层气的富集成藏条件，国内煤层气研究者从多因素角度研究其控气作用。

煤层气科技工作者对我国研究区的构造演化史、沉积埋藏史、生烃史、热史及地下水动力条件等进行综合研究。认为：构造演化史、沉积埋藏史、生烃史的有利匹配是煤层气富集的先决条件；水动力条件强的区域不利于煤层气富集，滞流区有利于煤层气富集[22～24]。高煤阶煤层气藏中构造热事件对煤层气的生成、富集贡献较大；低阶煤地下水动力条件对气藏的调整和改造起到决定性的影响[25,26]。

研究者根据煤层气的成因及构造形态，提出了 8 种煤层气成藏类型，即：水压单斜型、水压向斜型、气压向斜型、断块型、背斜型、地层-岩性型、岩体刺窜型和复合类型的煤层气藏[27～29]。

综上所述，研究者大多以煤田、矿区、区块为研究单元，从煤储层本身特征、煤层所处的构造样式和构造形式、地下水的补给形式、煤层与其外在因素之间的耦合作用等角度进行了富集特征的研究，为我国煤层气富集区预测提供了重要的借鉴和帮助。

2. 煤储层渗透率预测方面的研究

煤储层渗透率的大小是煤层导流能力的宏观表征。国内外煤层气科技工作者在煤储层渗透性预测方面做了大量的研究，取得了卓有成效的研究成果。现有的预测方法主要有以地质学为基础的方法，如构造曲率法、构造应力法等；以煤岩学为基础的方法，如裂隙观察法、煤体结构法等；还有借助一些实验测试、现场测试数据，采用多元回归法、BP 神经网络法、灰色关联分析法等数学方法对渗透率进行预测的方法；或与计算机技术、地质学结合的综合预测方法，如数值模拟法、遥感测试法、测井/地震与煤岩结合法、地质强度因子法等。

构造曲率法预测渗透率是一种以裂隙成因为基础，用于评价裂隙发育情况的数学方法。应用构造曲率法需要两个基本前提，即所研究的地层必须是受构造应力作用发生了弯曲变形；基于煤岩体是完全的弹性体。在岩石力学性质相似的条件下，曲率越大，裂隙越发育，渗透性越好；但是，过高的构造曲率可能导致煤体结构强烈破碎，从而影响煤体裂隙的胀开[30～32]。确定构造曲率的临界值是此方法预测的难点和重点。

构造应力法主要是应用数值模拟方法对古构造应力场进行恢复。认为：古构造应力场控制了裂隙的样式，是控制裂隙发育程度的主控因素。当构造应力场最大主应力方向与储层的优势裂隙组发育方向一致时，裂隙受到张应力的作用，裂隙宽度增大，渗透率增高[33~35]。多期构造应力叠加增加了裂隙的复杂性，影响了渗透率预测结果的准确性。

裂隙观测法就是对煤岩宏观、微观裂隙进行统计，根据裂隙发育程度反映渗透率大小，更多的是基于统计学的思想，结合构造情况来对渗透率预测[36]。

煤体结构是煤的变形程度的反映，不同煤体结构的煤变形程度不同，导致渗透率大小存在一定的差异。通过野外露头、钻孔煤心直接观察或者利用测井曲线判识煤体结构，从而根据划分的煤体结构来判识渗透率的大小[37]。不同地区即使煤体结构相同，对应的渗透率的大小也可能存在较大差异。标定煤体结构与渗透率的对应关系是应用煤体结构预测渗透率的前提，由于煤体结构划分比较粗略，而渗透率大小是确定值，两者对应的准确程度对渗透率预测结果影响较大。

多元回归分析法、BP 神经网络法、灰色关联分析法等都是根据大量的现场渗透率测试数据，基于地质条件、煤岩变形等属性基本相似的前提，通过建立数学模型来进行预测[38~40]。地质条件的复杂性、煤岩属性的差异性决定了此类预测方法的局限性。

一些研究者应用显微地层学和统计法、遥感探测技术等对煤层高渗区进行了预测。预测尺度相对宏观，预测结果与具体现场生产之间的匹配度存在不足[41,42]。另外，还有研究者应用模糊逻辑技术、地应力场与渗透率关系、马尔柯夫过程的原理和方法对渗透率进行了预测[43~46]，预测结果相对宏观，在此不再细致阐述。

综观国内外渗透率预测方面的研究，大致可分为定量预测和定性预测。不同的预测方法由于选择尺度、对地质条件的依赖程度、煤层属性的理解程度、测试手段的精确程度等的差异，导致预测结果存在较大差别。在具体应用时，需要根据研究区的具体情况，结合所掌握资料的翔实程度，选择恰当的预测方法对研究区的渗透性进行预测。

二、煤储层几何模型研究现状

1. 煤储层孔隙结构特征的研究

煤储层既是煤层气的生气层，也是煤层气的储集层。煤储层的研究是进行煤层气产出研究的基础。煤是由植物经泥炭化作用和成煤作用后形成的，在植物形成煤炭的过程中及形成后，伴随有煤层气的生成。同时在煤层中形成了大小、形态不一的孔隙，这些孔隙成为煤层气的赋存空间。围绕着煤炭生成过程及后期地质构造对孔隙类型的控制作用，国内外研究者对煤中孔隙类型从成因角度进行了划分[47~51]。把气体逸出时在煤内形成的孔称为气孔；部分的植物细胞组织被保留后形成的孔称为残留植物组织孔；孔隙被矿物质充填后形成了次生孔隙或晶间孔；有些孔形成后又被溶蚀，称为溶蚀孔等。煤中孔隙类型的成因划分为进一步研究孔隙结构特征奠定了基础。

煤的孔隙类型的成因划分为更清晰地认识煤层气的生成起到了极大的推动作用，但对煤层气在其中的赋存状态、运移研究意义不大。为了更好地研究煤层气在煤层中的赋存、运移，国内外研究者借助各种测试仪器，对煤中的孔隙大小进行了表征。研究的视角、测试仪器的精度等的差异，导致不同的研究者对煤的孔径大小的分类存在一定的差异。其中代表性的孔径大小分类见表 1-1。

表 1-1 煤孔隙分类一览表 单位：nm

研究者	级别			
	微孔	小孔（或过渡孔）	中孔	大孔
Ходо Т(1961 年)[52]	＜10	10～100	100～1000	＞1000
Dubinin(1966 年)[53]	＜2	2～20		＞20
Gan(1972 年)[47]	＜1.2	1.2～30		＞30(粗孔)
国际理论和应用化学联合会(1972 年)[54,55]	＜0.8(亚微孔)	0.8～2(微孔)	2～50	＞50
抚顺煤研所(1985 年)[56]	＜8	8～100		＞100
杨思敏(1991 年)[57]	＜10	10～50	50～750	＞750
刘常洪(1993 年)[58]	＜10	10～100	100～7500	＞7500
肖宝清(1994 年)[59]	0.54～10	10～40	40～60	
秦勇(1995 年)[60]（主要对高煤阶）	＜15	15～50	50～400	＞400

仅仅知道煤层中孔隙的大小远远不能反映出煤孔隙结构特征。为了更好地表征煤储层孔隙的大小、形态、孔隙度、孔容、孔比表面等孔隙参量，国内外研究者采用压汞法、低温氮吸附法、光学显微镜、扫描电镜等方法对煤的孔隙参数进行了研究与表征，得出了不同地区孔隙结构特征[61~67]，为煤层气的运移产出研究奠定了基础。

基于不同的孔径分类，国内外研究者根据孔隙形态、不同的孔径得出煤层气在孔隙中的扩散类型。其中代表性的有：基于十进制的孔径分类，认为在大孔和中孔以管状、板状孔隙为主，易于气体的储集和运移，气体以容积型扩散为主；小孔和微孔以不平行板状毛细管孔和墨水瓶状孔为主，易于气体的储集，不利于气体的运移，气体以分子型扩散为主。从吸附运移特征角度对孔径进行分类，认为孔径以 65nm 为界限，分为吸附扩散和渗流两种状态，即孔径＜65nm 时，孔隙中的气体以扩散为主；孔径＞65nm 时，孔隙中的气体以渗流为主。孔径＜

8nm 为表面扩散，8～20nm 为混合扩散，20～65nm 为 Kundsen 扩散；65～325nm 为稳定层流；325～1000nm 为剧烈层流；>1000nm 时为紊流[68～73]。

为了研究不同变质程度煤的孔隙结构特征，研究者们主要采用压汞法、低温氮吸附法、光学显微镜、扫描电镜等方法对孔容、比表面积、孔隙度进行观察和测试，得出高变质程度的煤微孔发育、孔隙连通性差、吸附能力强，低变质程度煤大、中、过渡孔较多，孔隙连通性好、吸附能力差的结论，为不同变质程度煤中煤层气的运移产出研究奠定了基础[74～75]。

20 世纪 80 年代末研究者们把分形几何学的思想引入到对煤的孔隙结构的研究中[76]。利用 Menger 海绵的构造思想模拟煤岩体的孔隙特性，结合孔径测试资料，得出不同孔径段的分形维数，对不同孔径段的孔隙离散性进行描述[77～81]，为孔隙复杂程度的表征提供了一种方法。

近年来，CT 扫描技术、核磁共振（NMR）技术应用于煤孔裂隙的研究。利用 CT 技术，可实现对孔裂隙、矿物的发育形态、大小、方位、空间分布关系的定量精细描述[82～84]；利用核磁共振 T2（岩石的横向弛豫时间）谱的分布能反映孔隙大小的分布，并能计算出残存水孔隙度和有效孔隙度[85]，为煤层气的运移产出机理的研究提供了更加可靠的依据。

2. 煤储层裂隙结构特征的研究

煤储层裂隙是煤层气运移产出的主要通道。国外对裂隙的研究始于 20 世纪 60 年代的苏联。20 世纪 70 年代美国进行了煤层气的勘探开发活动，把煤储层裂隙的研究推向高潮。国外把煤层中的裂隙称为割理，其中在煤层中延伸较远的称为面割理；仅发育在两条面割理之间的裂隙称为端割理[86～87]。

我国对煤层裂隙的研究开始于 20 世纪 80 年代。国内研究者在借鉴国外裂隙研究的基础上，根据煤层中裂隙发育情况提出了主裂隙和次裂隙的概念[88]。苏现波等[89]根据煤中裂隙的成因和形态，分成了内生裂隙、外生裂隙和继承性裂隙。张慧等[90]将内生裂隙进一步划分为失水裂隙、缩聚裂隙、静压裂隙，将外生裂隙进一步划分为张性裂隙、压性裂隙、剪性裂隙、松弛裂隙。这些研究成果都为不同裂隙对储层渗透率的贡献问题的研究奠定了基础。

为了对裂隙的长度、宽度、高度、充填特征、密度、裂隙度、产状、张开度、连通性等进行较精细的描述，国内研究者们通过手标本、扫描电镜观测、核磁共振成像法等[91～94]，对煤储层裂隙特征进行表征，认为由于煤中裂隙发育程度的差异，导致有些裂隙能相互沟通形成网状；有些裂隙部分沟通形成孤立的网状，而有些裂隙不能相互沟通，呈现孤立状，并据此对其渗透能力的强弱进行了划分，为煤层气渗流机理的研究奠定了基础。

3. 煤储层几何模型的研究

煤储层的几何模型方面代表性的研究成果有 Warrenh 和 Root 的双重孔隙结

构模型、苏现波的双直径球形孔隙结构模型和傅雪海的三元结构模型。

Warrenh 和 Root[95]把油气储层的双孔隙模型引入到煤层气储层中，认为：煤体是由基质孔隙和裂隙系统组成的双重孔隙介质，基质孔隙是气体储存的主要空间，裂隙系统是气体运移的主要通道，是煤层气井产能的主要贡献者。该模型主要考虑了内生裂隙对煤层气井产能的贡献，忽略了构造应力等作用形成的外生裂隙对煤层气运移的影响，对指导我国的煤层气开发具有很大的局限性。

苏现波[96]等在借鉴国外煤储层几何模型的基础上，根据煤经历地质构造运动后变形程度不同导致裂隙发育的差异，分别构建了针对原生结构煤和碎裂煤的三重结构模型及碎粒煤和糜棱煤的双直径球形几何模型。认为：原生结构煤和碎裂煤的储层渗透率的主要贡献者是外生裂隙，在无烟煤中更是如此，内生裂隙的主要贡献是沟通了基质块和外生裂隙的联系。对于碎粒煤和糜棱煤，煤储层中裂隙不甚发育，在这类储层内主要发生着两级扩散，即煤层气由基质微孔隙表面解吸扩散至基质大孔隙中，继而由基质大孔隙扩散至井筒产出。与 Root 的双重孔隙结构模型相比，此类模型更加全面。

傅雪海等[97]应用分形理论提出：煤储层孔裂隙系统是由宏观裂隙、显微裂隙和孔隙组成的三元结构系统。认为：宏观裂隙是渗透率的主要贡献者。宏观裂隙根据裂隙大小、形态特征和成因进一步分为大裂隙、中裂隙、小裂隙和微裂隙；显微裂隙根据其形态可分为阶梯状、雁列式、帚状和 X 式等；基于煤层气运移特征，将煤孔隙分为大孔、中孔、小孔、过渡孔和微孔等。

煤储层几何模型的构建，无疑对研究煤层气的运移产出机理和煤层气产能数学模型的构建提供了比较清晰的思路及方向。但我国煤储层孔隙结构、裂隙结构的复杂性，决定了仅仅通过某一种储层几何模型研究煤层气运移产出变化规律的局限性，急需在现有煤储层几何模型的基础上，进一步进行精细描述，以期为不同情况下煤层气运移产出机理研究提供基础。

三、煤层气产气潜力评价研究现状

20 世纪 80 年代末到 90 年代初，是我国煤层气勘探的初始阶段。当时的煤层气选区评价，主要借鉴了美国的选区评价标准。当时美国主要以“中煤阶优势成藏理论”为选区的指导原则。在上述评价标准指导下，我国早期的煤层气资源评价和选区都以中煤阶含煤区为主，未考虑低煤阶褐煤、长焰煤和高煤阶无烟煤。

20 世纪 90 年代初，借鉴美国煤层气成藏理论和选区方法、标准，结合我国地质条件，逐渐形成了我国煤层气勘探选区标准。首先根据煤的变质程度划分为低、中、高三种变质程度的煤，针对低、中、高三种变质程度的煤，分别从含气量、含气饱和度、渗透率、单层煤厚、累计厚度、资源丰度等参数进行界定和评价。与以前的评价方法相比，区分度更明显。但对于尺度相对小的情况，评价的区分度仍然较差。

煤层气的勘探开发是分步骤进行的。在此思想指导下，20 世纪 90 年代中后期逐渐形成了阶梯优选资源评价方法，即“一剔除三筛选”方法。核心思想为：第一步是关键参数一票否决，当关键参数小于其临界值时，即认为没有继续评价的必要；第二步是面积-资源丰度筛选，通过对研究对象面积和资源丰度进行比较，利用黄金分割法分成四类，对于最差的一类不再进入下一级；第三步是渗透率筛选，通过对进入这一级的评价单元渗透率参数进行对比，利用黄金分割法分为两类，差的一类不进入下一级；第四步是产能筛选，对进入这一级的评价单元进行产能对比，分为两类，差的一类不进入下一级；第五步是经济评价筛选，方法同上。通过以上步骤筛选，对评价区等级进行了划分，评价的精度进一步提高。

21 世纪初期，人们逐渐把数学的方法引入煤层气评价之中。采用层次分析法、BP 神经网络法、灰色关联度法、灰色类聚法、综合突变理论、多模糊综合评价法、GIS 与多模糊综合评价相结合的方法等对煤层气资源潜力进行评价，划分出有利区、较有利区和不利区等[98~101]。通过分析煤层气高产的影响因素，采用模糊物元的方法，结合勘探开发资料，对有利区进行了评价[102]，评价由定性向半定量方向发展。

这里特别要强调的是：20 世纪 90 年代末期，池卫国提出了从地层能量的角度对煤层气进行有利区块优选。21 世纪初期，以秦勇教授为代表的研究团队在这一思路基础上进行了拓展和延伸，从能量平衡系统的视角研究煤层气成藏的动力学条件及其配置关系。认为煤层弹性能由煤基质弹性能、水体弹性能、气体弹性能等构成，并基于物理模拟试验、煤岩应力应变、气体热力学、动力学等理论，构建了煤基质弹性能、水体弹性能、气体弹性能的数学模型。基于煤层气富集性依赖于有效压力系统，煤层气保存及可采性依赖于有效运移系统的指导思想，基于煤层弹性能，构建了煤层压力系统指数和煤层裂隙指数数学模型。以煤层弹性能为纽带，对煤层气成藏的宏观动力能、微观动力能进行定量表征，建立了包括煤储层裂隙发育程度系数、煤储层裂隙开合程度系数、煤储层压力系统发育程度系数等在内的煤层气成藏效应的三元判识标志，划分出 27 种成藏效应类型[103~110]，为高变质程度煤和中变质程度煤的开发靶区准确选择提供了较可靠的依据。基于煤层气成藏动力学分析，建立了煤层气地质选区理论与评价方法[111]。评价思想由表观逐渐向煤体内部扩展，评价结果更接近客观事实，但评价时对工程工艺方面的考虑较少。

四、煤层气井排采过程物性参数变化研究现状

煤层气井排采时，随着水的产出，会引起煤层的有效应力、含气量、渗透率、储层压力、孔隙度、产气量等一系列参数的变化，国内外研究者在这一方面

也进行了大量的研究，其中渗透率的变化及主控参数方面的研究最多，在此也主要对其研究现状进行阐述。

1. 排采过程中渗透率变化研究

排采时随着水的产出，煤基质所受应力增加，煤层中的裂隙被进一步挤压，煤层的导流能力下降，称之为煤岩弹性自调节负效应；当储层压力降低到气体的临界解吸压力以下时，气体开始解吸产出，引起煤基质收缩，煤层中裂隙被拉张，煤层的导流能力增加，称之为煤岩弹性自调节正效应。煤层气井排采时，在煤岩弹性正、负效应的综合作用下，裂隙的导流能力发生着变化。本次也从排采过程中煤储层渗透率的正、负效应角度阐述其变化的研究现状。

（1）排采过程中有效应力增加引起的煤岩弹性自调节负效应　有效应力是由K. Terzaghi提出，表征外力作用多相介质时，由固相介质承担的那部分外力[112]。排采时煤储层所受应力状态的改变，引起煤体内结构、流体流动状态等一系列的变化，这一现象可称为应力敏感性。研究者通过不断改进实验仪器设备的精度及条件得出与客观实际更贴近的试验结果。进行了应力-渗透率实验测试，引入敏感系数、有效应力等概念，建立了渗透率与有效应力之间的幂指数关系模型[113～118]。通过改变轴压、围压、天然裂隙数量、渗透率的各向异性等条件，得出了这些条件对渗透率的影响，并通过Bernabe和Berryman所提出的模型进行了解释[119～121]。一些研究者基于有效应力原理，通过理论分析得出了与实验结果相同的渗透率随有效应力的变化规律[122～123]，通过Cross-Plotting法对有效应力系数进行了确定，得出了渗透率随有效应力系数同步增减的结论[124]。

实验样品、测试环境、实验仪器本身、人为操作等的差异，导致采用实验测试手段得出的渗透率与有效应力的关系的个例较强，实验测试时间较长、测试费用相对较高、普适性受到较大影响。

为了得出一些具有相对普适性的数理模型，煤层气科技工作者基于双重变形介质理论、双重变形介质理论[125]、毛细管模型理论[126]、Biot理论[127]、细观损伤理论[128]、岩石力学与流体力学理论[129]、有效应力原理[130]等理论构建了流固耦合数理模型。研究成果多集中在油气藏，煤储层方面的流固耦合研究相对较少，且对于煤体复杂多变的结构特性考虑较少，在计算固体变形对渗透率的影响时，多集中在应力变形改变流体运移空间方面，在能量交换方面考虑较少，同时，排采过程中渗透率变化探讨的不仅仅是点的概念，导致目前的数理模型或实验测试结论在指导现场工程时存在一定的偏差。

（2）排采时气体解吸作用下引起的煤岩弹性自调节正效应研究　排采时气体的解吸引起表面自由能的变化，进而引起煤储层渗透率的变化。煤层气科技工作者通过三轴渗流实验[131～133]、煤体膨胀变形及自调节效应渗流实验[134]、孔隙度与渗透率模型、解吸运移气固耦合模型、非达西流双渗模型[135]、Seidle解吸渗流模型[136]、Shi-Durucan 模型[137]、等效基质颗粒模型[138]、固体变形模型与 Ji-Quan Shi 模型[139]、自调节效应渗透率模型[140,141]得出了气体的解吸使储层渗透率有所回升的结论。

研究者通过实验测试、数学建模等方法，得出了煤层气井整个排采过程煤储层渗透率呈现“减少-增加”的变化规律，但对于基质收缩与有效应力间相互作用的力与能量的交换，气/水产出时煤体应力-结构的改变，不同煤岩本身属性、地应力特征、含气性特征等差异情况下基质收缩量、有效应力压缩量及两者相互之间的影响量却不能给出确定的回答，导致针对这些属性差异下的排采过程中渗透率的变化规律不能定量化，指导生产存在一定的局限性。

2. 排采过程其他关键参数的变化研究

排采时不仅仅发生着煤储层渗透率的改变，事实是水的产出，引起了应力、含气量、渗透率、储层压力、产气量、孔隙度等一系列参数的联动变化。其中储层压力、产气量、孔隙度构成了煤层气井排采的外循环；应力变化、气含量变化和渗透率变化构成了煤层气井排采的内循环；控制压力变化是控制整个系统循环进行的基础。这一现象被称为双循环联动机制[142]。基于双循环联动机制，倪小明等[143]较系统地分析了煤层气井不同排采阶段储层物性的变化，为排采工作制度的制定奠定了基础。

围绕煤层气井排采时煤岩的弹性自调节正、负效应和内、外循环机制思想，煤层气科技工作者通过实验室岩心应力敏感性实验、煤层气数值模拟软件 COMET2.0、ECLIPSE、Coalgas 等模拟手段，得出渗透率随有效应力呈指数的变化规律的结论[144]。根据能量和质量守恒定律，采用压力增量迭代法，利用 Matlab 7.11 编写程序，得出排采过程中产水量与井底压力呈非线性的关系的结论。根据现场煤层气井的排采曲线，分析了产水量、动液面深度、套压等之间的关系，得出排采过程中排采参数具有明显的排采阶段特征的结论，需要针对不同的排采阶段进行分析[145~148]。

煤层气井排采过程中煤岩弹性自调节正、负效应模式以及双循环联动机制的提出，无疑为煤层气排采过程中物性参数的动态变化规律的研究指明了方向。排采是一个连续的、长期的过程，排采过程中各种参数的变化既受到本身固有属性的影响，同时受到外界条件变化的影响，是本身固有属性与外部条件耦合作用的结果。外部条件的多变性、内部固有属性的多样性，都可能导致排采过程中主控因素的变化，最终引起表现形式及变化规律的差异性。对于排采过程中各种物性参数的变化，需要继续根据煤层气井实际产气特征，在实验室测试、数值模拟和现场生产试验相结合的情况下，做更进一步的精细刻画和描述。

五、煤层气垂直井排采控制研究现状

制定合理的排采工作制度能够延长煤层气井产气高峰时间，提高煤层气井的产能。美国、加拿大等国家的煤储层主要是中-高渗煤储层，煤储层所受的构造动力影响小，排采制度的快慢对煤层气井产气量的影响较小，普遍以快速见气为排采手段，对我国排采制度的制定不具有借鉴意义。我国关于煤层气井排采理论的认识及合理排采制度的形成主要经历了三个阶段。

第一阶段：2003 年以前的快速降压产气排采工作制度

这一阶段，主要以产气量为划分标准将排采阶段划分为排水降压、稳定产气、产气量下降三个阶段。排采初期以快速见气为目的，通过快速降低井底流压，实现煤层气井的快速产气。在煤储层原始渗透率较高、煤岩弹性模量较大、地应力较小的区域，采用此方法来进行煤层气井的排采，对煤层气井的产气量影响较小。随着煤层气开发井数量和深度的增加，发现快速排采导致渗透率下降快，初期产量高，但维持时间短，单井总产气量低。典型案例见于沁水盆地中段山西组 3[#] 煤层的煤层气开发，储层渗透率普遍在 0.1mD 以下，快速排采造成产气后 3～5 个月的短期高产和随之而来的后期无产量现象，教训惨重。所以，这种北美洲针对中-高渗煤储层排采理论指导下的排采制度，不适宜我国低渗透煤层气排采。

第二阶段：2004～2010 年的“连续、渐变、稳定、长期”的排采工作制度

煤层气井排采以有效大面积降压和低成本开发为目标。煤层气产出时，会引起储层压力、渗透率、含气量等储层参数发生变化。快速排采往往造成渗透性急剧下降和有效降压面积有限。慢速排采则造成排采时间过长和增加开发成本。因此根据低渗煤储层渗流规律制定合理排采强度是煤层气井合理高产的基础。目前，数学建模[149]、COMET3 模拟软件[150]、ECLIPSE E300 三维双重孔隙介质多组分模拟器[151]等方法是研究模拟不同地质条件下排采过程中储层渗透性、储层压力等储层参数变化规律的主要技术。另外，基于渗流理论、排采机理[152]等理论分析以及 Matlab[153]、Visual Modelflow[154]等软件模拟的方法，也广泛应用于排采过程储层渗透率等参数变化规律研究，为排采制度的制定提供了参考。

汲取快速排采失败教训后，人们发现我国低渗透煤储层排采具有自身特殊的规律，即排采期间低渗透煤层对应力变化极其敏感、渗透率急剧减小；研究了煤基质膨胀与收缩对产气量的影响，总结出“连续、渐变、稳定、长期”的排采工作原则，保障了相当一部分低渗透煤储层的正常合理排采产气。不同地区煤储层属性、围岩含水性及对煤层的补给量、见气时间等的差异性，导致这一指导思想对不同地区操作性方面存在较大差异，排采工作制度更多基于现场经验进行制定。

排采工作制度的合理性一定程度上决定了煤层气井的产气。为了研究煤层气垂直井在不同的排采阶段由于气、水产出引起的一系列的综合效应，最终对产气量的影响，制定出相对比较合理的排采工作制度。一些学者根据渗流力学理论、煤层气地质、岩体力学等理论，分析了煤层气井不同排采阶段由于水、气的产出引起的渗透率变化的因素，构成了排水采气数学模型，结合现场煤层气井实际排采资料及数值模拟的方法，得出煤层气井不同排采阶段排采工作制度[155～159]，并借助 Visual Basic、Visual C＋＋等开发语言，开发出煤层气排采控制决策系统[160]，为煤层气井排采工作制度的制定提供了理论指导。

一些学者通过实验室单相流驱替煤粉产出物理模拟实验，结合现场检泵、修泵时间等，得出煤粉产出量与液量、渗透率、围压等的关系，提出了现场煤粉浓度上限，为现场容易出煤粉的井的排采工作制度的制定提供了理论指导[161～163]。

第三阶段：2011 年至今的"五段三压四点"式的排采工作制度

随着开发深度的加大，应力对煤储层渗透率的影响作用更明显，排采工作制度制定得合理与否对煤层气井产气量的影响作用越来越明显。为了制定出更符合现场煤层气井产气特点的工作制度，经过大量的实践探索，根据地层压力、解吸压力和井底流压的合理匹配，煤层气科技工作者把煤层气井的生产划分为"排水-憋压-控压-稳产-衰减"五个阶段，提出了密切关注地层"出水点、解吸点、放气点和稳产点"四个控制节点，形成了"五段三压四点"的排采控制技术，使煤层气井的排采把握住了关键点。一些学者根据现场煤层气井的排采曲线，得出煤层气产气曲线主要有"双峰型"、"台阶型"、"缓坡型"、"单峰型"和"直线型"五种类型[164]，更好地指导了煤层气井的排采。

这些研究成果无疑为煤层气井更科学、更合理的排采提供了指导。但对于不同地质条件、水文条件下煤层气井到底该采取何种排采工作制度，可操作性不太强，基于经验法的排采工作制度制定无法与多变的水文地质、煤储层属性特征相匹配。根据不同的储层类型制定相应的排采工作制度是提高现场可操作性、实用性的重要保障。

第三节　研究方案

煤层气产出的持续性、稳定性、长久性与否是原始状态下储层特征、地应力特征、构造特征、水文地质特征和人工干预及诱导下物性参数变化耦合作用的结果。为了更好地指导煤层气井的排采生产管理，以煤储层类型为主线，以沁水盆地东南部的 3# 煤层为研究对象，以现场实测数据和实验室测试数据资料为基础，以煤层气地质学、岩体力学、渗流力学、损伤力学、煤层气开发地质学、煤岩学、构造地质学、采气理论等理论为指导，对沁东南地区煤层气富集、渗透格局的控制与微调作用、不同储层类型下压力传播变化规律、排采过程中有效应力、基质变形、渗透率的变化特征、不同储层类型下煤层气井的排采动态变化特征及排采工作制度等展开较深入的研究，以期为不同储层类型下煤层气井排采制度的制定及现场操作提供理论依据和借鉴。

一、主要研究内容

1. 沁东南地区煤层气富集渗透特征与控制因素

以沁水盆地东南部为研究对象，系统分析 3# 煤储层埋深、变质程度、厚度、含气量、资源丰度等特征，结合他人研究成果，论述埋藏史、热史、构造演化史对沁东南地区含气量总格局的控制及水动力条件对含气量的再分配作用，在此基础上得出研究区煤层气富集模式。系统分析沁东南地区孔裂隙结构特征、渗透率特征，论述构造对渗透率总格局的控制及应力对渗透率的局部微调作用，在此基础上，划分高渗区、中渗区和低渗区。

2. 煤层气排采潜力评价与排采阶段重新划分

根据现场产气资料，应用煤层气开发地质理论，确定评价指标及临界值，对沁东南地区 3# 煤层排采潜力类型进行划分，提出不同储层类型下开发的工艺技术建议。基于流态和现场煤层气井的生产特点，对煤层气井的排采阶段进行划分。系统分析排采过程中压力传播变化的主控因素，根据煤层气井的生产特点，划分排采储层类型，最终得出不同排采储层类型下压力传播变化规律。

3. 排采过程中煤储层关键参数变化规律

以流体力学、岩体力学、煤层气开发地质学、煤层气地质学、渗流原理、损伤力学等理论为指导，以实验室测试、现场煤层气勘探开发资料为基础，构建煤层气产出的单相水流阶段、气-水两相流阶段有效应力、基质变形、渗透率变化的数学模型，阐明煤层气井排采过程中这些参数的动态变化规律。

4. 煤层气直井的排采控制

系统分析排采的不同阶段渗透率变化的主控因素，根据渗流理论和气藏开发理论，构建不同排采阶段合理排采工作制度的数学模型。分析不同排采阶段排采曲线特征，制定出不同排采储层类型下合理的排采工作制度。

二、研究方法与技术路线

沁水盆地东南部高变质程度的无烟煤储层中获得工业性气流打破了国外的“无烟煤开发禁区”的论断，一度成为国人的骄傲。但随着煤层气开发生产井的增多，各井产能的差异性使人们对以往煤层气的产出机理、产出的控制因素产生了怀疑；同时其他无烟煤地区如焦作矿区效仿晋城矿区煤层气的开发工艺技术，失败几乎是颠覆性的。

为了更好地研究无烟煤储层的地质属性特征对产出的控制作用，阐明排采过程中渗透率变化的主控因素及变化规律，制定出不同储层类型下合理的排采工作制度，最大化提高煤层气井单井产气量。本次从系统论的角度出发，以沁水盆地东南部煤储层地质、钻井、测井、试井、压裂和排采资料为基础，以实验室测试为补充，以煤层气产出的地质属性和地质变量的耦合为核心，在深入系统地分析研究区孔裂隙结构、吸附特征、含气性特征、水文地质条件等基础储层条件和地质变量的基础上，建立各种地质模型及数理模型，划分无烟煤储层排采潜力，充分考虑煤层气直井的生产特点和排采时压力影响边界，应用煤层气开发地质学、渗流力学、岩体力学、岩石力学、试井测试等理论，系统分析不同储层类型下压力传播变化规律，构建排采过程中包括有效应力、基质收缩、渗透率变化的数理模型，阐明煤层气井排采过程中储层关键参数的动态变化规律，制定出不同排采储层类型下不同排采阶段的排采工作制度，为我国无烟煤储层煤层气直井的高产提供重要的理论支撑。

研究的技术路线图如图 1-1 所示。

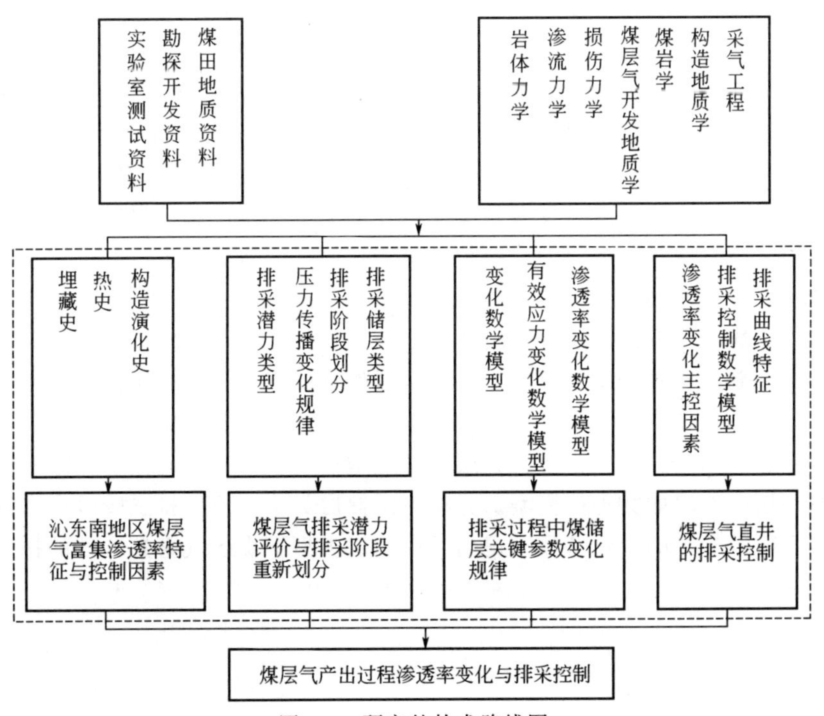

图 1-1 研究的技术路线图

三、预期目标

本书研究目标为：划分沁东南地区煤层气排采潜力等级，阐明高变质程度煤储层煤层气产出过程的主要物性参数的动态变化规律，制定出相对具有可操作性的不同排采阶段煤层气垂直井的排采工作制度。

具体分解如下。

第一，划分沁东南地区 3# 煤储层排采煤层气潜力等级

通过对沁东南地区 3# 煤层富集特征及控制作用、渗透性特征及控制作用的研究，充分考虑煤层气产出的基本储层特征、地质特征和开发工程的综合影响，确定出评价指标及临界值，划分沁东南地区 3# 煤储层排采煤层气潜力等级。

第二，阐明不同储层类型下煤层气直井压力传播变化规律

充分考虑煤层气直井排采时横向和纵向上压力传播的主要影响因素，确定压力传递边界，提出层状储层和块状储层的概念。根据煤储层渗透性和可改造性，结合围岩对煤层的补给条件，划分储层类型。根据不同储层类型特点，得出不同储层类型下煤层气直井压力传播变化特征。

第三，阐明不同煤储层属性下排采过程主要物性参数的变化规律

引入损伤力学理论，充分考虑煤岩总应力、孔隙应力损伤演化过程，构建煤储层基质有效应力数学模型。基于 K. Terzaghi 等有效应力概念的雏形及研究理论，考虑应力集中后的微裂隙扩展效应，建立有效应力压缩煤基质数理模型；根据吉布斯公式，结合 Bangham 理论和 Langmuir 气体吸附/解吸方程，建立气体解吸引起的煤基质收缩数理模型；基于表面自由能和煤基质弹性能等能量理论，充分考虑有效应力与气体解吸的相互影响，通过弹塑性力学计算与断裂力学分析，耦合得出考虑气体解吸及有效应力相互影响的煤基质收缩量数理模型。根据孔隙结构、弹塑性、损伤力学、能量平衡转化理论等构建排采过程渗透率变化的数理模型，量化不同地质参数下渗透率降低或回升值及临界状态下的地质参数值，得出不同条件下渗透率变化规律。

第四，制定出不同储层类型下具有可操作性的煤层气直井排采工作制度

充分考虑现场煤层气井的生产特点，基于“五段三压四点”的排采指导原则，应用渗流理论、岩体力学、煤层气开发地质学、试井等理论，构建不同排采阶段合理压降速率的数理论模型。分析不同储层类型、不同排采阶段产水量、产气量、套压等参数的变化特征，提出不同储层类型下煤层气直井合理的排采工作制度。

第二章

沁东南地区煤层气富集特征及其控制作用

沁水盆地包括的范围较广，本书的研究范围为沁水盆地东南部。南起山西组3#煤层露头，北至枣园附近，东以山西组的3#煤层露头为界，西至寺头断层的区域。含煤地层为上古生界石炭二叠系地层，研究对象主要为山西组的3#煤层。

第一节　沁东南地区地层与含煤地层

沁水盆地位于秦岭构造带和阴山构造带两个巨型纬向构造带之间，属中朝准地台的组成部分。沁水盆地东南部的研究区位于其二级构造单元——太行山隆起区的西部。主要受燕山期构造运动控制，处于太行复式背斜隆起、霍山南北向背斜隆起之间的沁水复式向斜坳陷南段。

研究区在寒武纪至中奥陶世时，地壳稳定沉降，在古老结晶基底上形成了浅海相碳酸盐为主的沉积[165]。中奥陶世以后，加里东地壳运动使华北地台整体隆起遭受剥蚀，缺失了晚奥陶世至早石炭世的沉积。到中石炭世，海西运动使本区地壳再次沉降，沉积了石炭二叠纪海陆交互相含煤地层，奠定了形成煤层气的物质基础。

一、沁东南地区主要地层

研究区发育前寒武系、下古生界寒武系和奥陶系、上古生界石炭系和二叠系、中生界三叠系以及新生界第三系和第四系。沁东南地区地层简表见表 2-1。其中前寒武系包括太古界和元古界，是华北地台古老基底，厚度巨大。

寒武系（∈）：为一套海相碳酸岩沉积，厚 215～415m，奥陶系仅发育下统和中统下部地层。

下、中奥陶统（O_{1-2}）：由灰岩和含燧石灰岩组成的浅海碳酸岩沉积，局部夹石膏层，与下伏寒武系呈整合接触。地层厚度 450～700m。

中石炭统本溪组（C_{2b}）：由铝质泥岩、灰色泥岩和少量砂岩组成，夹 1～2 层薄层石灰岩及煤线，底部含不稳定的山西式铁矿层，与下伏奥陶系呈不整合接触。地层厚度 0～35m，平均厚约 14m，东部、东北部较厚，向南、西南厚度渐薄。

上石炭统太原组（C_{3t}）：由浅灰色砂岩、深灰色粉砂岩、泥岩和 3～6 层石灰岩及数层到十余层煤层组成。与本溪组呈整合接触。厚度 51～143m，平均厚 108m。

下二叠统山西组（P_{1s}）：由浅灰-深灰色砂岩、粉砂岩、泥岩和 3～4 层煤组成，与太原组呈整合接触。厚度 20～116m，平均厚 56m。

下二叠统下石盒子组（P_{1x}）：底部为灰色砂岩，即标志层 K_8 砂岩。下部为灰色砂岩、泥岩，夹煤线。中上部为灰色泥岩和中、细粒砂岩，含铁锰质结核。顶部为含鲕粒紫红色铝质泥岩。与山西组呈整合接触。厚度 53～128m，平均厚 86m。

上二叠统上石盒子组（P_{2s}）：底部为灰绿色砂岩，下部为黄绿色砂质泥岩、紫红色泥岩，中部为杂色砂质泥岩夹多层黄绿色含砾砂岩及少量灰色泥岩，上部为杂色砂、泥岩，顶部为黄绿色砂岩与紫红色泥岩互层。与下石盒子组呈整合接触。厚度 106～580m，厚度变化较大。

上二叠统石千峰组（P_{2sh}）：底部为黄绿色厚层状，中、粗粒砂岩与紫红色泥岩互层，上部夹灰岩和薄层石膏。与上石盒子组呈整合接触。在研究区的南部几乎缺失，在北部部分地区存在。厚度 0～203m。

三叠系中、下统（T_{1-2}）：主要为下统刘家沟组、和尚沟组、中统二马营组。岩性主要为紫红色砂岩与泥岩互层，夹有粉砂岩和砾岩。与石千峰组呈整合接触。厚度 0～1160m。

新第三系（N）、第四系（Q）：分布厚度不一，其中新第三系厚 0～180m，第四系厚 0～240m。

表 2-1 沁东南地区地层简表

界	系	统	组	地层代号	厚度/m	岩性描述
新生界	第四系			Q	0～240	砾石、黄土及砂层
	第三系			N	0～180	棕红色黏土、底部见砾岩

续表

界	系	统	组	地层代号	厚度/m	岩性描述
中生界	三叠系	中统	二马营组	T_{2e}	0～600	灰绿色细粒灰岩夹紫红色、灰绿色泥岩(未见顶)
		下统	和尚沟组	T_{1h}	0～474	灰紫色细砂岩夹紫红泥岩
			刘家沟组	T_{1l}	0～225	浅灰、紫红色中细粒砂岩夹紫红色泥岩
古生界	二叠系	上统	石千峰组	P_{2sh}	0～203	黄绿色厚层状，中、粗粒砂岩与紫红色泥岩互层，上部夹淡水灰岩和薄层石膏
			上石盒子组	P_{2s}	106～580	底部为灰绿色砂岩。下部为黄绿色砂质泥岩、紫红色泥岩。中部为杂色砂质泥岩夹多层黄绿色含砾砂岩及少量灰色泥岩。上部为杂色砂、泥岩。顶部为黄绿色砂岩与紫红色泥岩互层
		下统	下石盒子组	P_{1x}	53～128	底部为灰色砂岩，即标志层 K_8 砂岩。下部为灰色砂岩、泥岩，夹煤线。中上部为灰色泥岩和中、细粒砂岩，含铁锰质结核。顶部为含鲕粒紫红色铝质泥岩
			山西组	P_{1s}	20～116	由浅灰至深灰色砂岩、粉砂岩、泥岩和3～4层煤组成
	石炭系	上统	太原组	C_{3t}	51～143	由浅灰色砂岩、深灰色粉砂岩、泥岩和3～6层石灰岩及数层到十余层煤层组成
		中统	本溪组	C_{2b}	0～35	铝质泥岩、灰色泥岩和少量砂岩组成，夹1～2层薄层石灰岩及煤线，底部含不稳定的山西式铁矿层
	奥陶系	中统	峰峰组	O_{2f}	0～216	上部青灰色灰岩，下部灰黄色泥灰岩
			上马家沟组	O_{2s}	176～308	上部灰色豹皮灰岩，下部灰黄色泥灰岩
			下马家沟组	O_{2x}	37～213	由角砾状泥灰岩、石灰岩组成。底部为稳定的黄绿色钙质页岩和薄层状泥质灰岩，称“贾汪页岩”
		下统		O_1	64～209	白云岩、夹页岩，顶部普遍有一层燧石层
	寒武系			$\in$	215-415	砾岩、砂岩、灰岩、泥灰岩、竹叶状灰岩、鲕状灰岩、白云岩等组成，含丰富的三叶虫化石，底部为含砾砂岩

二、沁东南地区含煤地层与煤层

沁东南地区含煤地层为上石炭系太原组和下二叠系山西组，它是在奥陶系古风化壳之上发育的一套近海-海陆交互相含煤沉积。其中 15# 煤层和 3# 煤层分布稳定，是煤层气开发的主要目的煤层，部分地区 9# 煤层分布也较稳定。本溪组和下石盒子组仅含数层薄煤层或煤线[166,167]，为不可采煤层。沁水盆地东南部含煤地层柱状如图 2-1 所示。

系	统	组	代号	柱状	煤层及标志层
二叠系	下统	下石盒子组	K_8		骆驼脖子砂岩
		山西组	$1^{\#}$		$1^{\#}$煤层
			$2^{\#}$		$2^{\#}$煤层
			$3^{\#}$		$3^{\#}$煤层
			$4^{\#}$		$4^{\#}$煤层
			K_7		北岔沟砂岩
石炭系	上统	太原组	K_6		附城石灰岩
			$5^{\#}$		$5^{\#}$煤层
			$6^{\#}$		$6^{\#}$煤层
			K_5		东大窑石灰岩
			$7^{\#}$		$7^{\#}$煤层
			$8^{\#}$		$8^{\#}$煤层
			$9^{\#}$		$9^{\#}$煤层
			$10^{\#}$		$10^{\#}$煤层
			K_4		灰岩
			$11^{\#}$		$11^{\#}$煤层
			$12^{\#}$		$12^{\#}$煤层
			K_3		毛儿沟灰岩
			$13^{\#}$		$13^{\#}$煤层
			$14^{\#}$		$14^{\#}$煤层
			K_2		庙沟石灰岩
			$15^{\#}$		$15^{\#}$煤层
			K_1		吴家峪石灰岩
			$16^{\#}$		$16^{\#}$煤层
			K_0		晋祠砂岩
	中统	本溪组	L_0		半沟石灰岩
					G层铝土矿
					山西式铁矿
奥陶系	中统	峰峰组	O_2f		

图 2-1　沁水盆地东南部含煤地层柱状图

1. 上石炭系太原组（C_{3t}）

由一套中细粒长石石英砂岩、粉砂质泥岩、泥岩和煤层组成。地层总厚度为 51～143m，平均为 108.23m。含煤 12 层，自上而下依次编号为 5 号、6 号、7 号、8 号、9 号、10 号、11 号、12 号、13 号、14 号、15 号、16 号煤层，煤层总厚度为 4.5～11.9m，含煤系数为 6.92%。总体呈现出“北厚南薄”，在北部呈“东厚西薄”的特点，沁东南地区太原组煤厚等值线图如图 2-2 所示。

其中 15# 煤层厚度大，一般在 2.26～6.5m 之间，总体上呈“北厚南薄”的趋势。15# 煤层位于 K_2 灰岩之下，常以 K_2 灰岩为其顶板。煤层结构较复杂，含 1～5 层夹矸，分叉现象较普遍。

2. 下二叠系山西组（P_{1s}）

由一套中细粒长石石英砂岩、粉砂质泥岩、泥岩和煤层组成。地层总厚度为 20.34～116.00m，平均为 56.18m。含煤 1～4 层，自上而下依次编号为 1 号、2 号、3 号、4 号煤层，煤层总厚为 5.2～10.2m，平均为 7.08m，含煤系数为 13.86%。以 K_7 砂岩与太原组分界，上界为 K_8 砂岩之底。K_7、K_8 与煤层一起构成了盆内重要标志层。沁东南地区山西组煤厚等值线图如图 2-3 所示。其中 3#

煤厚度大，一般在 3.69～9.95m 之间，整体分布稳定，厚度变化较小。

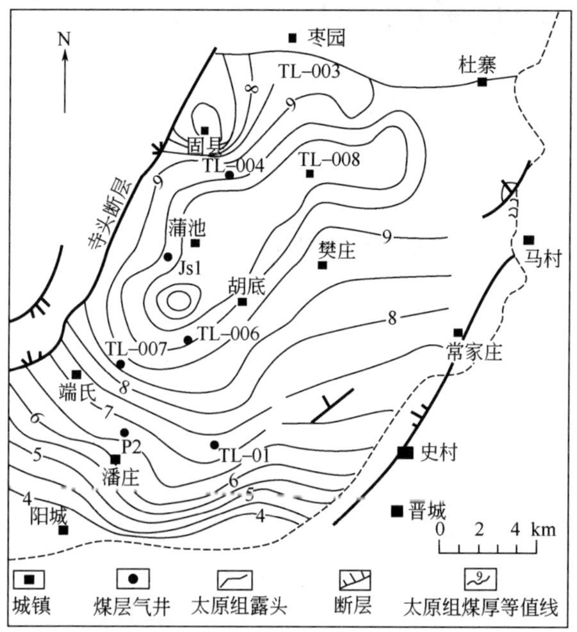

图 2-2　沁东南地区太原组煤厚等值线图

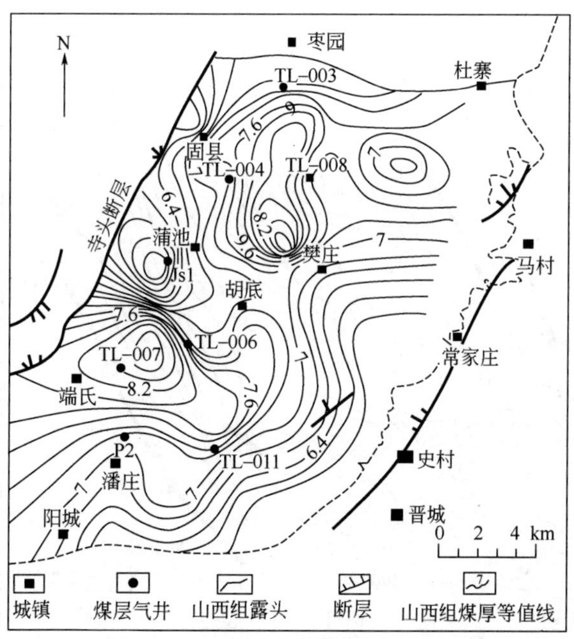

图 2-3　沁东南地区山西组煤厚等值线图

第二节 沁东南地区 3# 煤层含气性特征

煤层的含气性特征研究是进行煤层气富集规律研究的基础。本次主要通过对研究区部分煤层气直井的钻井、测井、实验室分析化验及测试资料进行分析，得出研究区 3# 煤层埋深、变质程度、厚度及含气量的变化趋势。

一、沁东南地区 3# 煤层埋深变化特征

研究区位于沁水盆地宽缓复式向斜的南端，在多期构造运动作用下，煤层埋藏深度呈现出规律性变化。研究区内 3# 煤层埋藏深度在 100～800m 之间，沁东南地区 3# 煤层埋藏深度等值线图如图 2-4 所示。从图中可以看出：3# 煤层埋藏深度总体呈现出由东南向西北逐渐增加的趋势。研究区的西北部煤层埋藏深度相对较深，但一般不超过 800m。研究区的北部，煤层埋藏深度一般在 50～800m 之间，由东向西埋藏深度呈现“先增加后减小”的变化趋势，东边部分地区煤层处于风氧化带以内。研究区的中部 3# 煤层埋深介于 100～800m 之间，埋深变化规律不明显，蒲池附近煤层埋深相对较深。研究区的南部 3# 煤层埋藏相对较浅，一般介于 250～650m 之间。由东南向西北煤层埋深逐渐增加，变化规律较明显。

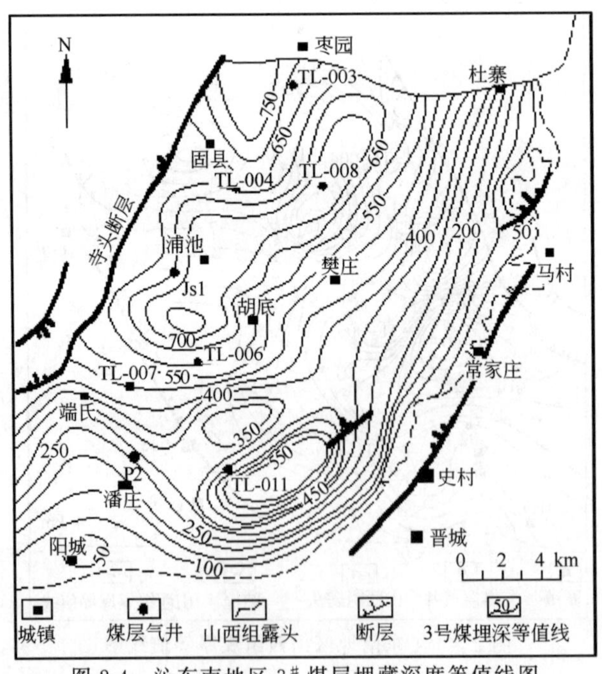

图 2-4 沁东南地区 3# 煤层埋藏深度等值线图

二、沁东南地区 3# 煤层变质程度分布特征

镜质组反射率是最能反映煤的变质程度的两个定量化指标之一。系统收集研究区 3# 煤层镜质组反射率测试资料并进行了补充测试，得出该区 3# 煤层镜质组反射率变化趋势图，如图 2-5 所示。从图中可看出，研究区 3# 煤的变质程度较高，一般介于 2.5%～4.2%之间。由南向北煤岩镜质组反射率呈环带状减小，规律性比较明显；东西方向上煤变质程度差异性较小。

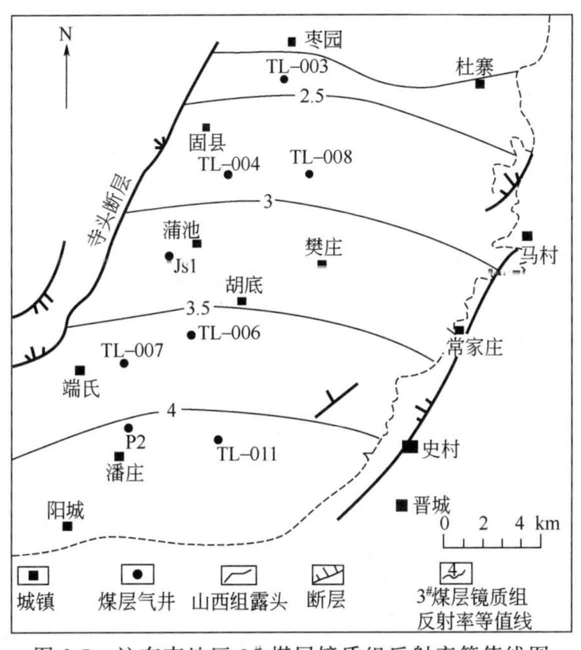

图 2-5 沁东南地区 3# 煤层镜质组反射率等值线图

三、沁东南地区 3# 煤层厚度分布特征

一定的煤层厚度是资源量的重要保障。3# 煤层是该区的主要稳定可采煤层之一。通过收集研究区的钻井、测井及煤田地质勘探资料，对 3# 煤层厚度进行统计分析，得出该区 3# 煤层厚度变化趋势，如图 2-6 所示。3# 煤层厚度一般介于 3.69～9.95m 之间，平均 6.19m，厚度稳定。

四、沁东南地区 3# 煤层含气量分布特征

含气量的大小对煤层气能否进行开发意义重大。通过收集研究区部分煤层气参数井的含气量测试资料，结合测井资料的灰分、挥发分含量与含气量的拟合关系，对含气量进行预测，得出研究区含气量分布，如图 2-7 所示。研究区的含气量一般介于 8.0～30.4m^3/t 之间，整体呈现出由东向西逐渐增加的趋势。研究区北部煤层含气量一般介于 10.4～27.6m^3/t 之间，由东向西逐渐增加，其中固县附近区

域含气量相对较高；研究区中部含气量一般介于 13.3～27.2m³/t 之间，胡底附近存在含气量相对较高区域。南部含气量一般介于 15.5～30.4m³/t 之间，潘庄附近含气量一般超过 18m³/t，成庄附近含气量一般在 8.9～24.7m³/t 之间。

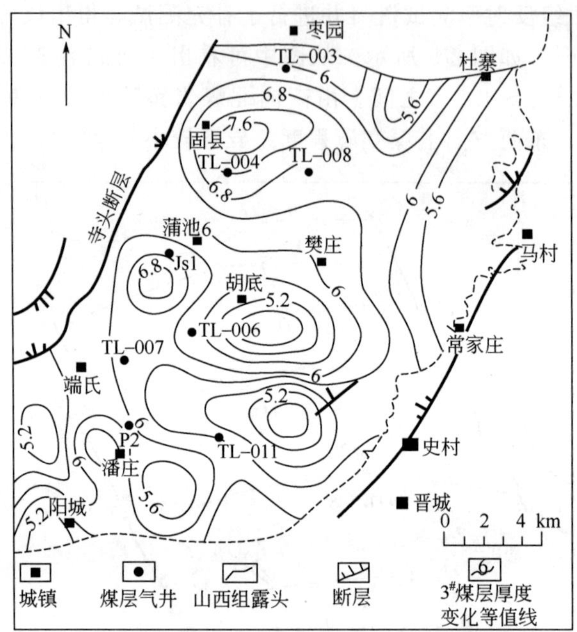

图 2-6 沁东南地区 3# 煤层厚度变化等值线图

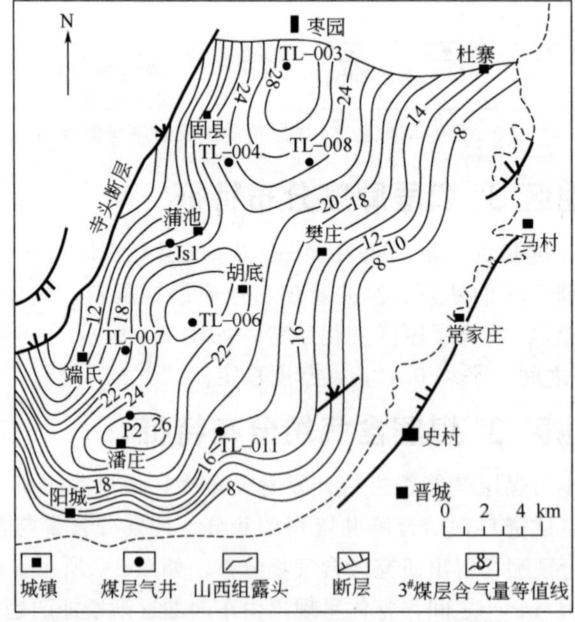

图 2-7 沁东南地区 3# 煤层含气量等值线图

五、沁东南地区 3# 煤层资源丰度分布特征

资源丰度是指单位面积内煤层气的资源量，反映了煤层气的富集程度。资源丰度可以通过煤层厚度、含气量、煤的密度、面积等进行求取。综合煤层厚度、含气量等值线图，结合煤的密度和面积计算得出 3# 煤层资源丰度等值线图，如图 2-8 所示。从图中可看出，研究区北部固县的东北部形成了煤层气的相对富集区；中部蒲池的南部形成了煤层气的相对富集区；南部的潘庄附近形成了煤层气的相对富集区。

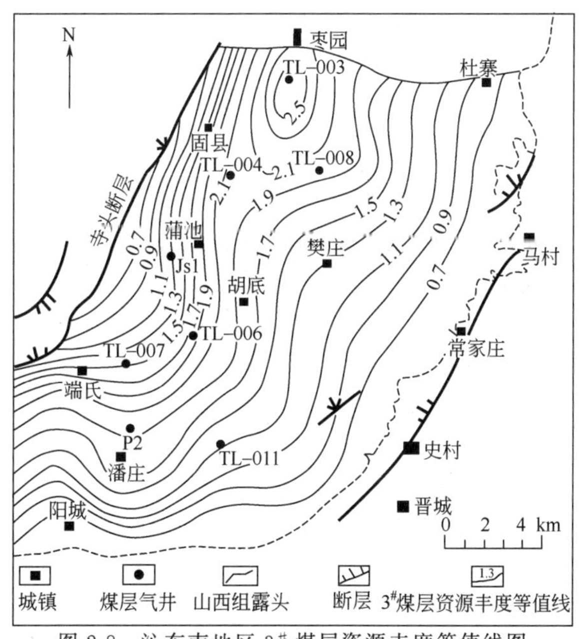

图 2-8　沁东南地区 3# 煤层资源丰度等值线图

第三节　沁东南地区 3# 煤层煤层气富集的控制作用及富集模式

煤层气的富集是煤层埋藏史、热史及构造演化史的耦合作用与煤层气生成、运移、储集、保存条件相匹配的结果。煤储层现今的含气量是煤层气生成量、运聚量、逸散量的函数。煤层形成后地质历史时期埋深越大、地温梯度越高、形成时间越长，煤岩变质程度越高，煤层的生气量越大。煤层形成后埋藏深度的变化，引起煤层气赋存环境的压力、温度等变化，导致煤层气横向和纵向上发生运聚。煤层形成后关键时刻的上覆有效岩层厚度越大，保存条件越好，煤层气越难逸散。因此，查明煤层形成后的埋藏史、热史及构造演化史对煤层气分布格局的控制作用为煤层气富集区预测奠定了良好基础。

一、埋藏史、热史及构造演化史对含气总格局的控制作用

1. 埋藏史对含气总格局的控制作用

埋藏史是指煤层形成后，随着地层的下降和抬升，煤层埋藏深度的变化历史。其对煤层气分布格局的影响主要是通过改变煤层的赋存环境影响了生气量，改变了上覆有效岩层厚度，影响了煤层中煤层气的保存量。随着煤层埋藏深度的增加，煤储层所处环境的温度、压力、所受的应力随之增加，煤的变质程度升高，煤层生气量增多，反之则减少。煤层形成后可能经历多期次上升、下降的过程，关键时刻煤层上覆有效厚度越厚，越有利于煤层气的保存。查明研究区 3# 煤层埋藏史为合理解释该区 3# 煤层含气量分布特征提供了重要保障。

秦勇教授等人（1998 年）根据区内构造运动发展阶段以及地层厚度、古埋藏深度的恢复结果，认为晚古生代煤层经历了五个埋藏阶段[168,169]（表 2-2）。

表 2-2　山西南部晚古生代煤层埋藏历史及阶段（秦勇等，1998）

埋藏阶段	地质时代	构造运动期次	最大埋深/m	阶段特征
第五阶段	新第三纪至第四纪	喜马拉雅中、晚期	＞3000	煤层埋深减小或增大，构造分异加剧
第四阶段	晚白垩世至老第三纪	燕山晚期至喜马拉雅早期	＜1500	煤层埋深减小
第三阶段	晚侏罗世至早白垩世	燕山中期	3200	煤层埋深显著减小，构造分异显著
第二阶段	早侏罗世至中侏罗世	燕山早期	3900	煤层埋深稳定或波动
第一阶段	晚石炭世至晚三叠世	海西后期至印支期	4330	煤层快速埋藏

从表 2-2 可看出，晚石炭世至晚三叠世，研究区接受沉降，煤层埋深一直增加，构造分异不明显，沉降差异较小。研究区煤层现今埋藏深度的差异主要是由燕山期和喜马拉雅期抬升、下降造成的剥蚀量、沉积量的差异引起的。这些差异导致研究区北部、中部和南部煤层气富集程度产生分异。为了查明研究区北部、中部和南部埋藏的细微差异，对其地质历史时期的剥蚀量进行恢复。

剥蚀量预测方法主要有镜质组反射率法、声波时差法、构造剖面法等[170]。研究区在燕山期曾发生过岩浆热液作用，采用镜质组反射率法对剥蚀量进行计算难度较大。构造剖面法适合于构造比较发育的地区，要求构造特征比较明显。为了较准确地预测研究区剥蚀量，本次采用声波时差计算剥蚀量的方法结合现有钻

井取芯资料对研究区不同块段的剥蚀量进行预测。

随着埋藏深度的增加，煤岩的压实作用逐渐增强，孔裂隙逐渐减少。由基质和孔裂隙组成的煤岩中，声波在固体中的传播速度大于在气体中的传播速度，所以随着孔裂隙的减小，传播速度逐渐增加，声波时差减小。以往学者（Magara，1976 年）[171]研究认为声波时差与深度之间存在如下关系，即：

$$\Delta t=\Delta t_0 e^{-CH} \tag{2-1}$$

式中，Δt 为深度为 H 处的声波时差，μs/m；Δt_0 为地表的声波时差，μs/m；C 为正常压实趋势斜率；H 为埋深，m。

式(2-1) 两边同时取对数可得：

$$\ln\frac{\Delta t}{\Delta t_0}=-CH \tag{2-2}$$

当地层为连续沉积地层时，由式(2-2) 可知声波时差比值的对数与埋深之间呈线性关系。根据对部分声波时差及埋深数据的测试，得出声波时差与埋深之间的关系。然后通过统计地表附近的声波时差，计算出地表原始埋藏深度。用某一剥蚀面顶部埋深加上地表原始埋深即为该剥蚀面的剥蚀厚度。

研究区煤层从三叠纪末开始以整体抬升、剥蚀为主。对研究区煤层沉降历史和上覆剥蚀量进行计算，得出了研究区南部、中部和北部煤层沉积埋藏史，如图 2-9 所示。

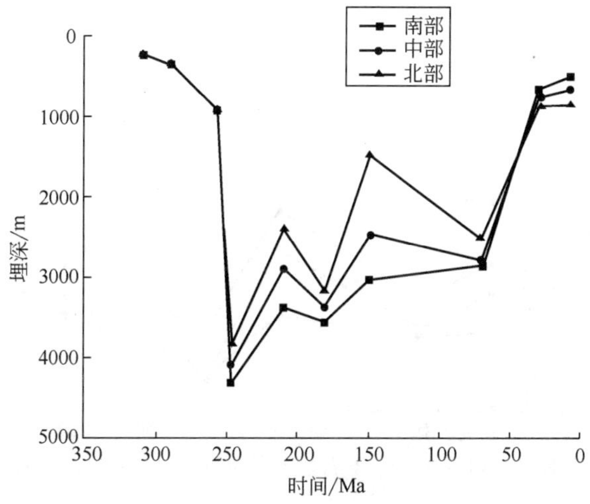

图 2-9　研究区 3# 煤层埋深变化曲线图

从图 2-9 可以看出：晚第三纪之前，由南向北煤层沉降差异性及波动性逐渐增强。但是，其煤层均没有进入煤层气逸散带（距地表 600m 以浅），埋深差异造成的煤层气逸散差异不明显。埋深对含气格局差异性的影响，主要体现在晚第三纪之后煤层埋深的变化。晚第三纪以后，随着煤层的不断抬升，煤层逐渐进入或接近煤层气逸散带，煤层气逸散量增加，埋藏深度越大，煤层气越难以逸散，煤层气越容易保存。晚第三纪以后，由北向南煤层埋深逐渐减小。仅考虑埋深单因素作用下，煤层含气格局应该呈现出由北向南逐渐减小的趋势。

根据钻井资料，对研究区北部、中部和南部的石千峰组、上石盒子组、下石盒子组、山西组的厚度、底板标高等进行了统计。结果表明：研究区的北部，仅在该区东部区域还存在部分石千峰组岩层，上石盒子组剥蚀量为20～30m。该区由北向南剥蚀量呈现增加的趋势，由东向西黄土层下覆沉积地层由上石盒子组过渡到石千峰组，剥蚀量整体呈现出“东部大，西部小”的趋势；研究区的中部，上石盒子组的剥蚀量继续增加，其剥蚀量介于100～200m之间，呈现出由北向南剥蚀量逐渐增加的趋势。研究区的南部，上石盒子组岩层的剥蚀量继续增加，剥蚀量介于200～400m之间，到研究区最南部区域，上石盒子组仅剩余下段部分岩层，剥蚀量最大。煤储层上覆地层在沉积与剥蚀的耦合作用下呈现出如下规律：上石盒子组厚度沿“柿庄-固县-樊庄-潘庄”呈递减趋势，厚度由575m左右减少至155m左右。下石盒子组厚度变化幅度较小，介于70～120m之间，平均在86m左右。3# 煤层顶部山西组厚度变化较大，其中固县附近该地层厚度最小，潘庄附近该层地层厚度最大，整个研究区该地层厚度介于8～92m之间，平均为45m左右。具体厚度变化如图2-10所示。

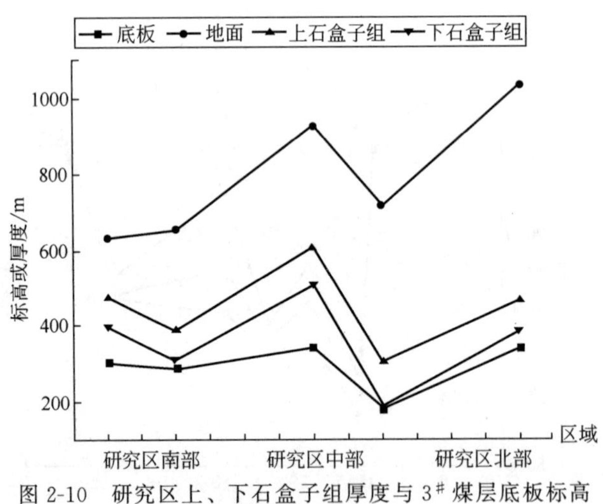

图2-10　研究区上、下石盒子组厚度与3# 煤层底板标高

2. 热史对煤层气分布格局的控制作用

热事件对煤层气分布格局的控制作用主要是通过改变煤的变质程度，影响着煤储层的生气量及赋存能力，进而控制着煤层含气量的分布格局。煤层演化过程中，古地温越高，煤的变质程度越高，煤层气生成量越大。

根据前人对该区地层沉积演化及热史的分析，认为沁东南地区煤层热史可以分为四个阶段[172]，分述如下。

第一阶段：晚石炭世至三叠纪末的正常地热场阶段

该阶段为地壳缓慢沉降时期，大部分区域古地温梯度在（2～3）℃/100m 之间，少部分区域地温梯度更高。在三叠纪末期地壳沉降停止，煤层埋藏深度达到最大值，镜质组反射率达到 1.2%左右，达到了第一次生烃高峰，此时沁东南地区未出现大的煤变质分异。

第二阶段：早侏罗世至中侏罗世的正常地热场阶段

该阶段主要对应于沉积埋藏史的稳定时期/波动时期，古地温场也随埋深波动而变化，研究区的北部，抬升 1000m 左右后又接受沉积；研究区的南部，抬升 700m 左右后接受沉积。南部和北部的埋深最大时相差 800m 左右，随后接受沉积后埋深相差 300m 左右。地温梯度仍为正常梯度。研究区南、北地温稍有差异，但与三叠纪末相比，煤层所处温度没有升高，对煤变质演化影响较小。

第三阶段：晚侏罗世至白垩纪的异常高地热场阶段

该阶段对应于煤层埋深显著变浅阶段。由于受到燕山期构造热事件的影响，导致沁东南地区处于异常古地温阶段，古地温梯度在（4～6）℃/100m 之间，局部区域古地温梯度达到 8℃/100m。尽管该时期地壳处于缓慢上升阶段，煤层埋深逐渐减小，但是由于受到热事件的影响，石炭-二叠系煤层所处的环境温度已远远超过三叠系末最大埋深时的环境温度，第二次煤化作用开始，并达到第二次生烃高峰。

研究区的南部，受到热事件影响较大，北部受到热液影响相对较小，且在此过程中，伴随着煤层的抬升-下降波动，南部波动相对较小，北部波动相对较大，在热事件和埋深波动的共同影响下，导致研究区南部、北部热演化程度发生变化，煤层生气量也发生大的变化。热事件及埋深波动最终决定了现今煤变质程度的时空格局。煤岩变质程度是煤层气生成量的直观反映，变质程度分布的差异表征了煤层气分布在区域上呈现出较大的差异性。

第四阶段：第三纪以来的古地热恢复正常阶段

进入第三纪以来，重新恢复到正常古地温状态，地温梯度在（2～3）℃/100m 之间。大部分地区处于隆起剥蚀阶段，尽管在喜马拉雅山运动时期形成的一些地堑沉降幅度较大，但是没能使煤层超过历史上的最高受热温度，煤化作用停滞。

从研究区的热史演化来看，研究区的煤岩变质作用主要是受深成变质作用和岩浆侵入作用影响。研究区中部和北部区域，煤层埋深由东向西呈现出增加的趋势，深成变质作用导致煤岩变质程度由东向西逐渐变大。同时研究区受到东南部岩浆热液的影响，两者耦合使研究区中部和北部煤的变质程度在东西方向上差别不大。研究区南部受到岩浆热液影响较大，导致煤变质程度明显增加。

根据煤岩变质程度与气体生成量之间的关系，得出了研究区累计生气量等值线图，如图 2-11 所示。

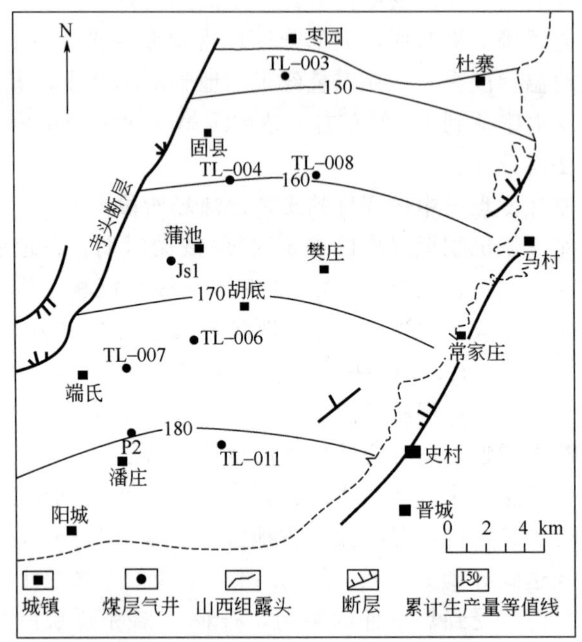

图 2-11 研究区累计生气量分布等值线图

从研究区煤层气生气量计算结果可以看出：研究区北部与南部累计生气量远远高于目前的含气量，现今保存的煤层含气量为原始累计生气量的 1/10～1/6，也就意味着煤的变质程度不是决定现今煤层含气量格局差异的主要因素。

3. 构造史对煤层气分布格局的控制作用

构造史对煤层气分布格局的控制主要是指煤岩沉积和演化过程中，在地应力作用下，煤层发生弯曲变形或断裂，引起应力的释放或集中对煤层气赋存的控制作用，进而导致煤层气的分布格局发生变化。通过分析研究区地质构造对煤层气分布格局的影响，认为影响研究区煤层气分布的主要地质构造有断裂构造和褶皱构造。

石炭-二叠纪含煤地层在海西运动时期沉积以后，先后经历了四次构造运动，即海西运动、印支运动、燕山运动和喜山运动。海西运动使盆地持续接受沉积，研究区没有形成明显的褶皱和断裂构造。印支运动早期，盆地一直接受沉积，晚期盆地整体抬升，遭受剥蚀，但对含气格局的影响不大。

燕山运动期，华北板块受太平洋和欧亚板块的挤压，该期所受的地应力是引起研究区构造形态发生明显变化的第一期应力。在自西向东挤压应力作用下，石炭、二叠系及三叠系等地层随山西隆起的上升而抬升、剥蚀，形成了轴向近 NNE 向的沁水复式向斜，导致研究区整体上呈现走向近 NNE 向，倾向近 NWW

向的单斜构造，并且沿倾向接近于向斜轴部位置，煤岩受到的挤压应力逐渐增加，煤层渗透性变差，为煤层气的保存提供了有利条件，煤层含气量逐渐增加。同时，在近东西向挤压作用下，衍生出一系列的宽缓褶皱。研究区内不同的构造位置，受应力作用影响也存在一定的差异。研究区的南部受到该期构造应力作用相对较小，该期形成的宽缓褶皱依然存在，并且在向斜的轴部受到挤压作用较强，渗透性变差，保存条件较好，通常具有较高的含气量。研究区的中部和北部，受到该期构造应力作用较强烈，形成的褶皱保存不够完整，煤体变形相对强烈。

第二期明显的应力作用主要是发生在喜马拉雅山运动的早期，使燕山运动形成的褶曲及断裂构造进一步深化，并对其构造形态进行了调整。在近 NNE-SSW 挤压应力作用下，原有褶皱进一步变形，开始形成轴向近 NWW-SEE 向为主的褶皱构造。同时，在压剪应力作用下，局部地区发育近 NWW-SEE 向的断层。研究区的中部受到这两期应力的综合作用，导致向斜的轴部受到挤压作用较强，煤层透气性差，具有相对较高的含气量。背斜的轴部主要受到张应力作用，形成张性裂隙，煤层气容易逸散，含气量相对较低。

第三期近 NEE-SWW 向的挤压应力一直持续至现在，在其作用下引起局部区域煤层展布形态发生变化，同时在局部地区发育近 NWW 走向的断裂构造。研究区的北部同时受到这三期构造作用的影响，构造变形进一步加剧，导致向斜构造轴部渗透性进一步变差，背斜轴部裂缝进一步张开，渗透性变好。同时，煤体进一步发生变形，以碎裂-碎粒煤为主。因此，研究区北部，向斜轴部或多期向斜轴部叠加区域煤层含气量相对较高，背斜轴部或多期背斜轴部叠加区煤层含气量相对较低。

综上可知：研究区整体为一单斜构造，所受到的构造扰动呈现出由南向北逐渐增强的趋势。含气量分布格局总体呈现出由东南向西北逐渐增加的趋势。研究区的西南部，受岩浆热液作用明显，含气量较高。研究区的中部，一般情况下向斜轴部含气量相对较高，背斜轴部含气量相对较低。研究区的北部，多期向斜轴部叠加区含气量相对较高，背斜轴部多期叠加区含气量相对较低。

二、水动力环境对煤层气富集的再分配作用

水文地质条件是影响煤层气保存的重要因素之一。不同的水文地质条件，煤层气的赋存规律有很大的差异。

1. 水动力条件对煤层气富集的影响

煤层中的水主要包括基质孔隙中的束缚水、游离水和裂隙系统中的游离水。束缚水难以流动，游离水始终处在不断的交替循环之中，导致煤层的水头和压力发生变化，煤基质中的煤层气由吸附态转变为游离态，在浓度梯度差的作用下由

煤基质的微孔隙扩散运移至裂隙系统，然后随地下水流动，发生运移、逸散（或再吸附）。煤层中的游离水可能溶解了煤储层中部分的游离煤层气，发生运移。地下水能量系统、地质构造发育程度、煤层围岩岩性等的差异，使煤层气以不同方式进行储存、运移、富集和逸散。在漫长的地质历史过程中，这种长时间的水动力作用，对煤层气的富集将产生较大的影响。

煤储层和围岩含水层中的水流动主要是重力驱动。在无断裂、陷落柱等构造影响的情况下，地下水一般水力坡度降从高势能区向低势能区流动，煤层气则由高压向低压方向运移。单斜构造的含煤盆地中，地下水的流向与煤层气运移方向有相反和相同两种流动方式，两种流动方式对煤层气富集的影响主要有三种形式：当煤储层及围岩含水层中的水流动方向与煤层气运移方向相反时，不利于煤层气富集；当煤储层及围岩含水层地下水流动方向与煤层气运移方向一致时，有利于煤层气富集；煤储层及围岩含水层地下水的滞流区有利于煤层气的富集。

水动力条件对煤层气富集的控制作用不仅仅体现在水流动的方向上，还体现在水流动区域上。当煤储层及围岩接受地表大气降水补给时，煤层中的煤层气容易向大气逸散，煤层含气量较低。同时，由于大气降水（或地表水）沿裂隙向煤储层深部运移，水运移过程中，将溶于水的煤层气带走，是煤层中含气量降低的另一原因。

当煤储层处于地下水径流区时，煤储层中的煤层气溶于水被带走，煤层气含量也会降低，其降低量与地下水的流量、流速及作用时间有关。

当煤储层处于地下水的排泄区时，如果属于地下排泄，即煤储层中的水排向其他含水层，煤层气散失主要是通过地下水携带而逸散，煤层含气量降低。如果是向地表排泄，煤层气的散失特点与处于补给区的情况类似，主要通过地下水携带和沿裂隙逸散导致煤储层含气量降低。

当煤储层处于地下水的滞流区或与地下水联系不紧密时，有利于煤层气的保存。主要原因有三个：第一，水的承压作用，致使煤储层处于较高的压力状态，煤层不易发生解吸；第二，由于地下水的循环交流作用较弱，水溶解带走的煤层气量较少；第三，水流动变化较小，引起的储层压力波动较小，煤层气解吸量较少。

地下水的水文地质特征也显示了地下水的活跃度。当地下水的矿化度比较高时，说明该区水流动缓慢，属于滞流区，利于煤层气的富集。当地下水的矿化度较低时，说明水流动活跃，煤层气容易随水流动，煤层含气量通常较低。

2. 沁东南地区水动力条件对煤层气富集的影响

研究区位于沁水盆地复式向斜东南部，为一单斜构造。沁东南地区 3# 煤层底板等高线如图 2-12 所示。研究区的东部和南部为 3# 煤层露头，接收大气降水补给；北部存在地下水分水岭。西部以寺头断层为界使地下水流动方向发生改变。

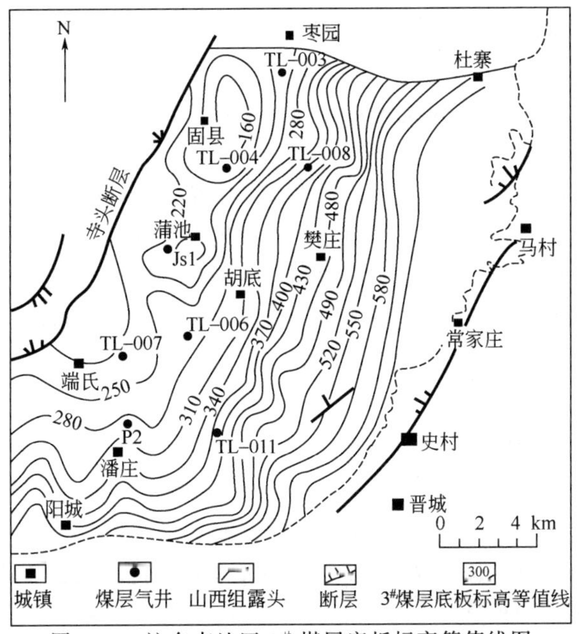

图 2-12 沁东南地区 3# 煤层底板标高等值线图

为了得出研究区 3# 煤层地下水流势，根据研究区部分煤层气生产直井的排采资料和参数井试井测试资料，得出这些井坐标处的储层压力，结合煤层底板等高线图，得出了研究区 3# 煤层地下水水势等值线图，如图 2-13 所示。

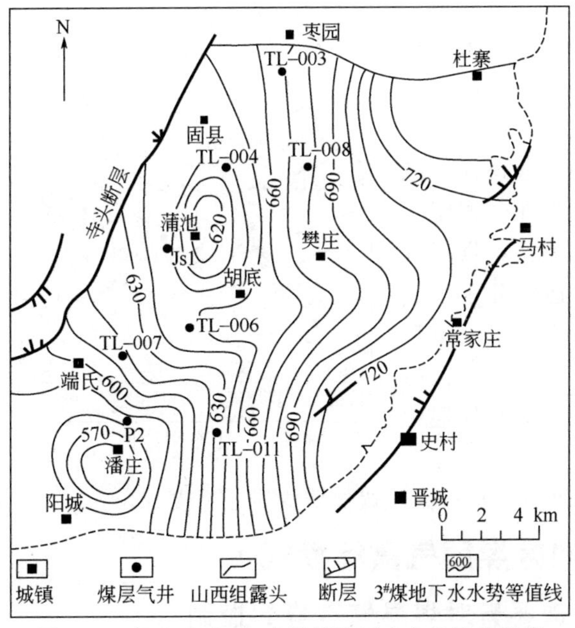

图 2-13 沁东南地区 3# 煤层地下水水势等值线图

从图 2-13 可看出，研究区东南部煤层露头接收大气降水补给，大气降水向煤层补给，携带煤层气向更深处运移。同时，煤层中的煤层气向大气中逸散，导致含气量降低。随着煤层埋藏深度的增加，逸散量减少，含气量增加。研究区南部的潘庄附近，形成了地下水的滞流区，同样埋藏深度条件下，该区域煤层含气量相对较高。研究区的中部，地下水等势线相对平缓。中东部 3# 煤层露头区接受大气降水，煤层含气量较低。中部的蒲池南部附近，形成地下水的另一个滞流区，且该区煤层远离煤层露头，该区煤层含气量相对较高。中部的樊庄附近处于地下水径流区，与同样埋深的蒲池附近相比，含气量稍低。研究区北部的固县附近，接受来自北部分水岭的地下水补给，地下水流动相对平缓，形成了研究区煤层气的又一富集区。研究区东北部，处于地下水的径流区，煤层含气量相对较低。

地下水的水化学场也进一步验证了上述地下水流场特征。煤层气科技工作者研究结果表明[173]：研究区东南部补给区地下水水质类型多为 HCO_3-K＋Na 型，矿化度较低，＜600mg/L。向煤层深部延伸，地下水中的 SO_4^{2-} 和 Cl^- 含量逐渐增加，潘庄一号井田 SO_4^{2-} 含量增大到 1003.48mg/L，矿化度也逐渐加大到 2620mg/L，水质类型变为 SO_4、HCO_3-K＋Na 型，反映了浅部地下水接受补给，地下水径流交替条件好。深部径流缓慢甚至呈滞流状态，矿化度增高。根据前人研究成果，得出沁东南地区地下水矿化度等值线图，如图 2-14 所示。地下水由高势能区向低势能区驱动，而煤层气由高压力区向低压力区运移渗流，最终在樊庄南部、潘庄—大宁一带形成地下水滞流区，煤层气侧向运移和垂向运移几乎没有发生。本区独特的地下水流场特征，导致煤层气在滞流区得到富集，形成地下水和煤层中流体（气体、水）能量的积聚，这种能量的聚集为形成高压煤储层提供了重要保障。

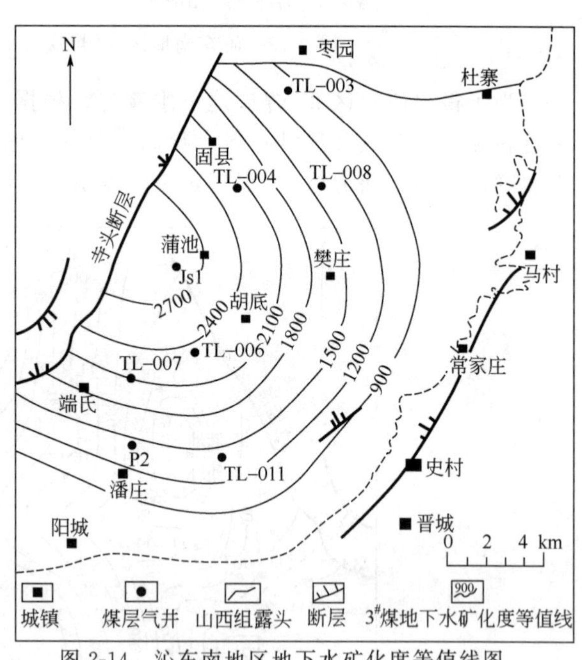

图 2-14　沁东南地区地下水矿化度等值线图

三、沁东南地区煤层气富集模式

1. 地质构造要素对煤层气富集的控制

煤层气的富集受到生气条件、运移条件、保存条件等多种因素的影响。这些条件的差异，导致煤层气的富集存在较大的差异性。通过对沁东南地区煤层气富集、再分配的影响因素及控制作用的分析，结合研究区的地质特点，认为影响研究区煤层气富集差异的主要因素是煤层埋深、岩浆热液作用、地下水特征和构造特征，分述如下。

（1）煤层埋深、岩浆热液作用对煤层气富集的控制　煤层埋藏深度（简称为埋深）对煤层气富集的影响是多方面的。一方面埋藏深度的增加，增加了上覆岩层厚度，增加了煤层气的逸散距离，减少了风化剥蚀过程中煤层气的逸散，利于煤层气的保存。同时，埋深的增加形成了较大的围岩应力，降低了煤储层的透气性，增加了煤层气逸散难度。另一方面埋深的增加，煤储层压力增加。根据等温吸附理论，煤储层吸附煤层气的能力增强。再者，埋深的增加，加大了煤岩的深成热变质程度。因此，在不考虑其他因素的前提下，随着埋藏深度的增加，煤层含气量逐渐增加。埋藏深度大的区域，易成为煤层气富集区。

根据研究区 3# 煤层埋藏史、热史、构造史可知：研究区关键时刻的有效上覆岩层厚度仍使该区处于风氧化带深度以下。受岩浆热液影响较小的研究区是北部区域，煤层含气量受埋藏深度的影响较大，埋藏深度与含气量之间呈现正相关关系。即随着埋藏深度的增加，含气量呈现增加的趋势。研究区中部，处于风氧化带以深的区域，总体上受煤层埋深的控制，但在地下水滞流区和径流区，局部受到地下水的微调作用。煤层埋深与含气量的相关性比研究区的北部稍差。研究区的南部受岩浆热液作用明显，煤变质程度升高。潘庄附近埋深与含气量之间不是正相关关系，埋深不是控制该区含气量的主要因素。研究区西南部的成庄附近，风氧化带以浅，含气量较低；风氧化带以深，含气量受煤层埋深和地下水两者共同作用，煤层埋深与含气量之间具有一定的相关性。

（2）地下水特征对煤层气富集的控制　地下水的运移使储层能量系统发生变化，进而引起煤层气富集区的变化。根据地下水等势线图可看出，研究区中北部的蒲池附近属于地下水的滞流区，在地下水和埋深的双重作用下，该区域煤层气形成相对的富集区。研究区的东北部，主要受到单斜构造及水文地质条件的影响，该区属于地下水径流区，含气量较低。研究区的西北部受到东部地下水补给，处于地下水滞留区，并且埋深较大，在地下水和埋深的耦合作用下，形成了煤层气的相对富集区。研究区中部的樊庄附近虽处于地下水的径流区，但水力坡度较缓，地下水对该区域含气量的影响相对较小，受埋深的控制相对明显。研究区西南部的潘庄附近属于地下水的滞流区，在岩浆热液和地下水的双重作用下，该区域形成了煤层气的相对富集区。研究区东南部的成庄附近，处于地下水的径流区，且水力坡度相对较陡，导致该区煤层气与相同埋藏深度的其他区域相比相对较低。

（3）构造特征对煤层气富集的控制　构造主要是指褶皱和断层。研究区内发育有一定数量的小断层，小断层对局部小范围内含气量有一定的影响，但不影响含气量的整体变化趋势。受勘探开发精度及收集资料的限制，针对研究区内小断层对含气量的影响在此不做分析。本次仅对研究区西部寺头断层和东部的晋获断裂对 3# 煤层含气量的影响进行简单分析及论述。研究区的西部，受寺头断层的影响，导致含气量的分布呈现一定的差异性。断层的发育形成了断裂面，为煤层气的运移提供了导流通道，煤层气容易逸散，断层附近煤层含气量较低。寺头断层为由南向北断距逐渐增加的封闭性逆断层[174]，断层两盘岩性配置、泥岩涂抹的差异性，导致随着断距的增加，断层的封闭性逐渐变差。研究区东部，煤层含气量受到晋获断裂带南段部分的影响。晋获断裂带形成过程派生出一些次生断裂构造，沿断裂面孔裂隙发育，渗透性较好，煤层气容易逸散。因此，研究区东部断层附近煤层气含气量较低。

褶皱是影响研究区内煤层气分布的主要地质因素之一。研究区的南部，受构造应力作用较弱，主要形成了轴向近南北向的宽缓褶皱，部分煤层气向背斜轴部远聚且被保存，通常具有较高的含气量。研究区的中部和北部受到多期构造作用较明显，在多期构造作用下，含气量与褶皱的关系变得复杂，需要根据实际情况进一步深入分析。

2. 沁东南地区煤层气富集模式

综合考虑煤层气富集影响因素，认为：在煤层埋深及热液作用、地下水条件和构造三者的耦合作用下，形成了研究区不同的煤层气富集和逸散模式，决定了现今的煤层气分布格局。研究区不同区域煤层气富集、逸散控制模式图如图 2-15 所示。

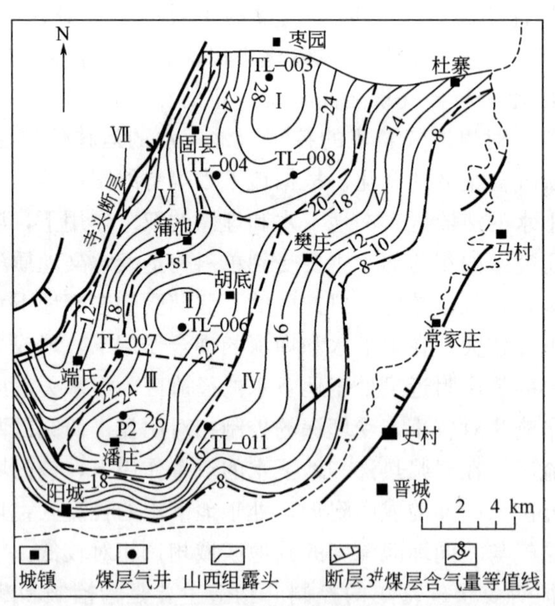

图 2-15 研究区不同区域煤层气富集、逸散控制模式图

Ⅰ区为高应力＋埋深控制模式；Ⅱ区为地下水滞流＋埋深控制模式；Ⅲ区为地下水滞流＋热演化控制模式；Ⅳ区为地下水径流＋埋深控制模式；Ⅴ区为地下水径流＋埋深控制模式；Ⅵ区为构造＋水动力控制模式；Ⅶ区为断层逸散模式

第三章

沁东南地区煤储层渗透率特征及其控制作用

煤层气的高效产出不仅需要一定的资源量，还需要有良好的产出通道。煤储层渗透率的大小是煤储层导流能力强弱的宏观表征，是煤储层孔裂隙发育特征的外在表现。本章以沁东南地区3#煤层为研究对象，对3#煤储层的孔裂隙、渗透率特征及控制因素进行分析，得出沁东南地区煤储层渗透率特征及控制作用。

第一节　沁东南地区煤储层孔隙结构特征

煤储层的孔裂隙是煤层气储集、扩散、运移的场所与通道，其连通畅通程度对煤储层的导流能力有重要影响。不同大小的孔径及分布特征，不同的裂隙尺寸、形态、分布特征及其连通畅通性导致煤储层的渗透率有较大的差别。要想得出研究区3#煤层的渗透率特征，首先需要对其孔裂隙发育特征进行研究。孔裂隙结构特征主要包括孔径大小、分布特征，裂隙长度、宽度、密度及充填情况，孔隙和裂隙的组合特征等。煤储层的孔裂隙包括基质孔隙和裂隙孔隙，基质孔隙与外界联系相对较弱，煤层气在其中更多以分子型扩散向外运移；裂隙孔隙与外界联系相对强，煤层气在其中可实现从扩散到渗流的转变。因此，本节主要从裂隙孔隙角度对研究区煤储层的孔裂隙结构特征进行研究。

一、煤储层孔隙结构研究的主要方法

1. 煤储层孔隙结构研究常用方法

煤储层孔隙是煤层气赋存的主要场所。不同的孔径及分布特征对煤层气的赋

存状况有重要影响。煤储层孔隙结构的研究方法有很多，其中较传统的研究方法有：露头野外观察法、煤壁观察法、煤岩孔隙观察法、压汞毛管压力测试法、氮气或二氧化碳吸附法、扫描电镜分析法、透射电镜分析法、小角度中子散射法、小角度X射线散射法等[175～177]。较先进的研究方法有：核磁共振测试法、CT扫描法、恒速压汞分析法、X射线衍射测试法、测井解释法及测井地震相结合的测试分析法等[178～180]。研究方法很多，综合考虑测试的成本、准确性及操作的复杂性，目前应用比较广泛的是压汞法、液氮吸附法、核磁共振测试法、CT扫描法、测井解释法等。下面对这几种常用方法进行简单介绍。

(1) 压汞法　不同孔径的进汞压力是不同的。通过测试不同注汞压力下的注汞量，计算得出不同注汞压力下的孔径及该孔径下的孔隙度。因其测试方法简单而得到了广泛应用。

压汞法是通过注汞压力测算孔径。当孔径比较小时，需要较大的注汞压力才能注入。注汞压力过大，导致煤结构发生变化，测试结果的误差较大。同时，压汞法主要根据毛细管理论进行计算，测试的孔径一般大于7.2nm。

(2) 液氮吸附法　液氮吸附法的理论基础是多分子层吸附理论。认为煤岩表面存在剩余的表面自由场，气体分子与固体表面接触时部分分子被吸附在固体表面，当气体分子的热运动足以克服吸附剂的吸附势能时，脱离固体表面做自由运动，吸附与解吸处于一种动态平衡之中。通过测试不同压力下气体的吸附量，得出吸附等温曲线，根据吸附等温曲线得出煤储层的孔径大小及分布规律。

与压汞法相比，液氮吸附法测试范围较广，适合于部分中孔、全部小孔和部分微孔的测试，通常可以测试孔径大于2nm的孔隙[181]。

(3) 核磁共振测试法　核磁共振测试法是根据不同类型孔隙内部流体弛豫时间的不同，对孔隙特征进行表征。具体是指当饱和水煤样处于均匀的核磁共振静磁场时，会产生一个磁场矢量，再加一个射频磁场，可以产生核磁共振。随后撤掉射频场，可以接收到一个幅度随时间衰减的信号，其衰减可以用纵向弛豫时间和横向弛豫时间两个参数描述该信号衰减的快慢，根据弛豫时间判断孔隙特征。

(4) CT扫描法　CT扫描法是根据不同空间位置煤岩密度的不同来判断孔裂隙的发育特征。通过射线穿透物体，测试穿透物体吸收、衰减后的射线强度。CT扫描的穿透数据是由多个不同角度的测量数据汇总得来的，各角度的数据通过计算机采用图像重建的方法得到。根据所收集的数据建立物体的CT横断面扫描图像，进而判断孔裂隙的发育特征。

2. 测井曲线解释孔隙结构

(1) 测井曲线解释孔隙结构的一般流程　目前，孔隙结构的室内研究方法主要是通过采集煤样进行实验测试，利用测试出的实验数据指导煤层气的勘探开发。但是实验室测试时间较长、工作量相对较大。沁水盆地东南部作为全国煤层气开发最成功的地区之一，进行了大量的煤层气钻井、测井、压裂和排采工程施工，积累了丰富的煤层气勘探开发资料。为了充分利用这些资料，本次采用实验测试与测井曲线相结合的方法对沁东南地区 3# 煤层孔隙结构进行研究，具体方法如下。

第一步：利用压汞法得出研究区 3# 煤层部分样品的孔径分布，并在实验室进行样品的渗透率测试，得出渗透率值。

第二步：根据深、浅侧向测井曲线预测渗透率的方法，结合实验室渗透率测试结果，选择研究区钻井时井径扩大率较小、煤层段煤的非均质性较小的煤层气井，进行煤层段的渗透率预测，得出每口井煤层段渗透率的平均值。

第三步：根据煤层段的平均渗透率，得出对应的排驱压力。

第四步：根据排驱压力和孔喉因子，得出毛管压力曲线，在此基础上最终得出孔径分布。

(2) 关键参数的求取　毛细管压力曲线反映了不同的注入压力下，所对应的孔隙喉道半径以及进汞量，是表征孔隙结构的有效方法之一。因此，利用测井参数解释孔隙结构，需得出毛细管压力曲线。毛细管压力曲线定量描述方法有很多，其中尤以 Thomeer 提出的“双对数坐标系中毛细管压力曲线为一条双曲线”的观点[182,183]得到了诸多学者的广泛认可。其认为：

$$\lg\left(\frac{V_b}{V_{b\infty}}\right)\times\lg\left(\frac{p_c}{p_d}\right)=-\frac{F_g}{2.303} \tag{3-1}$$

式中，V_b为相应进汞压力下的进汞体积，mL；$V_{b\infty}$为无限压力下的进汞体积，mL；p_c为毛细管压力，MPa；p_d为门槛压力，MPa；F_g为孔喉结构因子，无量纲。

从式(3-1) 可以看出，要想得到毛细管压力曲线，需确定出公式中无限压力下的进汞体积、门槛压力、孔喉结构几何因子三个未知参数。

① 最大进汞体积的确定　无限压力下的进汞体积即为最大进汞体积，基本上代表了煤样中可以相互连通的孔隙体积。因此，确定最大进汞体积就是确定煤岩的孔隙度。利用测井曲线确定煤岩孔隙度的方法有很多，如补偿密度法、声波时差法，在此主要是采用双侧向测井的方法确定煤岩孔隙度。

双侧向测井法是根据煤岩中的孔裂隙、基质中碳、灰等电阻的不同，导致测井响应的不同，进行孔隙度预测。煤岩体积模型中认为煤岩是由孔裂隙、碳、灰三部分组成，其体积模型示意图如图 3-1 所示。

进行双侧向测井时，可以认为所测得的电阻率为基质孔隙、裂隙孔隙、碳、灰并联的结果[184]。根据电阻并联理论，煤层中的电阻 R 可以表示为：

$$\frac{1}{R}=\frac{v_c}{R_c}+\frac{v_a}{R_a}+\frac{v_b}{R_b}+\frac{v_f}{R_f} \tag{3-2}$$

式中，R 为煤层电阻率测量值，Ω·m；R_c为碳的电阻率，Ω·m；R_a为灰

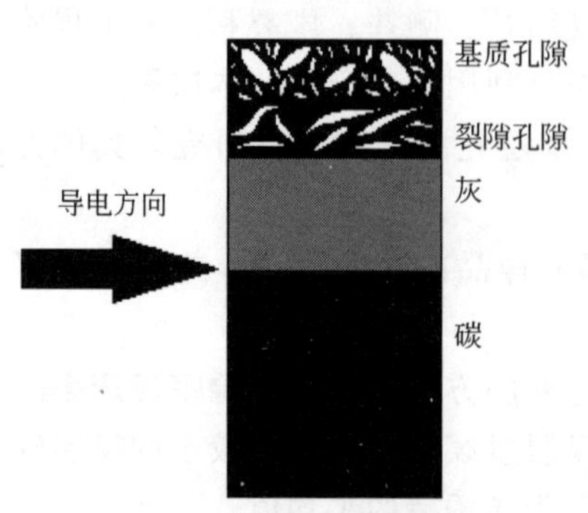

图 3-1 煤岩体积模型示意图

的电阻率，Ω·m；R_b为基质孔隙的电阻率，Ω·m；R_f为裂隙孔隙的电阻率，Ω·m；v_c为碳所占的煤岩比例；v_a为灰所占的煤岩比例；v_b为基质孔隙度；v_f为裂隙孔隙度。

若采用双侧向测井，则：

$$\frac{1}{R_t}=\frac{v_c}{R_c}+\frac{v_a}{R_a}+\frac{v_b}{R_b}+\frac{v_f}{R_f} \tag{3-3}$$

$$\frac{1}{R_a}=\frac{v_c}{R_c}+\frac{v_a}{R_a}+\frac{v_b}{R_b}+\frac{v_f}{R_f} \tag{3-4}$$

式中，R_t为深侧向电阻率值，Ω·m；R_a为浅侧向电阻率值，Ω·m。

深侧向测试的主要是地层的电阻率。地层中的裂隙主要被地层水所充填，所以裂隙的电阻率可以近似为地层水的电阻率。浅侧向测试的主要是侵入带的电阻率，侵入带主要被泥浆侵入。因此可以近似认为浅侧向测得裂隙电阻率为泥浆滤液的电阻率。因此上式可以变换为：

$$\frac{1}{R_t}=\frac{v_c}{R_c}+\frac{v_a}{R_a}+\frac{v_b}{R_b}+\frac{\phi_f^{mf}}{R_w} \tag{3-5}$$

$$\frac{1}{R_a}=\frac{v_c}{R_c}+\frac{v_a}{R_a}+\frac{v_b}{R_b}+\frac{\phi_f^{mf}}{R_{mf}} \tag{3-6}$$

式中，ϕ_f 为裂隙孔隙度；R_w为地层水的电阻率，Ω·m；R_{mf}为泥浆的电阻率，Ω·m；mf 为裂隙孔隙度的胶结指数，一般在 1.1～1.3 之间。

用式(3-5) 减去式(3-6) 得：

$$\frac{1}{R_t}-\frac{1}{R_a}=\frac{\phi_f^{mf}}{R_w}-\frac{\phi_f^{mf}}{R_{mf}} \tag{3-7}$$

$$\phi_f=\left(\frac{\frac{1}{R_t}-\frac{1}{R_a}}{\frac{1}{R_w}-\frac{1}{R_{mf}}}\right)^{\frac{1}{mf}} \tag{3-8}$$

当地层水电阻率与泥浆滤液电阻率相比较大时，式(3-8) 可改写为：

$$\phi_f=\left(R_{mf}\frac{\frac{1}{R_t}-\frac{1}{R_a}}{\frac{R_{mf}}{R_w}-1}\right)^{\frac{1}{mf}} \tag{3-9}$$

由于地层水电阻率与泥浆滤液电阻率相比较大，即$\frac{R_{mf}}{R_w}\approx 0$，所以式(3-9) 可以化简为：

$$\phi_f=\left[R_{mf}\left(\frac{1}{R_a}-\frac{1}{R_t}\right)\right]^{\frac{1}{mf}} \tag{3-10}$$

同理，当地层水电阻率与泥浆滤液电阻率相比较小时，式(3-8) 可改写为：

$$\phi_f=\left[R_w\left(\frac{1}{R_t}-\frac{1}{R_a}\right)\right]^{\frac{1}{mf}} \tag{3-11}$$

由此可以利用式(3-10) 和式(3-11) 对裂隙孔隙度进行计算。

基质孔隙是煤层气赋存的主要场所，与外界之间联系较弱，煤层气在其中主要以扩散形式运移。本次认为压汞过程中汞主要进入的是裂隙孔隙，即认为最大进汞体积和煤岩裂隙孔隙度在数值上相同，所以：

$$V_{b\infty}=\phi_f=f\ (R_t、R_a、R_w、R_{mf}、mf) \tag{3-12}$$

即是：

$$V_{b\infty}=f\ (R_t、R_a、R_w、R_{wf}、mf) \tag{3-13}$$

② 门槛压力的确定　门槛压力是指压汞测试时，汞大量进入煤岩时的压力，主要与孔裂隙之间的连通性有关。同时，渗透率也是孔裂隙连通性好坏的一个表征参数，连通性越好，渗透率值越大，气、水越容易运移，门槛压力值越小；反之，门槛压力值越大。因此，可以通过建立渗透率与门槛压力之间的关系，进而根据渗透率大小得出门槛压力值。

利用测井曲线求取煤岩渗透率的方法有很多。例如根据部分岩石力学测试结果和对应的测井参数值，得出两者之间的联系；然后针对其他地区的测井值和两者之间建立的关系，对渗透率进行预测。还可以根据测井参数直接进行计算。本次主要采用双侧向值进行渗透率的计算。

根据双侧向曲线，结合裂隙孔隙度计算方法，首先对其裂隙孔隙度进行计算，然后根据 F-S 计算渗透率方法，对其渗透率进行计算。煤储层渗透率可以表示为[185]：

$$k_f=8.33\times10^6 c_f\phi_f \tag{3-14}$$

式中，k_f为煤储层渗透率，mD；c_f为比例因子，由研究区统计数据求取，或由地区经验取值，也可由实验测定。

通过对部分煤样进行压汞实验，对渗透率与门槛压力之间的关系进行拟合，得出渗透率与门槛压力之间的关系。最后基于测井资料计算的渗透率得出对应井煤层段的门槛压力值。

③孔喉结构几何因子的确定　孔喉结构几何因子是反映孔喉特征的一个参数，对于孔隙类型相似的区域，其孔喉结构几何因子可认为大致相同。根据研究区的具体情况，在不同区域有针对性地采集煤样进行压汞测试，代入相关测试参数，计算出孔喉结构几何因子，然后用该孔喉结构因子值近似代表该区域其他井煤储层孔隙的孔喉结构几何因子值。

确定出这三个基本参数后，可以得出毛细管压力曲线。根据具体煤层气直井的毛细管压力曲线，得出其孔径分布，进而得出研究区裂隙孔隙的孔径分布。

二、沁东南地区孔隙结构特征

本次孔隙结构特征的研究主要是采用双侧向测井的渗透率计算和毛管曲线拟合相结合的方法进行预测、分析。根据上述研究方法，对研究区一批煤层气直井的渗透率进行了计算，其中部分井的渗透率计算结果见表 3-1。

表 3-1 研究区部分煤层气井渗透率计算结果

井号	渗透率/mD	井号	渗透率/mD	井号	渗透率/mD
N-1	0.616	Z-1	0.329	B-1	0.319
N-2	2.256	Z-2	0.733	B-2	0.110
N-3	3.166	Z-3	0.589	B-3	0.035
N-4	1.013	Z-4	0.516	B-4	0.079
N-5	2.501	Z-5	1.212	B-5	0.023
N-6	1.839	Z-6	0.766	B-6	0.609
N-7	1.676	Z-7	0.648	B-7	0.037
N-8	2.168	Z-8	0.944	B-8	0.071

注：N-i 代表南部第 i 井；Z-i 代表中部第 i 井；B-i 代表北部第 i 井，下同。

排驱压力和渗透率的大小在一定程度上都表征了储层孔裂隙的通畅程度，两者之间具有较好的正相关关系。根据研究区部分煤样的压汞测试结果，得出了渗透率与排驱压力之间的关系。结合测井渗透率计算结果，得出了研究区一批煤层气井煤储层的排驱压力，其中部分井的计算结果见表 3-2。

表 3-2 研究区部分煤层气井排驱压力计算结果

井号	排驱压力/MPa	井号	排驱压力/MPa	井号	排驱压力/MPa
N-1	7.71	Z-1	10.02	B-1	8.05
N-2	5.55	Z-2	8.30	B-2	9.32
N-3	4.48	Z-3	8.98	B-3	11.71
N-4	7.41	Z-4	9.13	B-4	10.31
N-5	5.18	Z-5	6.22	B-5	12.08
N-6	6.02	Z-6	8.09	B-6	6.19
N-7	6.42	Z-7	8.59	B-7	11.65
N-8	5.94	Z-8	7.31	B-8	10.56

根据孔喉结构因子的确定方法，对孔喉结构因子进行了求取，并将排驱压力值代入毛管压力曲线公式，得出了注汞饱和度与注汞压力之间的关系。最终得出了研究区内一批煤层气井的孔径结构特征。其中部分井的不同孔径所占比例计算

结果见表 3-3。

表 3-3 研究区部分煤层气井不同孔径所占比例计算结果

井号	孔径/nm				
	$\leqslant 10$	$10<r\leqslant 100$	$100<r\leqslant 200$	$200<r\leqslant 500$	$r>500$
N-1	0.420	0.201	0.098	0.163	0.118
N-2	0.401	0.182	0.087	0.150	0.180
N-3	0.390	0.170	0.080	0.142	0.218
N-4	0.418	0.198	0.097	0.162	0.125
N-5	0.398	0.177	0.085	0.148	0.192
N-6	0.406	0.186	0.089	0.155	0.164
N-7	0.410	0.189	0.092	0.156	0.153
N-8	0.405	0.185	0.090	0.153	0.167
Z-1	0.449	0.220	0.105	0.163	0.063
Z-2	0.437	0.207	0.100	0.160	0.096
Z-3	0.442	0.212	0.102	0.162	0.082
Z-4	0.442	0.215	0.102	0.162	0.079
Z-5	0.419	0.190	0.090	0.153	0.148
Z-6	0.435	0.206	0.099	0.160	0.100
Z-7	0.441	0.208	0.100	0.162	0.089
Z-8	0.429	0.200	0.095	0.157	0.119
B-1	0.447	0.206	0.098	0.156	0.093
B-2	0.455	0.218	0.102	0.156	0.069
B-3	0.471	0.233	0.109	0.152	0.035
B-4	0.462	0.224	0.105	0.156	0.053
B-5	0.473	0.235	0.110	0.150	0.032
B-6	0.431	0.190	0.090	0.150	0.139
B-7	0.47	0.233	0.108	0.153	0.036
B-8	0.464	0.225	0.106	0.155	0.050

煤储层导流能力的大小本质上受到孔裂隙分布的控制。在裂隙孔隙度一定的情况下，大孔径所占的比例越大，储层渗透率越好，越有利于煤层气的产出；反之，储层渗透率越差，吸附能力越强，越难以解吸、运移，煤层气开发的难度越大。通过对不同孔径所占比例进行计算，得出了研究区不同孔径所占比例分布特征，如图 3-2 所示。

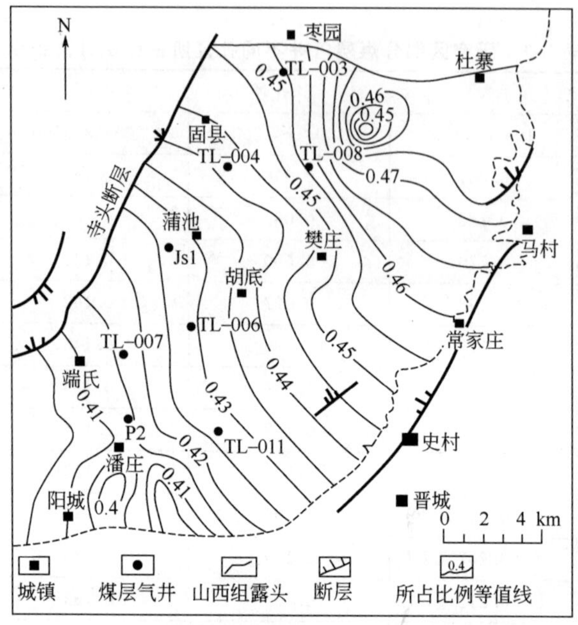

(a) ≤10nm

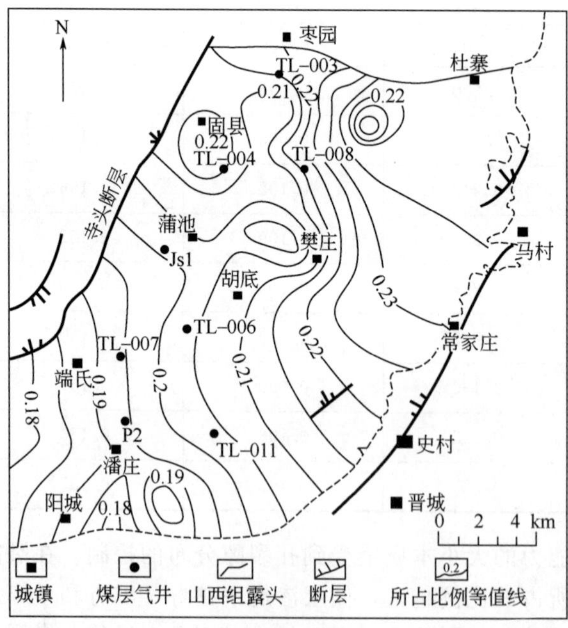

(b) 10～100nm

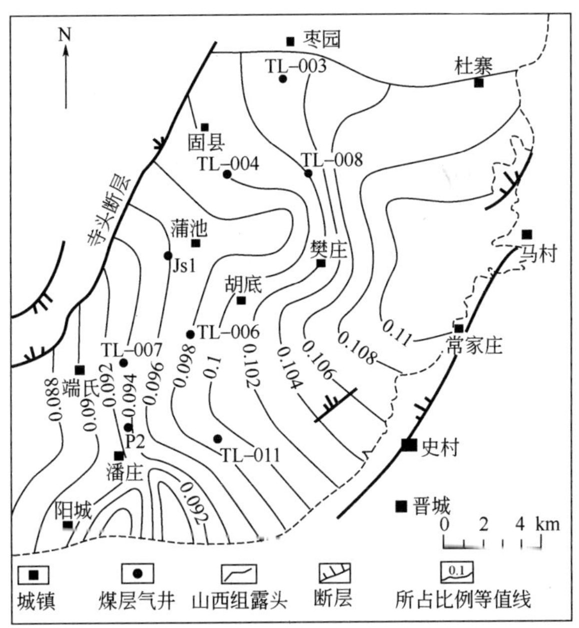

(c) 100～200nm

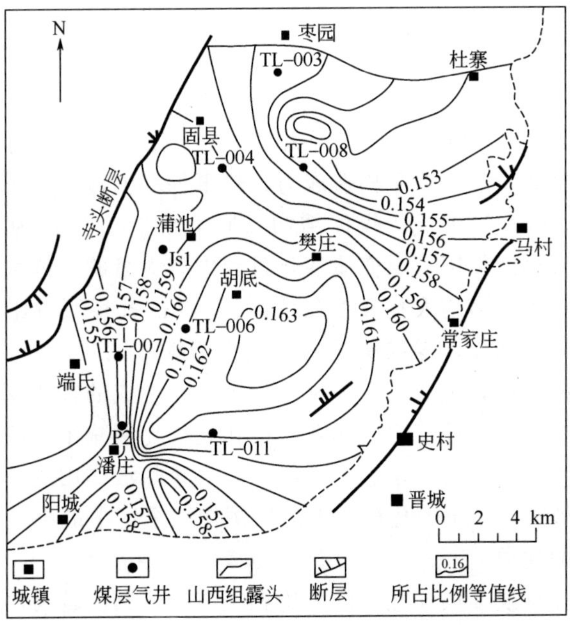

(d) 200～500nm

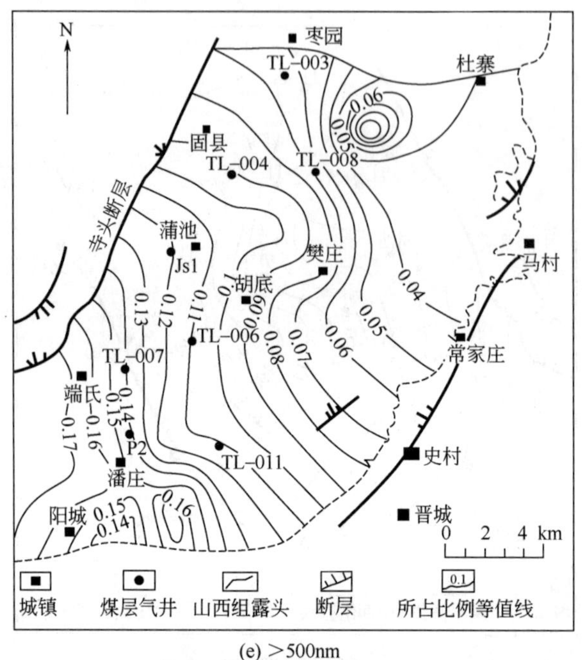

(e) ＞500nm

图 3-2 研究区不同孔径所占比例分布特征图

目前针对不同孔径的孔裂隙中气体流动规律比较一致的观点是：小于 75nm 的孔裂隙中气体流动主要方式为吸附与扩散，大于 75nm 的孔裂隙中为渗流、层流、紊流等形式运移[186]。本次以 75nm 为分界线，通过拟合毛细管压力曲线，得出了研究区大于 75nm 的孔径所占比例分布特征，如图 3-3 所示。

从图 3-3 可以看出：研究区内孔径大于 75nm 孔所占的比例呈现出由西南向东北逐渐减小的趋势。这主要是构造应力、热事件和上覆岩层压力耦合作用的结果。研究区南部，煤层埋深浅，煤体结构以原生结构-碎裂煤为主，构造应力作用不强。加之岩浆热液作用，煤变质演化过程中有大量的气体生成，形成了大小不一的气孔，发育了较多的大孔和中孔，大于 75nm 孔径所占比例较大。研究区中部，煤层埋深比南部深，煤层所受的地应力增加。同时，岩浆热液作用变弱，构造应力作用比南部强，生成的气体量比南部少，形成的气孔少。地应力及上覆岩层压力的增加，导致孔径变小，大孔、中孔孔径比例减小。研究区北部，煤层埋深进一步增加，构造应力作用进一步增强，岩浆热液作用进一步减弱，这些因素的耦合作用导致大于 75nm 孔径所占的比例在三个区中最小。但局部地区，存在孔径稍有增加的现象。

孔喉中值半径反映了煤样孔隙的平均孔径特征，其值越大，表示大孔所占比例越多；反之，越小。在对不同孔径分布比例计算分析基础上，对研究区的孔喉中值半径进行研究，得出了研究区孔隙中值半径分布，部分煤层气井的孔喉中值计算结果见表 3-4。

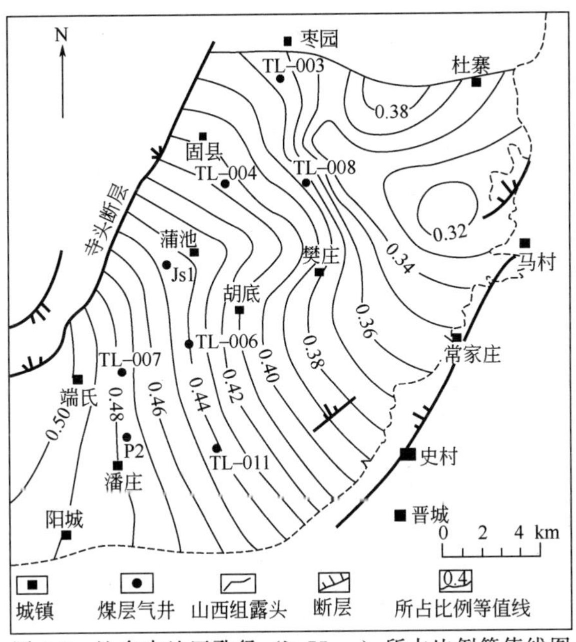

图 3-3　沁东南地区孔径（>75nm）所占比例等值线图

表 3-4　研究区部分井的孔喉中值半径计算结果

井号	中值孔径/nm	井号	中值孔径/nm	井号	中值孔径/nm
N-1	15.33	Z-1	10.12	B-1	10.81
N-2	21.30	Z-2	12.22	B-2	9.34
N-3	26.39	Z-3	11.30	B-3	7.43
N-4	15.95	Z-4	11.11	B-4	8.44
N-5	22.82	Z-5	16.31	B-5	7.21
N-6	19.64	Z-6	12.54	B-6	14.06
N-7	18.41	Z-7	11.81	B-7	7.47
N-8	19.90	Z-8	13.87	B-8	8.24

根据中值孔径计算结果，绘制了研究区中值孔径分布等值线图，如图 3-4 所示。

从图 3-4 可以看出：中值孔径分布呈现出与大于 75nm 的孔径分布大致相同的变化趋势，即潘庄附近煤岩孔喉半径最大，由西南向东北孔喉半径逐渐减小，在研究区的东北部孔喉半径最小。

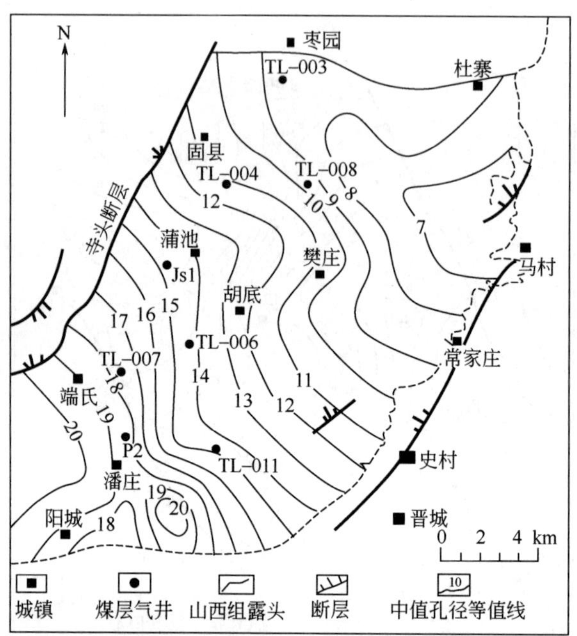

图 3-4　沁东南地区煤岩孔喉中值半径分布图

三、沁东南地区孔径分布的分形特征

分形的概念是美籍数学家芒德勃罗（B. B. Mandelbrot）首先提出的[187]。分形理论是现代非线性科学研究中十分活跃的一个数学分支，在物理、地质、材料科学、工程技术、甚至社会科学中都有着广泛的应用。特别是随着电子计算机的迅速发展和广泛应用，使它的应用范围更加广泛。分形理论最大的特点就是系统的自相似性。一个系统的自相似性是指某种结构或过程的特征从不同的空间尺度或时间尺度来看都是自相似的，或者某系统或结构的局域性质或局域结构与整体类似。一般情况下自相似性有比较复杂的表现形式，而不是局域放大一定倍数后简单地与整体完全重合。但是表征自相似系统或结构的定量性质如分形维数，并不会因为放大或缩小等操作而变化，所改变的只是其外部的表现形式。

地质学系统是一个随机、多变、不稳定以及许多不确定因素影响的复杂非线性系统。孔隙特征演化方面，不同尺度的孔隙往往具有明显的相似性。人们可以根据简单的、小尺度的地质现象的某些特征和演化规律认识复杂的、大尺度地质现象的某些特征和演化规律。也就是具有分形的特征，可以用分形理论来解决以往地质学、岩石力学难以解决的问题。孔隙结构特征的复杂多样性决定了采用定量的参数进行表征的难度，但是不采用定量指标进行表征又难以对其变化规律进行对比与分析。为此，诸多学者对孔隙特征及分形理论进行分析和研究，提出了孔隙分形维数表示方法。本书也以分形维数对研究区的孔隙结构特征进行表征。

1. 分形维数的计算方法

通过煤储层的孔径分布计算其孔隙的分形维数，以往很多学者进行过类似推导[188~190]，尽管推导方法不同，但最终都通过 Washburn 方程构建了进汞体积与进汞压力之间的双对数方程，即：

$$\ln\left[\frac{\mathrm{d}V_{p(r)}}{\mathrm{d}p(r)}\right]\infty(4-D_b)\ln r\infty(D_b-4)\ln p(r) \tag{3-15}$$

式中，$p(r)$为毛管压力，MPa；$V_{p(r)}$为压力等于$p(r)$时的进汞体积，mL；r为煤样孔隙半径，nm；D为孔隙分布分维数，无量纲。

根据式(3-15) 将$\ln\left[\frac{\mathrm{d}V_{p(r)}}{\mathrm{d}p(r)}\right]$与$\ln p(r)$进行直线拟合得出其斜率$k$，该斜率与分形维数之间的关系为：

$$D_b=k+4 \tag{3-16}$$

2. 沁东南地区孔隙的分形特征

根据研究区孔隙分布结合分形维数计算公式，对研究区一批煤层气井煤岩孔隙的分形维数进行计算，其中部分井的分形维数计算结果见表 3-5。

表 3-5 研究区部分井分形维数计算结果

井号	分形维数	井号	分形维数	井号	分形维数
N-1	2.9088	Z-1	2.9140	B-1	2.9147
N-2	2.9111	Z-2	2.9147	B-2	2.9132
N-3	2.9093	Z-3	2.9146	B-3	2.9146
N-4	2.9079	Z-4	2.9143	B-4	2.9149
N-5	2.9077	Z-5	2.9139	B-5	2.9142
N-6	2.9081	Z-6	2.9135	B-6	2.9174
N-7	2.9086	Z-7	2.9142	B-7	2.9143
N-8	2.9053	Z-8	2.9149	B-8	2.9164

研究区不同区域分形维数分布特征的差异性，显示了孔裂隙分布特征的不同。根据分形维数计算结果，绘制了研究区分形维数分布等值线图，如图 3-5 所示。

从图 3-5 可以看出：分形维数整体分布呈现出由南向北逐渐增加的趋势。研究区南部，受构造应力作用不太强烈，孔隙结构变化不太复杂，分形维数相对较小。研究区中部，构造应力作用增加，煤体变形程度增加，局部地区受到构造应力作用强烈，分形维数变得相对复杂。研究区北部，受燕山期和印支期构造运动作用较强烈，构造的不同部位，孔裂隙分布变化较大，局部范围分形维数值较大。

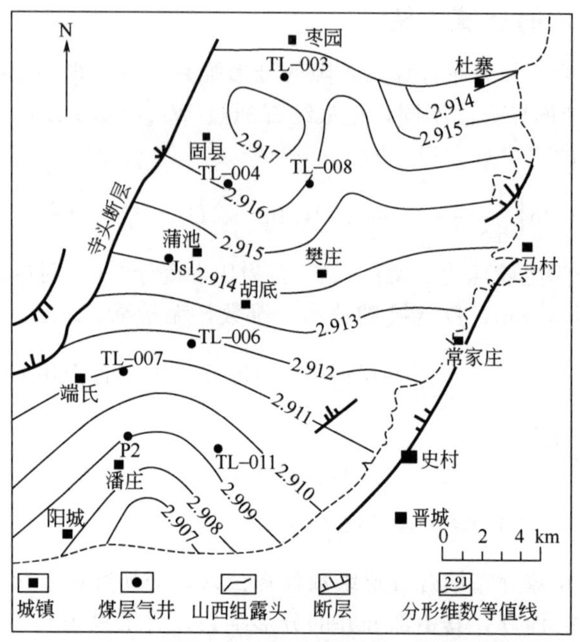

图 3-5 沁东南地区煤岩孔隙分形维数分布图

第二节 沁东南地区煤储层裂隙结构特征

一、煤储层裂隙结构研究的常用方法

煤储层裂隙包括显微裂隙和宏观裂隙。煤储层的显微裂隙主要是煤层形成过程中由于凝胶化作用、脱水缩合作用等内部应力作用形成的裂隙。煤储层的宏观裂隙主要是煤层形成后在构造应力作用下形成的裂隙。煤层气的地面开发就是将赋存在煤储层孔裂隙中的煤层气通过排水降压，使水、气沿着孔裂隙通道运移到井筒，然后举升至地面。孔裂隙特征不仅决定了煤层气的赋存、吸附/解吸特征，而且决定了水、气的运移和产出特征。裂隙作为水、气运移的主要和重要通道，其深入研究对指导煤层气开发具有重要意义。

煤储层可看作是由煤基质、孔裂隙、水和气等组成的。煤储层的裂隙系统主要包括裂隙的发育情况、宽度、长度、高度、密度、连通性、充填情况等。裂隙系统是煤储层中的水、气产出的主要通道，裂隙系统的发育畅通与否及形态对水、气产出有重要影响。为了查明煤储层裂隙系统的发育特征，国内外煤层气工作者进行了大量的研究。研究方法主要有：岩心裂隙识别法、相似露头区类比法、构造形迹判别法、显微镜下统计法、地震资料识别法、测井裂隙识别法等。

岩心裂隙识别法是指钻井过程中，在煤层段进行取心录井，对取出的煤心进行编录，对裂隙的发育程度、长度、宽度、高度、密度、形态、填充情况、连通性等进行描述。根据多口煤层气井的取心观测结果进行分析，得出研究区煤储层的裂隙结构特征。钻井过程中井径扩大引起钻井液的侵入会对煤层造成一定的伤害，一定程度上影响了观测结果的准确性。同时，获取的岩心是一个点的，在研究区域性规律上存在一定的局限性。

相似露头区类比法是通过对露头区煤储层的裂隙进行观测描述，近似代表了煤层段的裂隙发育特征。该方法应用的前提条件是研究区煤层段与露头区的地质构造相同或相似，只有满足该条件才能应用此方法。

构造形迹判定法是指根据研究区煤储层的构造形态，对构造作用下煤储层裂隙的演化进行反演。然后根据不同构造型式形成过程中裂隙的演化规律，对裂隙的形态进行研究。该方法对于简单地质构造区域判别准确性较高。对于地质构造复杂，尤其是多期构造综合作用的区域，煤储层形态演化反演难度较大，裂隙判别难度大，判断准确性相对较低。

显微镜下统计法主要通过观测显微裂隙的长度、宽度等，进而得出裂隙的形态、充填情况、密度等。对于定向薄片还可以估计裂隙的产状。其结果可以作为宏观裂隙研究的补充[191]。

地震资料识别法是根据岩石中裂隙的存在，尤其是饱含流体的裂隙会导致致密岩石物理性质的差异，形成物性界面，引起储层地震波反射特征的变化，从而在地震剖面上指示裂隙的存在。受分辨率的影响，从地震资料上很难获得精确全面的裂隙参数[192]。

测井裂隙识别技术是根据测井资料对裂隙特征进行判别的技术。测井技术可分为常规测井技术和新型测井技术。常规测井技术主要包括声波测井、电阻率测井、自然电位测井、自然伽马测井等。新型测井技术主要包括地层微电阻率扫描成像技术[193]和全井眼地层微电阻率扫描成像技术等[194]。常规测井技术难以准确对裂隙进行表征，尤其是裂隙走向以及展布形态。新型测井技术可以有效弥补这一不足。成像测井技术是利用裂隙发育处电阻率与围岩的差异性及测井响应的不同对不同裂隙形态和特征进行分析、表征。

二、沁东南地区煤储层裂隙结构特征

煤储层裂隙是煤层气运移、产出的主要通道，裂隙越发育，越有利于煤层气的产出。为了查明研究区煤储层裂隙的分布特征，采用岩心描述、电子显微镜观测、扫描电镜观测以及能谱测试等方法，对研究区不同区域煤岩裂隙组数、宽度、密度、长度、充填情况等进行了分析研究，下面对研究区的南部、中部和北部分别进行阐述。

1. 研究区南部裂隙发育特征

研究区的南部可分为西南部和东南部。

(1) 研究区西南部裂隙发育特征　该区域是指研究区南部的寺河矿、潘庄一带及其西部的地区。该区宏观裂隙的研究方法主要是钻井取心观察法。通过观察发现，该区域主要发育 NW～NNW 和 NE～NEE 向两组宏观裂隙，不同观察地点有一定的差异性。第一组宏观裂隙走向主要在 30°～85°之间，与层理面呈高角度相交或垂直，其倾角在 75°～89°之间，裂隙密度主要为 10～25 条/5cm，局部地区有一定的差异性。第一组裂隙通常对第二组裂隙进行切割，或与第二组裂隙之间呈近垂直关系，裂隙内部有方解石充填，部分裂隙有明显擦痕。第二组宏观裂隙走向主要在 110°～167°之间，倾角仍以高角度为主，倾角在 72°～89°之间变化。极少数区带该组裂隙倾角较小，与地层呈小角度相交，裂隙密度以 1～10 条/5cm 为主。局部区域裂隙密度较大，达到 25 条/5cm，裂隙内部通常被方解石充填，并且在局部区域擦痕明显。

该区煤层整体较坚硬，煤体结构以原生结构-碎裂煤为主。局部区域在张应力、剪应力、张剪应力的作用下，煤体结构发生了较大变形，发育碎粒煤，可被捏成 1～5cm 的碎块，呈棱角状。该区宏观煤岩类型以亮煤-半亮煤为主，局部区域发育半暗煤。半暗煤发育区裂隙相对不发育，渗透率较差。研究区内部分煤岩宏观裂隙发育情况见表 3-6[195]。

表 3-6　研究区西南部部分煤样宏观裂隙描述

样品号	宏观煤岩类型	煤体结构及构造	裂隙优势方位	破碎程度	微观特征
XN-1	亮-半亮煤	碎裂煤，条带结构可见，层理保存完好	一组：325°∠85°，15～25 条/5cm，切割后一组裂隙。另一组：50°∠87°，2～3 条/5cm	较坚硬，不易捏碎	张剪裂隙
XN-2	亮-半亮煤	碎裂煤，原生结构隐约可见	一组：132°∠86°，1 条/5cm，与后一组裂隙共轭产出。另一组：257°∠89°，4～6 条/5cm	较坚硬，不易捏碎	张剪裂隙
XN-3	亮-半亮煤	碎裂煤，条带结构可见，层理保存完好	一组：305°∠85°，5～10 条/5cm，切割后一组裂隙，方解石充填，具擦痕。另一组：210°∠72°，1～2 条/5cm，方解石充填	较坚硬，不易捏碎	张剪裂隙
XN-4	亮-半亮煤	碎裂煤，原生结构较好，层理保存完好	一组：331°∠80°，10～20 条/5cm，具擦痕，方解石充填，切割后一组裂隙。另一组：40°∠85°，1 条/5cm	较坚硬，不易捏碎	张剪裂隙

续表

样品号	宏观煤岩类型	煤体结构及构造	裂隙优势方位	破碎程度	微观特征
XN-5	半亮煤	碎裂煤,条带结构可见,层理保存完好	一组:141°∠89°,10～25 条/5cm,方解石充填,与后一组近直交。另一组:34°∠86°,5～10 条/5cm	较坚硬,不易捏碎	张剪裂隙
XN-6	亮-半亮煤	碎裂煤,条带结构可见,层理保存完好	一组:150°∠65°,10～25 条/5cm,方解石充填,切割后一组裂隙。另一组:200°∠78°,5～25 条/5cm,方解石充填,304°∠84°方解石充填,264°∠59°	较坚硬,不易捏碎	张剪裂隙

显微裂隙是连接宏观裂隙和孔隙的重要纽带，对煤层气的顺利产出有重大影响。通过在寺河矿采集煤样，进行不同煤岩成分的显微裂隙宽度、长度、密度统计和描述，部分统计结果见表 3-7。

表 3-7　研究区西南部部分煤样显微裂隙观察结果

采样地点	煤岩成分	显微裂隙宽度	显微裂隙长度	显微裂隙密度	显微裂隙描述
寺河矿	镜煤	对 12 个样品进行测定，其值介于 0.741～3.17μm 之间,平均 2.42μm	延伸出观察范围	对 12 个样品进行测定,其值介于 72～274 条/5cm 之间，平均 159 条/5cm	主要发育两组,裂隙比较平直,局部略有弯曲,连通性很好,且裂隙内部大都未被充填或有少量充填
	亮煤	对 12 个样品进行测定,其值介于 0.26～1.2μm 之间,平均 0.73μm	对 12 个样品进行测定,其值介于 29.8～258.6 之间,变化较大,平均 138.5μm	对 12 个样品进行测定,其值介于 20～60 条/5cm 之间，平均 35 条/5cm	裂隙不太发育,一般发育有一组,其形态弯曲、连通性较差,内部无充填
	暗煤	对 12 个样品进行测定,其值介于 0.24～0.96μm 之间,平均 0.57μm	对 12 个样品进行测定,其值介于 52.2～147.2 之间,变化较大,平均 90.2μm	对 12 个样品进行测定,其值介于 5～15 条/5cm 之间,平均 9 条/5cm	裂隙不发育,一般只有一组,其形态弯曲、连通性差、内部无充填

从表 3-7 可看出，宏观煤岩成分不同，显微裂隙发育程度也有所区别。镜煤中一般发育两组显微裂隙，平均密度 159 条/5cm，平均裂隙宽度 2.42μm。延伸平直，局部略有弯曲，连通性很好。裂隙内部大都未被充填或有少量充填。亮煤中裂隙发育明显，比镜煤差，一般只有一组，平均裂隙长度 138.5μm，平均宽度 0.73μm。其形态弯曲、连通性较差、内部无充填。暗煤中裂隙更不发育，显

微裂隙数量很少，只有一组，平均裂隙长度 90.2μm，平均宽度 0.57μm。其总体特征形态弯曲、连通性差，内部几乎无充填。

综上所述，研究区西南部煤体结构以原生-碎裂结构煤为主。宏观煤岩类型以光亮-半亮煤为主，含有少量半暗煤。一般发育两组近直交宏观裂隙，局部区域发育一组宏观裂隙，宏观裂隙一般 10～25 条/5cm，局部区域密度较小。显微裂隙较发育，且在镜煤、亮煤、暗煤中差异较大。镜煤中显微裂隙发育，以两组为主，充填性差，连通性好，一般为网状裂隙。亮煤中显微裂隙以发育一组为主，连通性较差，为孤立状裂隙。暗煤连通性最差。

（2）研究区东南部裂隙发育特征　研究区东南部是指成庄及其附近区域。对研究区东南部煤储层钻井取心的宏观裂隙进行描述，并结合以往学者的研究成果[195]，得出该区宏观裂隙发育特征。部分样品描述、统计结果见表 3-8。

表 3-8　研究区东南部煤储层宏观裂隙发育特征统计表

样品编号	宏观煤岩类型	颜色、光泽、粒度、煤岩成分、层理等	裂隙优势方向	破碎程度	微观特征
DN-1	半亮煤	碎粒-碎裂煤，原生结构隐约可见，层理不显	一组：32°∠49°，10～25 条/5cm 切割后一组裂隙。另一组：223°∠32°，10～17 条/5cm	可捏成 1～5cm 碎块，棱角状	剪裂隙
DN-2	亮-半亮煤	碎粒-碎裂煤，原生结构隐约可见，层理可见	一组：263°∠76°，10～50 条/5cm，切割后一组裂隙。另一组：163°∠83°，5～10 条/5cm	可捏成 1～5cm 碎块，棱角状	剪裂隙
DN-3	半亮煤	碎粒煤，原生结构消失，层理无次序	一组：178°∠53°，5～10 条/5cm，切割后一组裂隙，方解石充填。另一组：116°∠60°，5～10 条/5cm	可捏成 0.5～1cm 的颗粒或小薄片	压剪裂隙
DN-4	亮-半亮煤	碎裂煤，条带结构可见，层理保存完好	一组：330°∠75°，3～17 条/5cm，切割后一组裂隙，方解石充填。另一组：50°∠84°，10～17 条/5cm	较坚硬，不易捏碎	张剪裂隙
DN-5	半亮煤	碎裂煤，条带结构可见，层理保存完好	一组：279°∠72°，3～7 条/5cm，切割后一组裂隙。另一组：164°∠90°，2～5 条/5cm	较坚硬，不易捏碎	张剪裂隙
DN-6	半亮煤	碎粒煤，原生结构隐约可见，层理可见	一组：75°∠89°，3～10 条/5cm，具擦痕，方解石充填，切割后一组裂隙。另一组：65°∠55°，5～10 条/5cm，151°∠84°，10～30 条/5cm	可捏成 1～6cm 碎块，棱角状	压剪裂隙

从表 3-8 可看出，研究区东南部宏观煤岩类型以亮煤-半亮煤为主，煤体结

构以碎裂煤为主，主要发育两组近垂直的宏观裂隙，局部地区在多期构造应力的耦合作用下发育三四组裂隙。第一组裂隙走向以 132°～186°之间为主，裂隙倾角较大，一般介于 69°～83°之间，个别区域倾角达到 90°，裂隙分布密度一般为 3～17条/5cm。第二组裂隙走向以 32°～86°之间为主，仍然以大倾角为主，倾角一般介于 49°～89°之间，裂隙分布密度一般为 10～17 条/5cm，分布密度大于第一组裂隙，裂隙充填性较差。第二组裂隙常被第一组裂隙切割，第一组裂隙常被方解石充填，部分区域擦痕明显。

对研究区东南部部分煤样显微裂隙进行观测、统计，并借鉴以往学者对该区域部分煤岩的研究结果，得出该区显微裂隙发育特征，见表 3-9。其中裂隙密度表示单位面积煤岩表面裂隙面积所占的比例。

表 3-9　研究区东南部显微裂隙发育特征[195]

井号	面密度/%	裂隙性质	井号	面密度/%	裂隙性质
DNB-1	10.87	张性裂隙	DNB-4	4.18	剪性裂隙
DNB-2	6.66	张性裂隙	DNB-5	3.13	张性裂隙
DNB-3	3.26	剪性裂隙	DNB-6	1.42	剪性裂隙

从表 3-9 可以看出：该区域显微裂隙介于 1.42%～10.87%之间，裂隙面密度变化幅度较大，裂隙既有张性的，也有剪性的。孔裂隙大多被充填物充填，充填物以黏土矿物、方解石等矿物为主。

2. 研究区中部裂隙发育特征

采用同样的方法，得出研究区中部宏观裂隙发育特征[196]。该区部分煤岩样品裂隙观测描述结果见表 3-10。

表 3-10　研究区中部煤岩裂隙发育特征统计表

采样编号	裂隙发育特征
ZB-1	发育两组内生裂隙和三组构造裂隙，第一组为高角度裂隙，少量方解石充填，裂隙宽度为 0.1mm 左右；第二组与其近垂直的裂隙受限于第一组裂隙中，裂隙密度为 4～8 条/5cm，裂隙多闭合；第三组构造裂隙密度为 4～6 条/5cm
ZB-2	裂隙发育，密度 16 条/5cm，裂隙多闭合。并发育三组构造裂隙，未充填
ZB-3	上部裂隙不发育，基质致密；下部裂隙较为发育，平均 10～25 条/5cm

研究区中部 $3^{\#}$ 煤层普遍发育两组显微裂隙。第一组显微裂隙的走向大致发育在 1°～80°之间，其中尤以 20°～50°之间较为密集，该组裂隙相对较为发育。煤层中裂隙的倾角较大，一般都在 70°以上。裂隙中充填有方解石。井下观测及定向块样显微镜下观察裂隙密度和间距统计结果表明，煤中规模小的裂隙比规模大的裂隙发育，从中型→小型→微型裂隙的密度增加，间距减小。研究区中部显

微裂隙主要发育于镜煤中，从暗淡煤→半暗煤→光亮煤，裂隙的密度增大，间距减小，裂隙充填不明显。镜煤中裂隙一般平直，垂直层理面，少数斜交层理面，显微镜下观察裂隙宽度为2～15μm；亮煤和暗煤中裂隙形态比较复杂，有锯齿状、分叉状、阶梯状、雁行状等，显微镜下测量裂隙宽度一般为8～45μm。岩心观察及电镜扫描结果显示：一般显微裂隙长度和宽度均大于1μm，裂隙密度约25条/5m，裂隙一般成组出现，分布不均匀，裂隙与层面斜交或平行展布，煤层的渗透性得到较大程度的改善。

研究区中部位于沁水盆地南北向褶曲与近东西向褶曲带的复合部位处，共有四组裂隙，其方位分别为：NE30°～40°、NE65°～85°、NW20°～50°、NW60°～85°，尤以NE65°～85°、NW20°～50°方位裂隙最为发育。裂隙常成组出现，组内呈平行状、雁行状、S状排列，组与组之间相交成网状（矩形网、菱形网）、羽状（单羽状、双羽状）和阶梯状等。裂隙的发育除受区域应力场控制外，还受局部应力场的控制。这些相交的裂隙组在储层中构成一定的网络，为气体的运移提供了通道。

3. 研究区北部裂隙发育特征

为了研究研究区北部的裂隙发育特征，对该区域部分煤层气井进行了岩心录井，并对宏观煤岩特征分别进行了描述，描述结果见表3-11。

表3-11 研究区北部煤储层裂隙特征描述表

样品编号	宏观煤岩类型	描述		
		颜色、光泽、粒度、煤岩成分、层理等	裂隙描述	其他
BB-001	半亮煤	灰黑色，近玻璃光泽，以块状为主，块长小于7cm，以3～7cm块状为主，粒级范围较大，呈菱角状、楔形、饼状。以亮煤为主，层理界限较清晰。发育阶梯状断口	均匀发育两组裂隙，主裂隙12～18条/5cm，次裂隙20～30条/5cm，长度受主裂隙控制，连通性较好	手捏不易碎，较坚硬
BB-002	半亮煤	灰黑色，似金属光泽，以长柱状为主，柱长5～12cm，次之厘米级块状，呈菱角状、楔形、饼状，粒级范围较大。以亮煤为主，层理清晰。发育阶梯状断口	均匀发育两组裂隙，其中主裂隙密度为7～15条/5cm，次裂隙为14～20条/5cm	手捏不易碎，较坚硬
BB-003	半亮煤	黑色，金刚光泽，以亮煤为主，镜煤次之。上部以厘米级块状为主，块长1.0～7.5cm，呈板状、楔状，参差状断口。下部毫米级颗粒为主，少量厘米级块状，块长1～6cm，呈棱角状、板状，平坦状断口	发育不均，发育一组裂隙，裂隙密度为7～24条/5cm，裂隙长度为1.1～5.5cm，裂隙未被其他物质充填	手捏可碎成厘米级块状
BB-006	半亮煤	煤体主要呈柱状，少量菱角状，柱长小于10cm，局部呈厘米级块状。黑色，强玻璃光泽，断口不规则	均匀发育，煤体中裂隙较发育，连通性较强	煤体坚硬，手捏不易碎

宏观煤岩类型以半亮煤为主，煤体结构以碎粒-碎裂煤为主，局部区域碎粒煤发育。3# 煤层中通常发育一到两组近直交裂隙，发育两组裂隙时，主裂隙 7～25 条/5cm，长 1.2～7.0cm；次裂隙 4～7 条/5cm，长 0.7～2cm，局部区域次裂隙密度较大，达到 20～30 条/5cm。以网状裂隙为主，局部区域发育孤立状平行裂隙。

综上分析可知，研究区宏观裂隙主要发育两组：第一组裂隙是研究区发育的主要裂隙，以 NE 方向为主，该组裂隙相对较发育，其密度分布不一。第二组裂隙主要是以 NW 向为主，其密度小于第一组裂隙。3# 煤层中裂隙的倾角较大，一般都在 70°以上，不少地区可以达到 89°。地质构造的复杂多样性，决定了研究区 3# 煤层除发育以上两组主要走向的宏观裂隙外，部分区域还发育另外一组走向的裂隙，但其分布区域较为有限。

研究区 3# 煤储层主要发育两组显微裂隙，形成网状裂隙网络。其中一组裂隙方向以 305°～359°之间为主，另一组裂隙方向以 0°～44°之间为主，并且以镜煤内部最为发育，亮煤次之，暗煤最不发育。两组裂隙之间呈高角度斜交或直交，裂隙充填性较差，具有较好的煤储层透气性，有利于煤层气的开发。

研究区 3# 煤层外生裂隙的充填特征主要有三种形式：一是紧闭充填不明显；二是方解石明显充填或裂隙闭合见方解石薄膜，如樊庄区块等；三是裂隙闭合未见充填。研究区内整体充填性较差，在部分区域具有一定的充填。其中充填物主要以方解石、黄铁矿为主。煤储层中裂隙的充填性由南向北呈现出逐渐变差的趋势。南部区域大多裂隙被充填，充填物主要以方解石为主；研究区中部，裂隙通常为半充填状态，局部区域少量充填；研究区北部，裂隙充填性较差，通常以无充填为主。

第三节　沁东南地区煤储层渗透性特征

煤储层渗透率的大小反映了煤储层允许流体通过能力的强弱，是煤层气运移、产出过程中储层通道通畅程度定量化表征的重要参数之一。渗透性越好，表示储层通道越通畅，越有利于煤层气的运移、产出；反之，不利于煤层气产出。煤层形成过程中，地质构造作用强弱、地应力大小等的差异，引起煤岩变形程度、孔裂隙发育程度等的差异，使研究区不同区域煤储层渗透率的大小表征值有所不同。为了查明研究区煤储层渗透率大小分布，本节首先应用测井曲线对煤体结构进行判识，然后根据测井曲线计算渗透率的原理，结合研究区部分煤层气井的测井资料，对研究区部分煤层气井的渗透率进行计算。在此基础上得出研究区渗透率大小分布特征。

一、沁东南地区煤体结构分布特征

煤体结构的判识方法很多，本次主要根据不同煤体结构煤的测井响应差异对研究区煤体结构分布特征进行研究。

1. 基于测井曲线的煤体结构判识方法

(1) 不同煤体结构测井曲线响应特征　煤体结构是煤岩变形破坏程度的一种半定量化表征方法。研究目的不同，划分的方法也有所区别。目前主要以四类分法最普遍，即将煤体结构分为：原生结构煤（Ⅰ类煤）、碎裂结构煤（Ⅱ类煤）、碎粒结构煤（Ⅲ类煤）和糜棱结构煤（Ⅳ类煤）[197]。

原生结构煤中层理界限清晰，受到构造活动影响较小，煤体结构完整。钻井取心过程中煤岩心以柱状为主，构造裂隙不发育。碎裂结构煤中层理界限相对清晰，受到一定构造活动的影响，煤体的完整性被破坏。钻井取心过程中煤岩心以小的柱状、大的块状为主，宏观裂隙较发育。碎粒结构煤中层理结构被进一步破坏，受构造活动影响较大，煤体整体性被严重破坏，层理界限模糊不清。钻井取心过程中煤岩心以块状为主，构造裂隙相对发育，但是单个裂隙的规模与碎裂结构煤相比明显减小。糜棱结构煤受构造作用破坏最为严重，钻井取心过程中煤岩心主要以颗粒状、粉状为主，破坏了前期构造作用形成的裂隙，并且煤粉堵塞了部分裂隙，导致该类储层渗透性最差。因此，煤体结构由原生结构煤向碎裂煤、碎粒煤、糜棱煤转化的过程，反映了煤储层受构造扰动影响逐渐增强的过程。

煤岩与其他岩石的物质组成、裂隙发育程度、压实程度等的差异，使煤岩的物理响应在测井曲线上表现出“三高三低”的特征，即表面电阻率高、声波时差高、中子测井值高，自然伽马值低、体积密度低、光电有效截面低。煤岩与其他岩石在测井响应上的区别见表 3-12[198]。

表 3-12　煤岩与其他岩石典型测井响应差异比较一览表

测井方法	煤层段响应表征	其他岩石测井响应表征
声波测井	传播速度慢、时间长，声波时差大	传播速度快、时间短、声波时差较小
密度测井	密度低(在 1.1～1.5g/cm^3 之间)，密度测井数值低	泥岩、砂质泥岩密度略大于煤岩；砂岩、石灰岩等密度较大
自然伽马测井	纯煤体的自然伽马值很低，在 20API 左右；黏土矿物含放射性元素对其影响较大	天然放射性元素含量较高，自然伽马测井值较大，在 100API 左右，其中灰岩一般为 20～40API

煤岩变形程度、孔隙度、渗透率、含气量、成分、含水率等的不同，测井响应也不同。不同煤体结构类型测井曲线形态一般特征见表 3-13[199]。

表 3-13　不同煤体结构测井曲线形态一般特征

煤体结构类型	曲线形态(变化)特征				
	表面电阻率	人工伽玛	自然伽玛	声波时差	井径
原生结构煤	幅值增高,界面陡直,峰顶圆滑	高幅值,峰顶一般近似水平锯齿状	低幅值异常,多呈近似缓波状	高幅值,峰顶一般呈波浪状	一般与围岩一致或略有起伏,近似一条直线
碎裂煤	与原生结构煤相比幅值略有降低,多呈微台阶状或微波浪状	与原生结构煤相比幅值略有增高	幅值变化不明显	与原生结构煤相比幅值略有增高	与原生结构煤相比幅值略有增高
碎粒煤和糜棱煤	曲线幅值明显降低,上、下台阶状,凸形或箱形。党全层为构造煤时,多数界面呈缓波状	大多数幅值明显增高	幅值变化不明显	幅值明显增高,峰顶多呈参差状或大的波浪状	井径曲线明显增大,个别变为方块状

表面电阻率是地质体的主要电性参数之一。煤的表面电阻率与煤体结构类型有关，软煤（指的是碎粒煤和糜棱煤）与硬煤（指的是原生结构煤和碎裂煤）的表面电阻率差异明显，硬煤的表面电阻率值一般大于软煤的表面电阻率值。因此，表面电阻率曲线可作为识别软煤的主要曲线，进行分层、定厚和软煤分层物性判别[200]。

人工伽马测井主要研究岩层密度变化。它所测试的是被煤岩层散射的伽马射线强度。由于各种岩石密度不同，所测定的散射伽马射线强度也有强有弱。煤层密度小，所测的散射伽马射线强度就强，曲线的幅度就大。围岩的密度比煤的密度大得多，测定的散射伽马射线强度就弱，曲线的幅度也小。因此可以根据该曲线划分煤层[201]。

自然伽马测井记录的是钻孔剖面中各岩层的自然放射性强度。一般情况下，岩层中的自然伽马值强度与泥岩含量成正比。岩石中所含放射性物质越多，其自然放射性强度就越大；反之，越小。煤层的自然放射性强度正比于煤层的灰分含量。因此煤层以明显的低异常出现。

声波时差曲线反映被测煤体传递声波的快慢。声波时差与岩层的声速成反比。烟煤的声波时差一般为 400～560μs/m，煤层气的声波时差一般为 2260μs/m。随着煤体破坏程度的增加，煤岩的压实程度降低，声速降低，其声波时差增高。原生结构煤和构造煤由于岩石力学性质差别较大，导致其声波速度差别较大。根据岩石力学理论，纵波波速可表示为[202]：

$$v_p=\left[\frac{E(1-\mu)}{\rho(1+\mu)(1-2\mu)}\right]^{\frac{1}{2}} \tag{3-17}$$

式中，v_p为纵波波速，km/s；E 为煤的弹性模量，GPa；ρ 为煤的密度，g/cm^3；μ 为煤的泊松比。

横波波速可表示为：

$$v_s=\left[\frac{E}{2\rho(1+\mu)}\right]^{\frac{1}{2}} \tag{3-18}$$

式中，v_s 为横波波速，km/s，数值等于纵波时差的倒数。

由公式可看出，对纵波速度影响最大的是煤岩的弹性模量。因此，可以通过声波时差对煤体结构进行判识。

煤中矿物质含量对声波速度也有影响。在矿物质含量接近的前提下，煤层内粉煤的声波传递速度相对慢于正常煤，其声波时差曲线幅值相对大于正常煤。

井径的变化与岩性有直接的关系。岩石的成分和结构不同，钻井过程中钻井液对它们的浸泡、冲刷和渗透的作用及其效果也不相同[203]。煤层与其他岩石相比，弹性模量相对较低。钻井时，煤层容易受到钻井泥浆的侵蚀和冲刷，特别是碎粒煤和糜棱煤发育时，煤层段容易坍塌，井径容易扩大。但井径扩大影响因素较多，一般井径曲线需配合其他曲线来识别煤层。

(2) 基于测井曲线对煤体结构进行判识　本次主要根据声波时差、表面电阻率、补偿密度等测井曲线结合钻井取心，把研究区煤体结构划分为硬煤（包括原生结构煤和碎裂煤）和软煤（包括碎粒煤和糜棱煤）两类，其基本思想描述如下。

① 根据测井曲线中的补偿密度曲线异常半幅点、深侧向电阻率曲线异常根部突变点、自然伽马曲线异常半幅值点三者结合识别并确定出目的煤层厚度。

② 对于研究区各井煤层段，以 0.5m 为间隔分别统计声波时差值、补偿密度值、双侧向值、视电阻率值。

③ 根据研究区钻井取心井岩心观察、声波时差测井响应，兼顾补偿密度、表面电阻率数据，划分出不同煤体结构与声波时差响应值之间的关系。

④ 根据声波时差响应值得出各口煤层气井煤体结构。

⑤ 根据初步判断的煤体结构，再用补偿密度、自然伽马、表面电阻率曲线反复比对，最终确定出不同煤体结构的声波时差响应值。研究区不同煤体结构类型示意图如图 3-6 所示。

2. 沁东南地区煤体结构分布特征

根据测井曲线判识煤体结构的方法，对研究区西南部、东南部、中部和北部各区域的煤体结构进行了判识，下面分别阐述。

(1) 研究区西南部煤体结构特征　根据表面电阻率、补偿密度、声波时差结合煤矿井下取心对研究区西南部煤体结构进行判识。研究区西南部部分煤层气井的煤体结构判识结果见表 3-14。

图 3-6 研究区不同煤体结构类型示意图

表 3-14 研究区西南部部分煤层气井的煤体结构判识结果

井号	煤层段/m	声波时差段/μs/m	平均井径/mm	井径变化率	煤体结构组合	煤体结构命名
XN-1	344～349	380～470	248.0	0.541	Ⅰ类煤(19%)，Ⅱ类煤(73%)，Ⅲ、Ⅳ类煤(8%)	含Ⅰ类煤的Ⅱ类煤
XN-2	347～352.5	364～490	242.3	0.021	Ⅰ类煤(22%)，Ⅱ类煤(71%)，Ⅲ、Ⅳ类煤(7%)	含Ⅰ类煤的Ⅱ类煤
XN-3	316.5～321.5	386～430	237.0	0.084	Ⅰ类煤(27%)，Ⅱ类煤(66%)，Ⅲ、Ⅳ类煤(7%)	含Ⅰ类煤的Ⅱ类煤
XN-4	395.5～402	370～480	250.0	0	Ⅰ类煤(15%)，Ⅱ类煤(75%)，Ⅲ、Ⅳ类煤(10%)	含Ⅰ类煤的Ⅱ类煤
XN-5	424～429.5	398～460	225.0	0.320	Ⅰ类煤(21%)，Ⅱ类煤(73%)，Ⅲ、Ⅳ类煤(6%)	含Ⅰ类煤的Ⅱ类煤
XN-6	388～394	410～524	226.7	0.176	Ⅰ类煤(25%)，Ⅱ类煤(69%)，Ⅲ、Ⅳ类煤(6%)	含Ⅰ类煤的Ⅱ类煤
XN-7	281.5～287.5	384～521	238.3	0.042	Ⅰ类煤(26%)，Ⅱ类煤(67%)，Ⅲ、Ⅳ类煤(7%)	含Ⅰ类煤的Ⅱ类煤
XN-8	321～327	365～480	221.7	0.023	Ⅰ类煤(32%)，Ⅱ类煤(60%)，Ⅲ、Ⅳ类煤(8%)	含Ⅰ类煤的Ⅱ类煤

续表

井号	煤层段/m	声波时差段/μs/m	平均井径/mm	井径变化率	煤体结构组合	煤体结构命名
XN-9	336.5～343	374～495	212.3	0.047	Ⅰ类煤(22%)，Ⅱ类煤(69%)，Ⅲ、Ⅳ类煤(9%)	含Ⅰ类煤的Ⅱ类煤
XN-10	344～349	396～472	237.0	0.105	Ⅰ类煤(20%)，Ⅱ类煤(70%)，Ⅲ、Ⅳ类煤(10%)	含Ⅰ类煤的Ⅱ类煤

由表 3-14 可以看出该区域煤体结构破坏程度不严重。Ⅲ、Ⅳ类煤所占比例较小，主要以Ⅱ类煤为主，并含有一定量的Ⅰ类煤。因此该区域煤体结构主要为含Ⅰ类煤的Ⅱ类煤。该区域钻井取心照片如图 3-7 所示。

(a) 原生结构煤　(b) 碎裂结构煤　(c) 碎粒结构煤　(d) 糜棱结构煤

图 3-7　研究区西南部部分钻井取心照片

(2) 研究区东南部煤体结构特征　采用同样的方法对研究区东南部的煤体结构进行判识。部分煤层气井的煤体结构判识结果见表 3-15。

表 3-15　研究区东南部部分煤层气井煤体结构判识结果

井号	煤层段/m	声波时差段/(μs/m)	平均井径/mm	井径变化率	煤体结构组合	煤体结构命名
DN-1	449.5～455.5	396～482	239.3	0.117	Ⅰ类煤(11%)，Ⅱ类煤(68%)，Ⅲ、Ⅳ类煤(21%)	含Ⅲ、Ⅳ类煤的Ⅱ类煤
DN-2	437.8～444.3	389～490	260.9	0.184	Ⅰ类煤(13%)，Ⅱ类煤(43%)，Ⅲ、Ⅳ类煤(44%)	含Ⅱ类煤的Ⅲ、Ⅳ类煤

续表

井号	煤层段/m	声波时差段/(μs/m)	平均井径/mm	井径变化率	煤体结构组合	煤体结构命名
DN-3	497.5～504.0	404～500	240.0	0.154	Ⅰ类煤(8%)，Ⅱ类煤(71%)，Ⅲ、Ⅳ类煤(21%)	含Ⅲ、Ⅳ类煤的Ⅱ类煤
DN-4	498.2～504.7	410～476	257.3	0.311	Ⅰ类煤(12%)，Ⅱ类煤(72%)，Ⅲ、Ⅳ类煤(16%)	含Ⅲ、Ⅳ类煤的Ⅱ类煤
DN-5	541.5～548	370～489	232.8	0.056	Ⅰ类煤(7%)，Ⅱ类煤(76%)，Ⅲ、Ⅳ类煤(17%)	含Ⅲ、Ⅳ类煤的Ⅱ类煤
DN-6	538.2～543.7	417～532	316.6	0.095	Ⅰ类煤(9%)，Ⅱ类煤(67%)，Ⅲ、Ⅳ类煤(24%)	含Ⅲ、Ⅳ类煤的Ⅱ类煤

研究区东南部煤体破坏程度不均，与西南部相比，煤体破坏相对严重图（3-8）。该区以Ⅱ类煤为主，部分地方含有较多的Ⅲ、Ⅳ类煤。因此该区整体为含Ⅲ、Ⅳ类煤的Ⅱ类煤，局部地区为含Ⅱ类煤的Ⅲ、Ⅳ类煤。

(a) 原生结构煤　(b) 碎裂结构煤　(c) 碎粒结构煤　(d) 糜棱结构煤

图 3-8　研究区东南部部分井下取样照片

（3）研究区中部煤体结构特征　采用同样的方法，得出研究区中部煤体结构特征。部分煤层气井的煤体结构判识结果见表 3-16。

表 3-16　研究区中部部分煤层气井煤体结构判识结果

井号	煤层段/m	声波时差段/(μs/m)	平均井径/mm	井径变化率	煤体结构组合	煤体结构命名
Z-1	465.8～472.3	380～490	234.6	0.128	Ⅰ类煤(11%)，Ⅱ类煤(71%)，Ⅲ、Ⅳ类煤(18%)	含Ⅲ、Ⅳ类煤的Ⅱ类煤

续表

井号	煤层段/m	声波时差段/(μs/m)	平均井径/mm	井径变化率	煤体结构组合	煤体结构命名
Z-2	455.3～461.3	410～517	230.8	0.087	Ⅰ类煤(7%)，Ⅱ类煤(69%)，Ⅲ、Ⅳ类煤(24%)	含Ⅲ、Ⅳ类煤的Ⅱ类煤
Z-3	423.3～429.8	390～496	217.3	0.023	Ⅰ类煤(9%)，Ⅱ类煤(69%)，Ⅲ、Ⅳ类煤(22%)	含Ⅲ、Ⅳ类煤的Ⅱ类煤
Z-4	511.3～517.3	410～498	229.6	0.065	Ⅰ类煤(10%)，Ⅱ类煤(65%)，Ⅲ、Ⅳ类煤(25%)	含Ⅲ、Ⅳ类煤的Ⅱ类煤
Z-5	547.3～553.3	397～523	245.4	0.122	Ⅰ类煤(6%)，Ⅱ类煤(68%)，Ⅲ、Ⅳ类煤(26%)	含Ⅲ、Ⅳ类煤的Ⅱ类煤
Z-6	518.8～525.3	381～518	231.9	0.022	Ⅰ类煤(12%)，Ⅱ类煤(67%)，Ⅲ、Ⅳ类煤(21%)	含Ⅲ、Ⅳ类煤的Ⅱ类煤
Z-7	533.3～539.8	415～589	227.3	0.132	Ⅰ类煤(14%)，Ⅱ类煤(58%)，Ⅲ、Ⅳ类煤(28%)	含Ⅲ、Ⅳ类煤的Ⅱ类煤
Z-8	429.0～435.0	423～526	220.0	0	Ⅰ类煤(17%)，Ⅱ类煤(57%)，Ⅲ、Ⅳ类煤(26%)	含Ⅲ、Ⅳ类煤的Ⅱ类煤
Z-9	521.0～527.0	394～508	227.5	0.044	Ⅰ类煤(9%)，Ⅱ类煤(74%)，Ⅲ、Ⅳ类煤(17%)	含Ⅲ、Ⅳ类煤的Ⅱ类煤
Z-10	464.8～470.8	410～492	247.5	0.202	Ⅰ类煤(18%)，Ⅱ类煤(52%)，Ⅲ、Ⅳ类煤(30%)	含Ⅲ、Ⅳ类煤的Ⅱ类煤

研究区中部煤体结构破坏程度与研究区东南部破坏程度差不多，该区也以Ⅱ类煤为主，部分地方含有较多的Ⅲ、Ⅳ类煤，因此该区整体为含Ⅲ、Ⅳ类煤的Ⅱ类煤，部分地区为含Ⅱ类煤的Ⅲ、Ⅳ类煤。该区域部分钻井取心照片如图 3-9 所示。

(a) 原生结构煤　(b) 碎裂结构煤

(c) 碎粒结构煤　(d) 糜棱结构煤

图 3-9　研究区中部部分钻井取心照片

(4) 研究区北部煤体结构特征　采用同样的方法，对研究区北部煤体结构进行判识，其中部分煤层气井煤体结构判识结果见表 3-17。

表 3-17　研究区北部部分煤层气井煤体结构判识结果

井号	煤层段/m	声波时差段/(μs/m)	平均井径/mm	井径变化率	煤体结构组合	煤体结构命名
B-1	583～590	401～504	230	0.07	Ⅱ类煤(52%)，Ⅲ、Ⅳ类煤(48%)	含Ⅲ、Ⅳ类煤的Ⅱ类煤
B-2	451～458	391～454	275	0.27	Ⅱ类煤(80%)，Ⅲ、Ⅳ类煤(20%)	含Ⅲ、Ⅳ类煤的Ⅱ类煤
B-3	792～798	396～504	270	0.25	Ⅱ类煤(50%)，Ⅲ、Ⅳ类煤(50%)	含Ⅲ、Ⅳ类煤的Ⅱ类煤
B-4	594～600	407～469	260	0.20	Ⅱ类煤	Ⅱ类煤
B-5	556～561	402～472	300	0.39	Ⅱ类煤(70%)，Ⅲ、Ⅳ类煤(30%)	含Ⅲ、Ⅳ类煤的Ⅱ类煤
B-6	561～566	383～453	230	0.07	Ⅱ类煤(85%)，Ⅲ、Ⅳ类煤(15%)	含Ⅲ、Ⅳ类煤的Ⅱ类煤
B-7	660～666	412～518	270	0.25	Ⅱ类煤(40%)，Ⅲ、Ⅳ类煤(60%)	含Ⅱ类煤的Ⅲ、Ⅳ类煤
B-8	756～761	407～463	230	0.07	Ⅱ类煤(74%)，Ⅲ、Ⅳ类煤(26%)	含Ⅲ、Ⅳ类煤的Ⅱ类煤

研究区煤体结构以碎裂结构煤、碎粒结构煤为主，局部区域糜棱煤或原生结构煤发育。其中碎粒煤和糜棱煤主要发育在煤层段的下部。研究区北部部分煤层气钻井取心照片如图 3-10 所示。

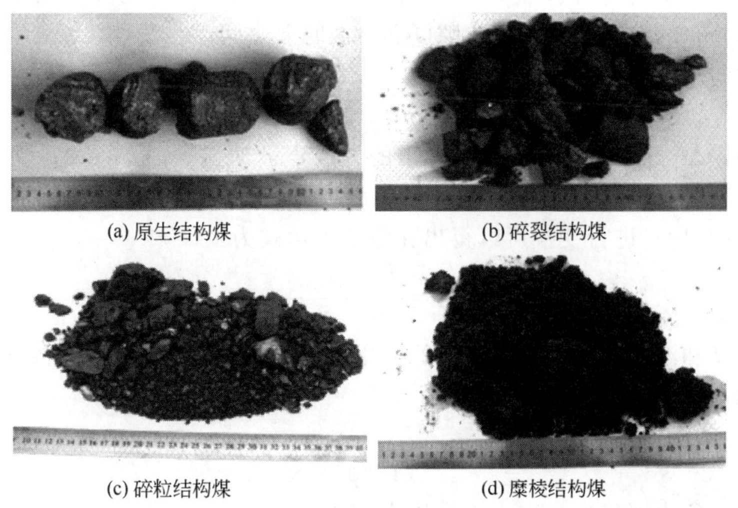

(a) 原生结构煤　(b) 碎裂结构煤

(c) 碎粒结构煤　(d) 糜棱结构煤

图 3-10　研究区北部部分井钻井取心照片图

通过煤体结构统计与分析，认为研究区煤层破坏程度总体上呈现出由南向北逐渐增加的趋势。研究区南部，煤体结构相对较完整，以Ⅰ、Ⅱ类煤为主，含有少量的Ⅲ、Ⅳ类煤。研究区中部，煤体结构的完整性被破坏，虽然仍以Ⅱ类煤为主，但是Ⅲ、Ⅳ类煤所占的比例明显增加，局部区域Ⅲ、Ⅳ类煤所占的比例超过Ⅱ类煤所占的比例。研究区北部，煤体结构以Ⅱ、Ⅲ和Ⅳ类煤为主，其中Ⅲ、Ⅳ类煤所占的比例进一步增加。受构造应力作用更强烈的地区，主要发育Ⅲ、Ⅳ类煤。

二、沁东南地区煤储层渗透率特征

煤储层孔裂隙的发育程度及其连通性是决定煤储层渗透率大小的关键因素。查明研究区渗透率分布特征对煤层气井网部署具有重要的指导作用。渗透率的预测方法很多，现场积累有大量的测井曲线，本次主要根据测井曲线预测渗透率的方法结合部分煤层气井的试井资料对研究区渗透率进行研究。

1. 基于测井曲线的渗透率计算方法

计算方法的基本思路是通过测井参数计算煤岩孔裂隙度，然后根据煤岩渗透率与孔裂隙度之间的关系，得出煤储层渗透率自上而下的分布规律，取其均值作为该井的平均渗透率。不同研究区域、不同施工单位所进行的测井参数不同，为了能对研究区内所有的井都进行渗透率计算，本书采用声波时差计算和双侧向计算方法相结合方法进行渗透率研究。其中根据双侧向计算渗透率上一小节已经论述，在此不再赘述。本小节主要是对声波时差法进行详细说明。

根据声波时差进行渗透率计算主要是利用声波在不同孔裂隙中传播速度的差异对其孔裂隙度进行计算。大量实践表明，在固结、压实的纯地层中，若有小的、均匀分布的粒间孔隙，则孔隙度和声波时差之间存在线性关系，其关系式称为平均时间公式或威力公式[204,205]。

$$\Delta t=\phi\Delta t_{\mathrm{f}}+(1-\phi)\Delta t_{\mathrm{ma}} \tag{3-19}$$

式中，Δt 为由声波时差曲线读出的地层声波时差，μs/m；Δt_{f} 为孔隙中流体的声波时差，μs/m；Δt_{ma}为岩石骨架的声波时差，μs/m；ϕ 为孔隙率，%。

将式(3-19) 进行变换可以得出孔隙度表达式为：

$$\phi=\frac{\Delta t-\Delta t_{\mathrm{ma}}}{\Delta t_{\mathrm{f}}-\Delta t_{\mathrm{ma}}} \tag{3-20}$$

孔隙度和渗透率之间具有较好的正相关关系，根据卡门公式得渗透率与孔隙度之间的关系[206]，即：

$$k=\frac{C\phi^{3}}{(1-\phi^{2})\ S^{2}} \tag{3-21}$$

式中，C 为柯兹尼常数；S 为比表面积，cm^2/g；ϕ 为孔隙度；k 为煤储层渗透率，mD。

由于比表面积 S 及柯兹尼常数 C 难以通过测井获得，因此大多是根据经验，外国学者通过对大量现场数据进行统计分析得出 C/S^2 的均值为 $8.4105\times10^{-7}\text{cm}^2$。

因此式(3-21) 可以简化为：

$$k=84105\,\frac{\phi^3}{1-\phi^2} \tag{3-22}$$

将式(3-20) 代入式(3-22) 即可以计算出煤储层自上而下的渗透率。煤储层非均质性的存在导致自上而下渗透率值可能存在差异。为了具有可比性，各煤层气井的平均渗透率可表示为：

$$\bar{k}=\frac{1}{n}\sum_{i=1}^{n}k_i \tag{3-23}$$

式中，$\bar{k}$ 为各井平均渗透率，mD；n 为每口井所统计的煤层段数，段；k_i 为一口煤层气井中第 i 统计段煤层渗透率，mD。

2. 沁东南地区煤储层渗透率分布特征

根据双侧向测井和声波时差计算渗透率方法，结合试井测试结果，对研究区内部分煤层气井的平均渗透率进行了计算，得出了研究区内煤储层渗透率的分布规律，如图 3-11 所示。

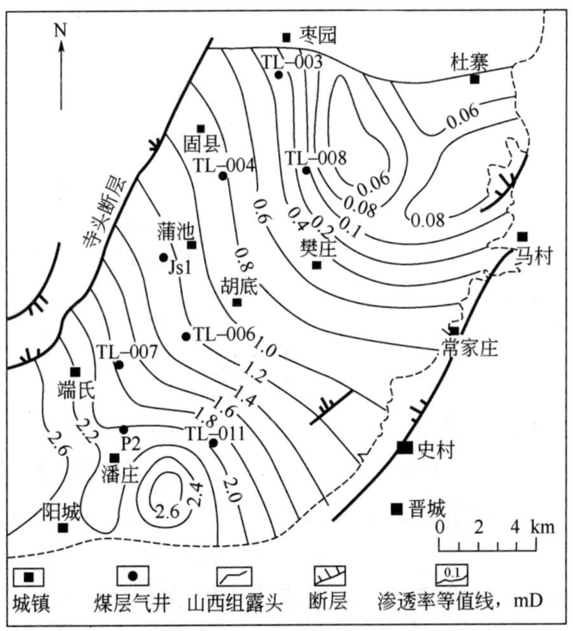

图 3-11　沁东南地区煤储层渗透率分布等值线图

从图 3-11 可以看出：渗透率分布整体呈现出由南向北逐渐减小的趋势。研究区北部，渗透率变化介于 0.022～0.435mD 之间，平均为 0.182mD；研究区中部，渗透率变化介于0.228～1.672mD之间，平均为0.687mD；研究区南部，渗透率变化介于0.472～3.955mD之间，平均为1.948mD。

第四节 沁东南地区煤储层渗透率的主控因素

煤储层渗透率是储层压力、地应力、煤岩力学性质等耦合作用的结果。埋藏深度对储层压力的影响较大，构造演化史对地应力有一定的影响。本次首先分析埋藏史和构造史对煤储层渗透率的影响，然后在实验室进行应力-应变-渗透率测试基础上，结合现场应力特征来分析地应力对渗透率的影响。

一、埋藏史、构造史对煤储层渗透率的影响

1. 埋藏史对煤储层渗透率的影响

（1）埋藏史对煤储层渗透率分布格局的影响　埋藏史对煤储层渗透率的影响主要体现在两个方面：一方面是埋藏史的差异引起煤层热变质作用的差异，导致煤储层显微裂隙发育的差异，对裂缝的导流能力产生影响；另一方面，埋藏深度的变化引起上覆岩层压力、地下水势能、储层压力大小的变化，进而导致煤储层渗透率的差异。两方面的综合作用导致不同的埋藏史，渗透率分布存在差异。在未受到岩浆热液侵入的地区，煤岩的深成变质作用主要受煤层埋藏深度的控制。在地温梯度一定的情况下，煤层埋藏深度越大，煤岩变质程度越强；反之，变质程度就弱。煤变质过程中，伴随着气体的生成和缩水作用，内生裂隙大量生成。但煤层埋藏深度的增加，上覆岩层的压力也增加，作用在煤基质上的重力增加，可能使原有的部分裂隙宽度变窄甚至闭合。在构造应力作用不强烈的地区，埋藏深度的增加，地应力也发生变化，在黄土层以下区域，上覆岩层应力与埋深之间的关系可以用下式表示。

$$F=\sum_{i=1}^{n}\rho_i g h_i \tag{3-24}$$

式中，F 为上覆岩层重力，MPa；ρ_i 为第 i 层岩层的密度，g/cm^3；h_i 为第 i 层岩层厚度，m；g 为重力加速度，m/s^2；n 为上覆岩层层数，层。

同时，埋藏深度的增加，也会引起侧向应力的增加。煤层所受侧向应力和上覆岩层应力的增加，可能使煤层的孔裂隙变窄甚至闭合，煤储层渗透率降低。大量研究表明，随地应力的增加，煤储层渗透率呈指数形式减小[207]，即：

$$K_e=K_0 e^{-\alpha_k \Delta\sigma} \tag{3-25}$$

式中，K_e 为一定应力条件下的绝对渗透率，mD；K_0 为无应力条件下的绝对渗透率，mD；α_k 为渗透率应力敏感系数，MPa^{-1}；$\Delta\sigma$ 为从初始到某一应力状态下的有效应力变化值，MPa。

(2) 埋藏史对沁东南地区煤储层渗透率分布的影响　研究区位于沁水盆地的东南部，煤层埋深的差异和岩浆热液烘烤的差异，共同导致煤的变质程度有一定的差异性。但是根据第二章变质程度对含气量影响的分析认为，变质程度的差异引起的累积生气量差别不大。因此可以认为由于气体生成引起的煤储层渗透率的差异较小，可以忽略不计。

研究区整体上为单斜构造，埋藏深度整体呈现出由东南向西北逐渐增加的趋势，局部存在差异。埋藏深度与应力引起的渗透率之间呈负相关关系。因此，根据煤层埋藏深度等值线图，认为仅考虑埋藏深度的情况下，煤储层渗透率整体呈现出：由东南向西北逐渐变小的趋势，研究区西北部煤层渗透率达到最小。研究区中部埋深稍深于西南部，渗透率比西南部稍差；研究区东南部埋深浅，渗透率最好。

2. 构造史对煤储层渗透率的影响

(1) 褶皱构造对煤储层渗透率的影响　构造史对煤储层渗透率的影响主要是通过改变地应力的值引起煤岩变形、裂隙发育的差异，进而导致煤储层渗透率分布的不同。地质构造主要包括褶皱构造、断裂构造、陷落柱三类。研究区内以褶皱构造对煤储层渗透率的影响最为显著。因此，本次主要从褶皱构造角度分析其对煤储层渗透率的影响。

研究区内由南向北所受构造作用的强度呈现逐渐增加的趋势。研究区 3# 煤层经历了不同期次的构造运动。因此本次主要从单一期次下的不同构造类型和多期构造耦合作用下的构造类型对储层渗透率的影响两个方面进行阐述。

单一构造对渗透率的影响主要从向斜、背斜两种基本褶皱形态进行阐述。处于褶皱中和面之上的煤层，在地应力的挤压作用下，煤层发生弯曲变形所形成背斜构造，其轴部主要受到张应力作用，容易形成张性裂隙［图 3-12(a)］，裂隙相对较发育，渗透率较好。处于褶皱中和面之上的煤层，在地应力的挤压作用下，煤层发生弯曲变形所形成的向斜构造，其轴部主要受到挤压作用，容易造成孔裂隙的闭合［图 3-12(b)］，渗透性变差；其翼部受到的挤压作用小，渗透性相对较好。但当煤变形强烈后，在背斜轴部可能造成渗透率的下降。需要根据具体情况具体分析。

当煤层在一期构造应力作用下形成背斜后，若第一期构造应力引起的背斜轴部的煤的变形作用不强烈，且煤层处于褶皱中和面上部，在后一期构造应力作用下，在其轴部引起的煤的变形程度也不太强烈的情况下，第一期构造应力与第二期构造应力的夹角越大，越容易形成相互连通的裂隙网络，煤储层渗透性越好。若第一期构造应力引起的背斜轴部煤的变形较强烈，煤的渗透性较差，当后一期构造应力叠加到第一期构造应力后，若第二期构造应力作用也较强烈，使煤的渗透性进一步变差，渗透率进一步降低。因此，并非多期应力耦合作用形成的背斜叠加区渗透率一定大，当两期构造应力引起的煤变形较强时，叠加部位渗透率反而降低；当两期构造应力引起的煤变形不太强时，叠加部分煤储层裂隙比较发育。对于多期构造应力耦合作用形成的向斜构造，向斜轴部受到多期应力挤压作用，且煤层在褶皱中和面的上部时，若煤变形程度不强烈，渗透率不一定小。若煤变形比较强烈，渗透性较差。

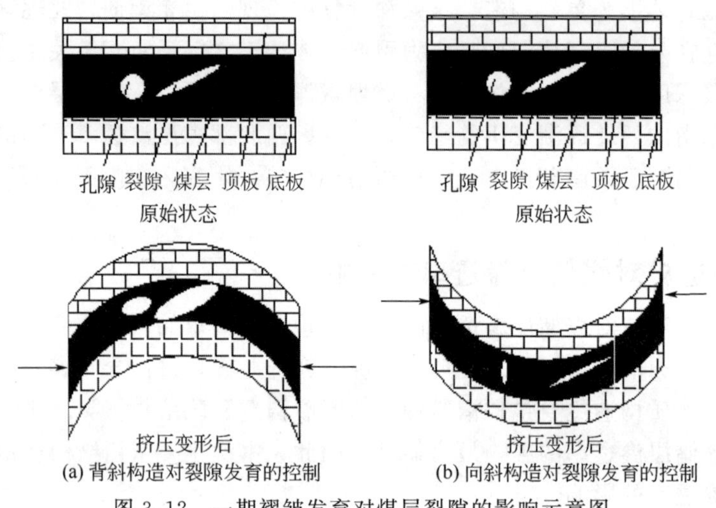

(a) 背斜构造对裂隙发育的控制　(b) 向斜构造对裂隙发育的控制

图 3-12　一期褶皱发育对煤层裂隙的影响示意图

（2）地质构造对沁东南地区煤储层渗透率的控制作用　地质构造的复杂多样归根结底是多期构造应力耦合作用的结果。通过对研究区构造演化史进行分析，认为研究区煤储层现在的构造形态是三期构造应力综合作用的结果。

第一期主要发生在燕山期，在近 SEE-NWW 向挤压应力作用下形成沁水盆地轴向近 NNE 向的宽缓复式向斜，研究区位于向斜的一翼，呈现出以倾向近 NWW 向的单斜构造为主，褶皱轴向或断层走向近 NNE 为主的伴生构造。

第二期构造应力主要是体现在喜马拉雅山运动时期。研究区主要受到近 NNE 向的挤压作用。该期构造作用使已有断层、褶皱进一步加深，同时在已有单斜构造的基础上，形成了轴向近 NWW 向的宽缓褶皱构造。该宽缓褶皱构造在研究区的东部相对较发育。形成褶皱的同时，还形成了一些小型的断裂构造。

第三期构造应力也发生在喜马拉雅山运动时期，以近 NEE 向的挤压作用为主，形成了大量的断裂构造，并在该期构造应力作用下形成了轴向近 NW-NWW 向的褶皱构造。

在三期构造应力的耦合作用下，形成了研究区煤储层现在的构造形态。研究区南部煤体结构主要以原生结构-碎裂煤为主；研究区中部煤体结构主要以碎裂煤为主；研究区北部以碎粒-碎裂煤为主。煤的变形程度由南向北逐渐增强。

研究区南部，煤体变形相对不强烈，在两期褶皱叠加的部位，容易形成相互连通的裂隙网络，渗透性最好；受一期褶皱影响较大的背斜轴部，裂隙也比较发育，渗透性次之；在背斜的翼部，煤体有一定的变形，渗透率再次之。在向斜的轴部，渗透性最差。

研究区的中部，主要是受到一期和二期构造作用的影响。构造扰动的加强增加了构造裂隙的生成。局部构造活动比较复杂的区域，前期形成的构造裂隙进一步被破坏，导致其渗透率随着扰动的增强而逐渐变差。因此，研究区的中部，通常在其构造应力影响较弱的区域易于形成高渗区；构造应力影响复杂区域渗透率通常较差。

研究区北部，煤的变形进一步加剧。在多期褶皱叠加的背斜轴部，渗透性反而较差。受一期褶皱影响较大的背斜轴部，渗透性较多期褶皱叠加的背斜轴部要好。多期褶皱叠加的背斜翼部，渗透性相对较好。局部构造复杂区域发育较多的碎粒煤和糜棱煤，渗透性最差。

二、应力-应变-渗透率与煤体结构的关系

渗透率值的大小是内生裂隙、外生裂隙的发育程度及其连通性的宏观表征。内生裂隙发育与否与煤层形成过程中脱水缩聚、气体的生成量、流体、储层压力和应力等作用有关。外生裂隙发育与否主要受控于构造应力对煤层作用的强烈程度及作用时间的长短。我国煤层一般受到多期构造应力作用，形成了复杂的外生裂隙系统。煤层从原生结构煤到碎裂结构煤的变形过程中，渗透率呈现增加的趋势；当煤变形程度超过一定值后，渗透率反而降低。为了查明渗透率随围岩应力变形的变化规律，本次采用实验室应力-应变-渗透率测试与现场地应力计算相结合的方法对不同应力分布区域渗透率进行研究。

1. 应力-应变-渗透率的关系实验研究

煤岩渗透率的变化特征与煤成岩、变质过程中应力-应变的变化息息相关。原始状态未受地质构造扰动之前，煤储层主要发育内生裂隙，外生裂隙不发育。煤体结构主要以原生结构煤为主，煤储层完整，层理界限清晰。当煤层受到构造应力作用后，煤体结构逐渐由原生结构煤向碎裂结构煤转变，煤储层的完整性被破坏，构造裂隙开始形成，为煤层气的运移、产出提供了通道，具有较好的渗透率；随着构造应力的增加，煤体进一步破碎，部分煤破碎成小块，成为碎粒结构煤，裂隙进一步增加，渗透率达到最大后开始降低。构造应力进一步增加时，煤体可能由碎粒破碎成更细小的粒或粉，称为糜棱结构，煤中已看不见裂隙，气体在其中主要以扩散形式运移，渗透性最差。

2. 应力-应变-渗透率测试实验

（1）实验原理　煤岩应力-应变可以通过应力传感器和应变传感器对其加载应力及应变进行测试。煤岩渗透率的测试主要基于达西定律，通过对加载过程中

柱状煤样两端气/水的注入压力、流出压力以及流量进行测试，然后根据达西定律公式计算出加载过程中煤样的渗透率大小。其中采用气体进行测试时，气相渗透率的表达式为：

$$K_g=\frac{2p_0q_g\mu_gL\times10^2}{A\ (p_1^2-p_0^2)} \tag{3-26}$$

式中，K_g 为气测渗透率，$10^{-3}\mu m^2$；p_0 为大气压，MPa；p_1 为进口压力，MPa；q_g 为大气压下气体流量，cm^3/s；μ_g 为测定温度下气体的黏度，mPa·s；L 为煤样长度，cm；A 为煤样横截面面积，cm^2。

采用水进行测试时，水相渗透率的表达式为：

$$K_w=\frac{q_w\mu_wL\times10^2}{A\ (p_1-p_0)} \tag{3-27}$$

式中，K_w 为水测渗透率，$10^{-3}\mu m^2$；q_w 为大气压下水流量，cm^3/s；μ_w 为在测定温度下水的黏度，MPa·s。

采集研究区煤样，根据试验要求加工成直径约为 50mm、长度约为 50mm 的圆柱体，采用 RMT-150B 型电伺服岩石试验系统，将煤样放入试验缸后，在轴向上通过应力加载装置施加轴压，提供加载所需应力，并通过压力传感器对其加载应力大小进行记录；侧向上采用围压加载系统，通过油压对煤样围压控制，并对加载压力进行记录。同时采用流量计对测试过程中流体的流出参数进行记录。其中试验系统示意图如图 3-13 所示。

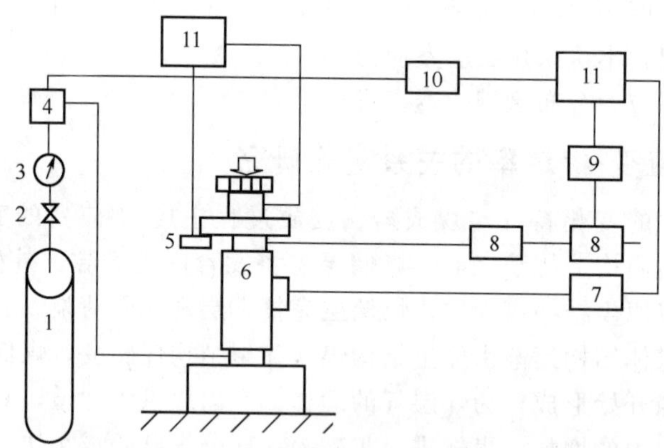

图 3-13 岩石力学伺服试验机流固耦合渗流装置

1—高压气瓶；2—压力阀；3—压力表；4—减压稳压阀；5—位移传感器；6—三轴压力室；7—声发射放大器；8—流量计；9—数据采集仪；10—静电阻应变仪；11—计算机

(2) 试验方法及过程　用岩石力学伺服试验机流固耦合渗流装置对不同煤体结构煤样进行了常规三轴条件下不同变形阶段的渗透率测试实验。实验步骤为：在静水压力 $\delta_1=\delta_2=\delta_3$ 条件下，设置围压速率为 0.500kN/s，分别加载到

5MPa 或 8MPa，开始加气，气压为 2MPa，保持压力不变。以位移控制模式 0.0050mm/s 施加轴向载荷至使煤样破坏，在此过程中测试渗透率的变化。其中测试前部分煤样如图 3-14 所示。

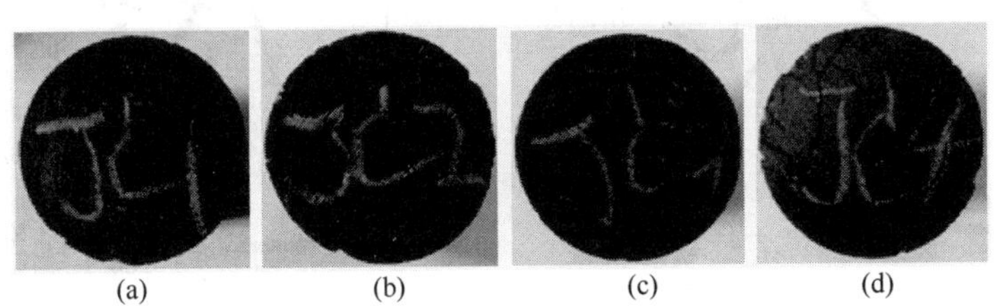

(a)　(b)　(c)　(d)

图 3-14　煤样加载实验加载前部分样品图

（3）实验结果　不同围压下渗透率测试结果见表 3-18。

表 3-18　常规三轴应力条件下实验数据

煤样编号	煤样尺寸/mm	围压/MPa	峰值应力/MPa	峰值应变 ε /×10^{-3}mm	弹性模量/GPa	渗透率变化范围/×10^{-3}μm^2
JC_1	49.40×50.70	5	82.47	26.67	4.03	1.37×10^{-4}～2.06×10^{-2}
JC_2	49.42×51.30		63.55	26.67	3.92	7.66×10^{-4}～0.149
JC_3	50.00×50.07	8	64.69	18.10	4.19	1.77×10^{-4}～8.44×10^{-4}
JC_4	49.52×51.30		87.99	23.23	4.89	1.57×10^{-4}～1.22

根据应力-应变-渗透率的测试与记录，绘制了轴向应力、渗透率与轴向应变之间的关系曲线，其中部分样品的测试结果如图 3-15 所示。

从表 3-18 可以看出：围压 5MPa 与 8MPa 相比，峰值应力并未随着围压增加而呈一致性的增加，规律性不明显，可能与所选煤样非均质性太强有关。由于试验前煤本身非均质性较差，导致渗透率变化范围较大。从图 3-15 的应力-应变-渗透率曲线可以看出：应变-渗透率曲线与应力-应变曲线相比具有“滞后”性。分析认为：煤体结构是影响煤储层渗透率的关键因素。对于原生-碎裂结构煤，由于构造裂隙的发育，渗透率值整体较大。而碎粒煤-糜棱煤受到较强的构造应力，导致原有孔裂隙被破坏，渗透率值整体较小。

根据摩尔-库伦准则，应力-应变曲线在线弹性变形阶段呈线性关系，连接这些点做一条直线，把煤样应力-应变曲线简化为理想的弹塑性模型，如图 3-16 所示。认为煤样经历了弹性变形阶段、局部破坏阶段、塑性变形阶段和完全破坏阶段四个阶段。

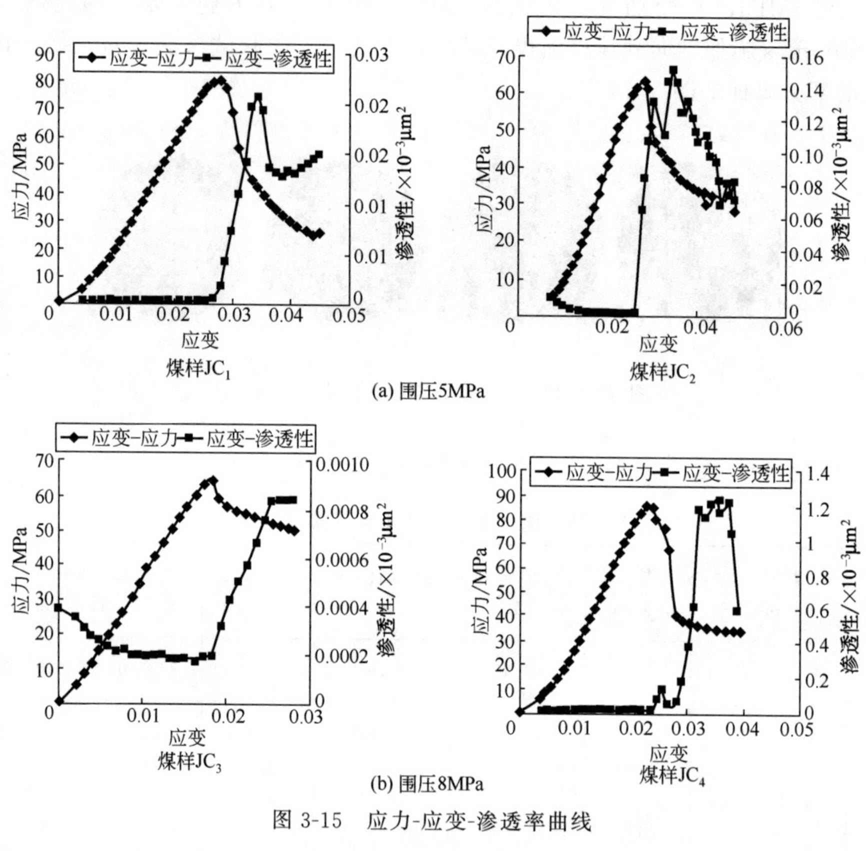

图 3-15 应力-应变-渗透率曲线

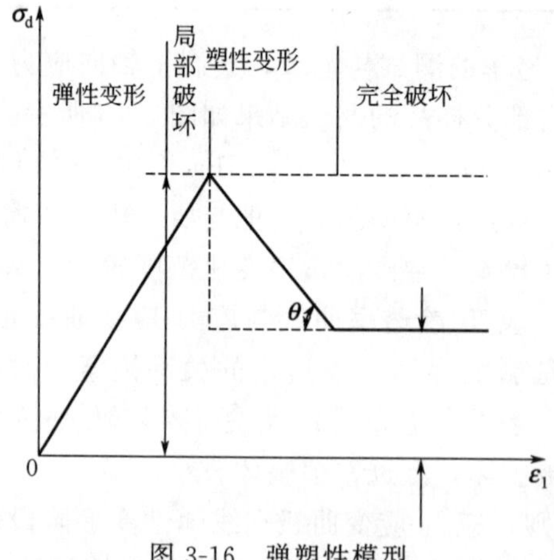

图 3-16 弹塑性模型

从测试结果可以看出：应力加载初期，煤样处于弹性变形阶段，随着应力的增加煤样应变近似呈直线上升，渗透率逐渐降低。这主要是因为在压应力作用下，煤样内部晶格发生移动，部分孔裂隙闭合，导致煤样导流能力下降。随着加载的继续进行，煤样逐渐由弹性变形阶段进入局部破坏，煤样的应变继续增加，但增加速度开始减小，煤样局部已发生了明显破坏，渗透率开始急剧增加。这主要是因为加载过程中，煤样非均质性的存在，引起了其局部破坏，晶格间的缺陷逐渐相连，裂隙间连通性增加，煤样导流能力急剧增加。加载继续进行，煤样的破坏进一步加剧，煤样从局部破坏转变为塑性变形阶段。这一阶段，煤样本身破坏已较严重，承载能力下降，随着破坏的继续进行，应力逐渐降低，渗透率在达到峰值后开始降低。主要是因为煤样晶格缺陷的进一步增加，裂隙之间更连通，渗透率达到最大值。加载继续进行，煤样继续被破坏，原有的裂隙可能部分闭合或被煤粉等堵塞，渗透率开始降低。加载继续进行，部分煤破坏成很小的煤粒，渗透率继续下降。

3. 应力-应变对研究区渗透率的再分配作用

以往研究表明：现今地应力对煤储层渗透性有重要影响。为了查明应力-应变对研究区煤储层渗透率的影响，首先对研究区的应力分布进行了统计与分析，绘制了研究区水平最大主应力分布等值线图，如图 3-17 所示。

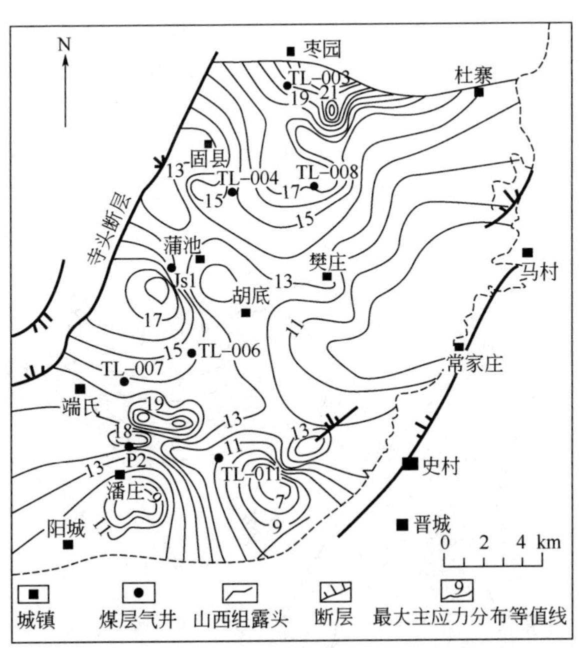

图 3-17 研究区水平最大主应力分布等值线图

从图 3-17 可以看出：水平最大主应力整体呈现出由南向北、由东向西逐渐增加的趋势，局部区域由于构造的复杂性，导致水平最大主应力规律性不明显。

部分学者通过对大量现今地应力、渗透性数据的统计与分析，认为现今地应力与渗透性之间存在负相关的关系[186,207]。也就是说，随着现今地应力的增加，对煤储层孔裂隙的挤压作用会逐渐增强，容易引起孔裂隙的闭合，渗透率值降低。因此，在对研究区地应力分布特征进行分析的基础上，可以得出：在单一地应力的影响下，由南向北随着地应力的增加，煤储层的渗透性整体呈现出降低的趋势。

三、沁东南地区煤储层渗透率的主控因素

通过对研究区内不同区域主控因素的分析，认为影响研究区渗透率分布的主要因素包括地质构造类型、埋深和地应力。不同区域三者所起作用的重要性不同。

研究区的北部，在埋深较大以及地质构造复杂区域，存在较大的地应力，孔裂隙闭合严重，渗透率较差，地应力分布与渗透率之间具有较好的匹配关系。因此，地应力是控制该区域渗透率的关键；研究区中部，地质构造复杂区域存在较大的地应力，并且煤体结构破坏严重，孔裂隙破坏严重，渗透率较差，渗透率高的区域主要是集中在低应力区域；研究区的南部，在两期褶皱叠加的部位，煤储层渗透性最好；构造变形相对强的一期褶皱区，渗透率次之。因此，该区域以地质构造类型控制为主。据此把研究区渗透率的主控因素进行划分，划分结果如图3-18所示。其中：Ⅰ区为构造类型主控模式；Ⅱ区为构造影响＋埋深主控模式；Ⅲ区为埋深影响＋构造主控模式；Ⅳ区为构造＋埋深共同控制模式。

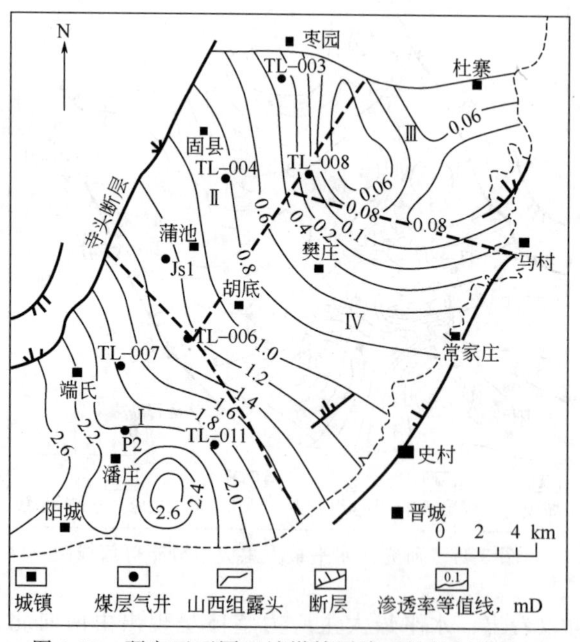

图3-18 研究区不同区域煤储层渗透性控制模式图

第四章 沁东南地区煤储层排采潜力类型及排采阶段划分

查明储层中煤层气的排采潜力是有的放矢、减少工程盲目性的重要保障。煤层气资源丰度的高低是煤层气进行开发的首要前提；较高的储层能量和较强的裂隙导流能力是煤层气得以畅通产出的重要保障；储层岩石力学性质及非均质性的大小很大程度上决定了储层的可改造性；围岩含水层与煤层的位置关系及渗透性的相对大小决定了排采过程中压力传递，最终影响着煤层气井的产气。本章将基于以上主要参量对沁东南地区 $3^{\#}$ 煤层的排采潜力类型进行划分，提出不同储层类型下开发的工艺技术建议。在排采储层类型划分的基础上，得出不同排采储层类型下排采过程中压力传播变化规律。基于流态和现场煤层气井的生产特点，对煤层气直井的排采阶段进行划分。

第一节　煤储层排采潜力等级划分思路及指标确定

一、煤储层排采潜力类型划分的基本思路

要对煤储层排采潜力类型进行划分，首先需确定其关键指标。排采潜力不仅需要丰富的资源量作保障，更重要的是能把赋存的资源量排采出多少。因此，排采潜力评价既是涉及资源量赋存多少的指标，更重要的是对影响煤层气产出过程的关键条件进行分析，在此基础上确定影响煤层气产出的关键参数。煤层气的产出是基本储层属性、地质特征和开发工程综合作用的结果。进行煤层气产出关键

参数确定时，既需要考虑开发煤层气的资源条件，也需要考虑开发的工程因素。我国煤储层渗透率普遍较低，煤储层可改造性的难易对改造效果影响较大，进而对煤层气井的采收率具有重要影响。因此，本次在煤层气排采潜力的工程影响方面，重点考虑了储层的改造性难易对其导流能力的影响，并结合研究区煤层气井的生产数据及前人研究成果，确定出各个关键参数的临界值。在此基础上，对研究区 3# 煤层排采潜力类型进行划分。其基本思路如图 4-1 所示。

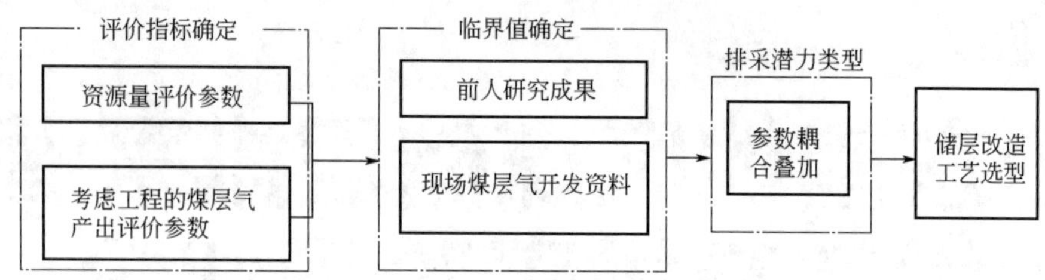

图 4-1 煤储层排采潜力类型划分及工艺选型基本思路

二、煤储层排采潜力类型划分关键指标的确定

煤层气的开发是一项系统工程。煤层气井产气量的高低既与煤层气资源量多少有关，同时也受到开发工艺技术与储层条件的匹配度的影响。尤其对于中国低渗、特低渗煤储层，开发工艺技术与储层条件的匹配程度显得更加重要。传统的煤层气潜力评价更多地考虑资源条件对产气潜力的影响，在开发工艺与储层条件的匹配方面考虑相对较少，导致资源量差别不大的情况下，可采资源量差别却比较大。究其原因，最主要的是储层类型的差异决定了采用大致相似的开发工艺进行煤层气的开发，产气效果可能存在明显区别。在排采之前的开发工艺选型中，尤以储层改造工艺最重要。因此，充分考虑储层条件与储层改造工艺的匹配性，结合煤层气的产出条件，对沁东南地区 3# 煤层排采潜力类型进行划分。

煤层气的产出实际上是以吸附状态为主，赋存在煤储层孔隙中的气体转变成游离状态后，通过扩散或渗流的方式经裂隙通道运移到井筒的过程。因此，决定煤层气产出的关键性因素有：资源量的多少、储层能量的高低以及裂隙导流能力的强弱。本书即从这三个主要方面考虑，对研究区 3# 煤层的排采潜力类型进行划分。

一定的资源量是进行煤层气开发的物质基础。大家比较一致的观点是：煤储层中煤层气的成因主要有生物成因和热成因两种类型。目前利用生物生气处于实验室研究阶段，没有进行大规模的工程应用。通过改变储层温度的方法使煤的变质程度进一步增加，产生甲烷气体，进行工程试验的难度比较大。因此，从目前的技术和经济角度考虑，特定地区的煤层气资源量是客观存在的，人为较难改变。资源量由煤层厚度、含气量、煤的密度等参数来决定。因单个煤层气井的产气具有一定的控制面积，为了更具有可比性，可用单位面积上的资源量来表征其对产气的贡献，即资源丰度。通过资源丰度的大小来体现资源量的多少。

储层能量是煤层气运移产出的动力。目前，地面煤层气井主要是通过排水，使煤层气赋存的环境发生变化，煤层气从吸附状态转变成游离状态产出。在其他条件相同的情况下，临储压力比越高，排采初期需要降低的动液面高度越少，越容易产气。含气饱和度越高，在孔隙度相同的情况下储层孔隙内气体的覆盖度越大，排采时越有利于解吸产出。水是靠势能差而流动的，地下水势的大小可通过储层压力和底板标高来反映。当煤层倾角不大时，对单口煤层气井而言，其底板标高差别不太大，可近似以储层压力梯度来反映水流动的难易。因此，储层能量可以通过临储压力比、含气饱和度、储层压力梯度三个参量来表征。

煤储层导流能力的强弱很大程度上决定了气体产出时的阻力大小。煤储层的裂隙越发育，导流能力越强，煤层气运移时的阻力越小。我国煤储层低渗的特点决定了要井发煤层气，必须进行储层改造。原始状态下煤储层的导流能力越差，储层改造的重要性越明显。因此，煤层气产出时裂隙的导流能力大小是原始裂隙发育程度和储层可改造性的综合反映。研究表明，当煤体本身已经破碎到一定程度时，以目前大多数的储层改造方式进行改造时，不仅不能使储层导流能力增加，反而可能降低。同时，煤储层在纵向上的非均质性决定了储层改造时的选择性，造成储层改造纵向上的差异性。在此，引入纵向综合可改造系数，即通过对纵向上不同煤体结构的可改造系数进行设定，最终求出纵向上整个煤层的可改造系数。因此，煤储层的导流能力可通过原始渗透性、纵向综合可改造系数来表征。

目前，地面煤层气井主要是通过排水降低煤储层的压力使气体产出。围岩含水层是否能对煤层形成有效的补给以及排采时煤层的导流能力与围岩含水层隔层的导流能力的差异对煤层中压力传递路径影响较大。因研究区 3# 煤储层原始渗透性一般较高，围岩对煤层的补给相对较少，煤层气井排采时几乎都可以从有越流补给转化成近似无越流补给状态，在该研究区，围岩含水层对煤层是否补给以及补给量的多少对煤层气井何时产气具有较大影响，但对单井的平均日产气量影响不大。因此，本次不把此作为 3# 煤层排采潜力类型划分的主控因素。

综上所述，研究区 3# 煤层排采潜力评价指标包括：资源丰度、含气饱和度、临储压力比、原始渗透率、煤岩可改造性等。

第二节 研究区煤储层排采潜力类型划分

煤储层排采潜力类型的划分就是根据研究区排采潜力评价关键指标，将储层特征相同或相近的块段划归到同一种储层类型，便于有针对性地采取开发工艺。

一、研究区煤层气富集等级划分

煤层形成过程及形成后埋藏史、热史、构造演化史、沉积环境等的差异及压力系统、水动力系统的差异导致同一地区煤层的含气量、煤层厚度、煤的密度存在一定的差异，煤层气的富集程度产生分异。煤层气的富集程度可以用资源丰度这个参数来表征，即：

$$A_{\mathrm{b}}=\frac{q\rho hab}{100s} \tag{4-1}$$

式中，A_{b}为资源丰度，$10^8\mathrm{m}^3/\mathrm{km}^2$；$\rho$ 为煤岩密度，$\mathrm{t/m}^3$；q 为含气量，m^3/t；h 为煤层厚度，m；a 为计算单元长度，km；b 为计算单元宽度，km；s 为计算单元面积，km^2。

传统的资源丰度分类方法是根据中国实际情况，将煤层气资源丰度分为$<0.5\times10^8\mathrm{m}^3/\mathrm{km}^2$、$0.5\times10^8\sim1.5\times10^8\mathrm{m}^3/\mathrm{km}^2$、$>1.5\times10^8\mathrm{m}^3/\mathrm{km}^2$三个等级。根据煤层气资源丰度等值线图可知：研究区除位于风氧化带及断层附近资源丰度比较低外，其余的资源丰度介于$0.94\sim2.73\times10^8/\mathrm{km}^2$之间，平均为$1.94\times10^8/\mathrm{km}^2$，资源丰度整体相对较高。根据资源丰度等级界限值，研究区资源丰度富集程度划分结果如图 4-2 所示。其中：Ⅰ区为高资源丰度区域；Ⅱ区为中等资源丰度区域。

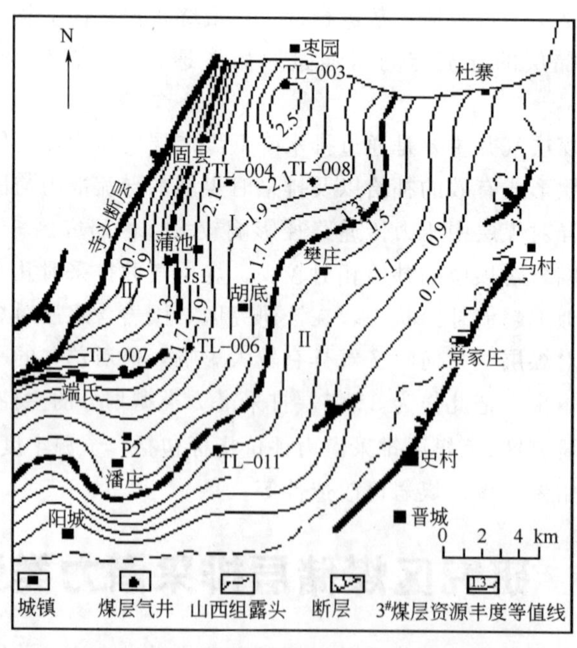

图 4-2 研究区 3# 煤层资源丰度等级划分结果

二、研究区煤储层能量等级划分

1. 临储压力比等级划分

一定的资源量是进行煤层气开发的物质保证，而储层能量的高低对煤层气的产出量具有重要影响。当储层能量比较低时，即使有较高的资源丰度，气体的产出量也会受到较大的影响。临储压力比是临界解吸压力与储层压力的比值，其值大小反映了储层压力需要降低多少才能使气体解吸产出，是储层能量大小的重要表征参数之一。根据 Langmuir 等温吸附理论，临界解吸压力可表示为：

$$p_l=\frac{Vp_L}{V_L-V} \tag{4-2}$$

式中，p_l为临界解吸压力，MPa；V 为实际含气量，m^3/t；p_L为兰氏压力，MPa；V_L为兰氏体积，m^3/t。

为了查明研究区煤层气直井临储压力比与平均日产气量之间的关系，对大量煤层气直井的平均日产气量和临储压力比数据进行了统计，将统计的数据绘制了临储压力比和平均日产气量散点图，如图 4-3 所示。

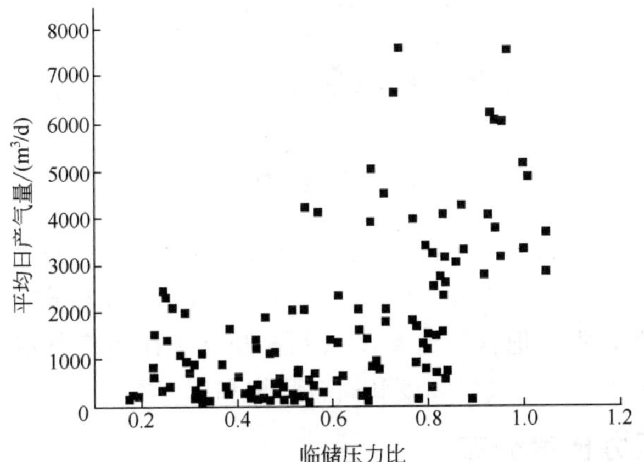

图 4-3　沁东南地区临储压力比与平均日产气量散点图

从图 4-3 可看出，平均日产气量与临储压力比关系密切。随着临储压力比增大而增大。当临储比大于 0.7 时，大多数煤层气直井平均日产气量超过 1500m^3；当其小于 0.5 时，大多数煤层气直井的平均日产气量小于 1000m^3。因此，本次以临储压力比＜0.5、0.5～0.7、＞0.7 为划分界限，把研究区划分为低临储压力比、中临储压力比和高临储压力比三类。

2. 含气饱和度等级划分

含气饱和度很大程度上反映了煤储层孔裂隙系统中气体的充满程度。充满程度高，只需要较小的能量就能使煤层气挣脱煤基质的束缚，由吸附态转变为游离态。转变成游离态气体的多少很大程度上决定了产气量的高低。

其中，含气饱和度的计算公式为：

$$\theta=\frac{V_{实测}}{V_{理论}}=\frac{V_{实测}\ (p+p_{L})}{V_{L}p} \tag{4-3}$$

式中，θ 为含气饱和度；$V_{实测}$ 为实测含气量，m^3/t；p 为储层压力，MPa；p_L 为兰氏压力，MPa；V_L 为兰氏体积，m^3/t。

为了查明研究区含气饱和度与平均日产气量的关系，对研究区煤层气直井的平均日产气量与含气饱和度数据进行了统计，做出散点图，如图 4-4 所示。

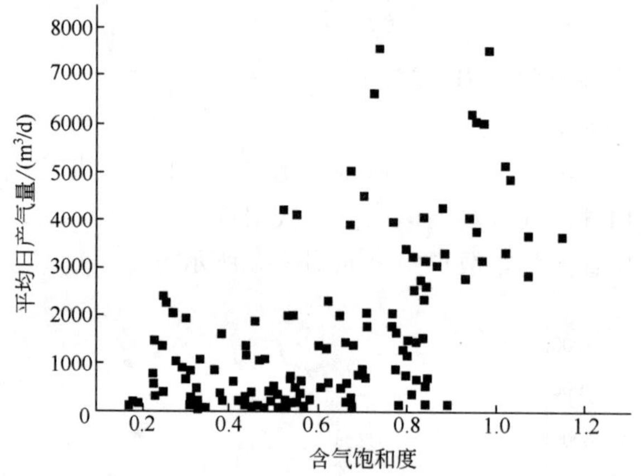

图 4-4 研究区 3# 煤层含气饱和度与平均日产气量关系图

从图 4-4 可以看出：当含气饱和度小于 0.5 时，煤层气直井的平均日产气量一般小于 $1000m^3$；当含气饱和度大于 0.7 时，平均日产气量一般可达到 $1500m^3/d$。因此，本次把含气饱和度以 0.5 和 0.7 作为产气潜力划分界限，划分为低含气饱和度、中含气饱和度和高含气饱和度三类。

3. 储层压力梯度分布

为了得出研究区储层压力梯度与平均日产气量关系，通过数据统计做出散点图，发现储层压力梯度与日产气量关系不太密切。其中，研究区储层压力梯度等值线如图 4-5 所示。

从图 4-5 可以看出：研究区内储层压力梯度介于 0.28～0.96MPa/hm 之间，平均为 0.65MPa/hm。其分布整体呈现出由东向西“先增加后减小”的趋势。研究区南部，储层压力梯度整体较高，其中尤其以西南部储层压力梯度最高；研究区中部，储层压力梯度呈现出由东向西“先增加后减小”的趋势，其中在胡底、蒲池附近储层压力梯度较高；研究区北部，固县东部附近储层压力梯度相对较高，其他区域储层压力梯度相对较低。这主要是因为研究区东部和西部受到断裂构造的影响。

断裂带的存在，形成了应力释放区，储层能量释放，储层压力梯度相对较低。研究区的潘庄附近和蒲池附近受地下水滞流影响，压力梯度相对较高。

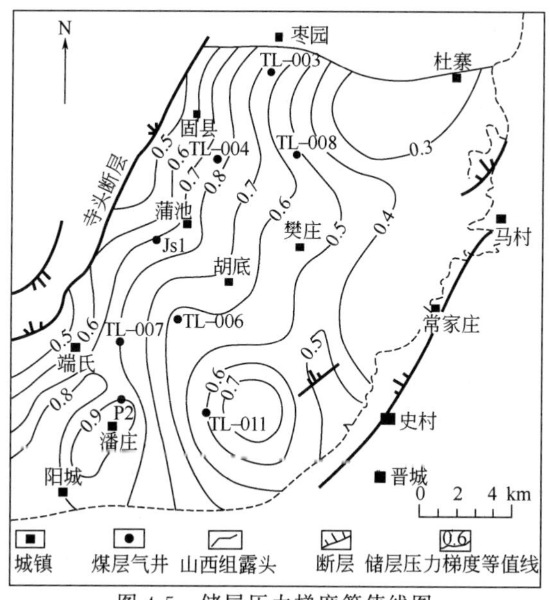

图 4-5　储层压力梯度等值线图

综合临储压力比、含气饱和度和储层压力梯度，对研究区煤储层能量等级进行划分。划分为高能量区、中能量区和低能量区，划分结果如图 4-6 所示。其中，a 区为高能量区，b 区为中等能量区，c 区为低能量区。

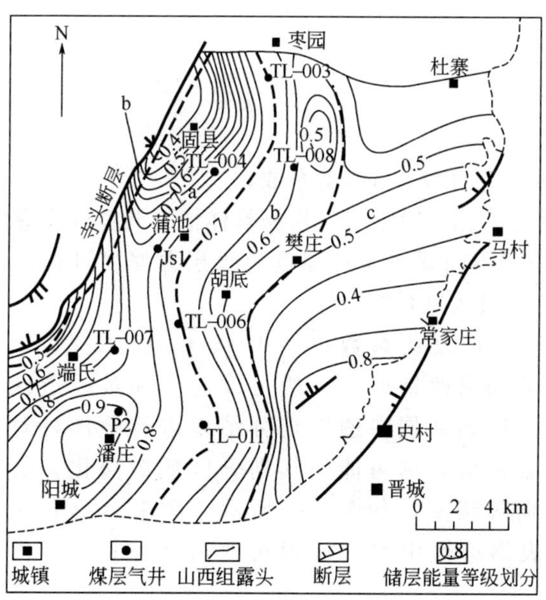

图 4-6　研究区储层能量等级划分结果

三、研究区煤储层导流能力强弱等级划分

1. 煤储层原始渗透率等级划分

据统计，全国主要煤储层渗透率在 0.002～16.17mD 之间，其中小于 0.1mD 的占 35%，介于 0.1～1mD 的占 37%，这一特点决定了要进行地面煤层气开发，需要经过储层改造才能获得工业性气流。因此，我国煤层气直井排采时煤储层的导流能力是原始裂隙与改造后裂隙综合作用的结果。煤储层原始渗透率的大小是原始裂隙发育程度的宏观表征。原始状态下储层渗透率特征在第三章已经论述，在此不再赘述。

2. 煤储层纵向可改造性等级划分

煤层气直井能否获得高产，不仅与煤储层原始渗透率的大小有关，还与储层改造后渗透率的大小有关。大量研究表明：煤体结构对储层改造效果影响较大。当煤体结构为Ⅰ类或Ⅱ类煤时，储层改造效果相对较好；煤体结构为Ⅲ类煤时，改造效果一般；煤体结构为Ⅳ类煤时，改造效果最差。本次基于煤体结构与可改造性相对应的前提，设煤层段厚度为 h，Ⅰ类煤厚度为 x，Ⅱ类煤厚度 y，Ⅲ类煤厚度为 z，Ⅳ类煤厚度为 w，且同一煤体结构没有出现分层现象，Ⅰ类煤可改造系数为 a，Ⅱ类煤可改造系数为 b，Ⅲ类煤可改造系数为 c，Ⅳ类煤可改造系数为 d，则纵向上煤层的综合可改造系数可表示为：

$$r_{\mathrm{h}}=\frac{ax+by+ca+dw}{h} \tag{4-4}$$

式中，r_{h}为纵向上的综合可改造系数。

当同一种煤体结构出现分层时，根据具体情况调整可改造系数。通过对研究区不同区域煤层段、不同煤体结构厚度及煤层总厚度进行统计，结合式(4-4)计算出煤层段的综合可改造系数。

根据现场经验，可改造系数以＜0.5、0.5～0.7、＞0.7 作为划分界限，把研究区划分为易改造区、一般可改造区和难改造区三类。并将储层可改造性的难易与原始储层渗透率划分结果进行叠加，对于区域过小的将其划归到相似的临近区，尽可能使其划分区域最简化。最终得出研究区煤储层导流能力强弱等级图，如图 4-7 所示。图中 A 区代表渗透性好、易改造区域；B 区代表渗透性中等、一般可改造区域；C 区代表渗透性差、难改造区域。

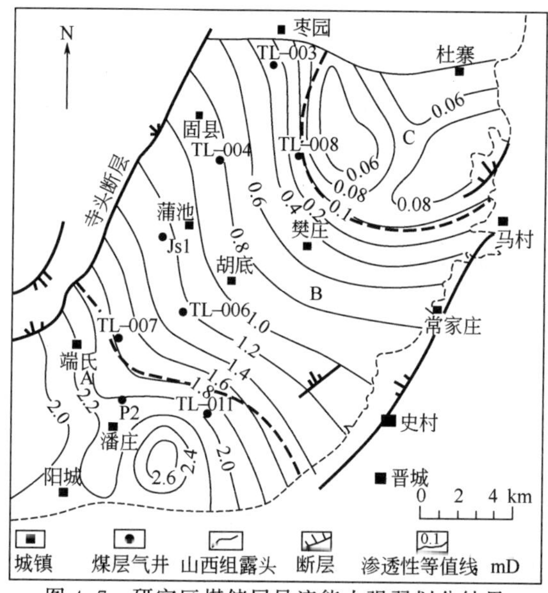

图 4-7　研究区煤储层导流能力强弱划分结果

四、研究区煤储层排采潜力类型划分

煤层气井能否获得高产是煤层气富集程度、煤储层能量大小、煤储层导流能力强弱综合作用的结果。煤层气资源丰度越高、储层能量越大、导流通道越畅通，越有利于实现煤层气井的高产；反之，则不容易获得高产。为了使储层改造更具有针对性，在此主要考虑这三方面的因素，对研究区储层类型进行划分，划分结果如图 4-8 所示。

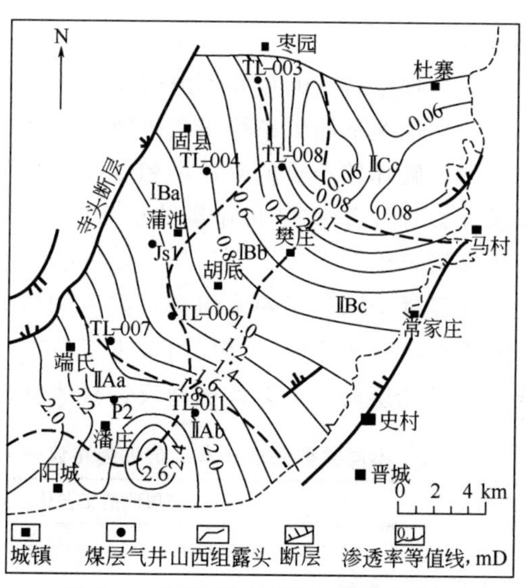

图 4-8　研究区煤储层类型划分结果

图中区域编号中的Ⅰ、Ⅱ分别代表资源丰度的高与中等；A、B、C分别代表储层导流能力的强、中等、弱；a、b、c分别代表储层能量的高、中等、低。这些编号的不同组合方式，代表了研究区不同特征类型的储层。比如ⅠAa区代表资源丰度高、导流能力好、储层能量高的区域；ⅡBc区代表资源丰度中等、导流能力中等、储层能量低的区域等。

五、研究区煤储层改造工艺选型

煤层气的勘探开发工程主要包括钻井、测井、固井、储层改造、排采、集输等环节。由于我国煤储层渗透率普遍较低，因此，煤储层改造对煤层气井产气效果具有重要影响。本次在对研究区煤储层排采潜力类型划分基础上，提出不同储层类型下的改造工艺选型建议。

目前，煤层气直井的储层改造方式主要有两种：一种是以水基压裂液，主要包括活性水压裂液、清洁压裂液、胍胶压裂液等；另一种是以泡沫为主的压裂液，主要包括氮气泡沫压裂液、二氧化碳泡沫压裂液等。不同的压裂液有各自的优点和缺点，为了发挥各自的优势，尽量限制其缺陷，还有一些组合的压裂液体系，主要有：活性水＋氮气泡沫，活性水＋胍胶＋破胶剂，活性水＋土酸，活性水＋限流，胍胶＋破胶剂＋限流压裂，清洁压裂液＋限流压裂等。活性水压裂液价格低廉，对煤储层的伤害相对小，可利用活性水来造缝；氮气泡沫携砂能力强，而且具有增能效果，当需要时可利用氮气泡沫携砂；胍胶压裂液携砂能力较强，在破胶比较彻底的情况下可以考虑使用胍胶携砂。一些破胶剂除具有破胶作用外，对煤体还有刻蚀氧化作用，能消除裂缝壁面的伤害带，一般需要与其他压裂液配合使用。土酸对煤中碳酸盐矿物具有溶解作用，在煤中碳酸盐较多的地区可考虑使用土酸进行溶解。

煤体结构是决定选择何种压裂液的重要考虑因素。在目前的地面储层改造设备和工艺技术条件下，一般情况下原生结构煤和碎裂煤发育区，储层改造效果较好。受构造应力作用较强，破坏较严重的碎粒煤和糜棱结构煤发育区改造效果相对较差。因此，当煤层段以原生结构煤和碎裂结构煤为主时，建议首选价格低廉、货源广的活性水压裂液，以营造长、窄缝为主要目的。当煤层段以碎粒煤为主时，可考虑使用胍胶或氮气泡沫与活性水组合且限流的压裂方式[208]，尽量实现体积改造。当煤层段以糜棱煤为主时，煤层内慎重压裂。在此思想指导下，提出了研究区不同储层类型下储层改造工艺优选建议，具体见表4-1。

表4-1　不同类型储层开发工艺优选建议

储层类型	储层主要特征	储层改造工艺优选建议
ⅠAa	资源丰度高、导流能力好、储层能量高	活性水压裂，排量适中、低中砂比、中大规模、中小粒径，以形成长缝为主

续表

储层类型	储层主要特征	储层改造工艺优选建议
ⅡAb	资源丰度中等、导流能力好、储层能量中等	活性水压裂为主，排量适中、低中砂比、中规模为主、中小粒径为主，低投入，以形成长缝为主
ⅠBa	资源丰度高、导流能力中等、储层能量高	活性水＋限流压裂、胍胶＋破胶剂＋限流压裂，变排量、变砂比、中大规模、中大粒径，适量控制裂缝的长度
ⅠBb	资源丰度高、导流能力中等、储层能量中等	活性水＋限流压裂、活性水＋胍胶＋破胶剂＋限流压裂，变排量、变砂比、中大规模、大中粒径为主，尽量实现体积改造，选择性使用气体伴注压裂
ⅡBc	资源量中等、导流能力中等、储层能量差	活性水＋氮气泡沫＋限流压裂、活性水＋胍胶＋破胶剂＋泡沫＋限流压裂，变排量、变砂比、中小规模、中粒径为主，尽量实现体积改造
ⅡCc	资源量中等、导流能力差、储层能量差	活性水＋氮气泡沫＋限流压裂，变排量、变砂比、中规模为主，中粒径为主，尽量实现体积改造，控制成本。选择性使用活性水＋胍胶＋破胶剂＋泡沫＋限流压裂

第三节　煤层气的产出过程

煤层气主要以吸附状态赋存在煤储层中，煤层气的产出实质上是通过改变煤层气赋存的环境，使其从吸附状态转变为游离状态产出。煤层气的产出可概括为三个过程：①从吸附态转变为游离态的解吸过程；②在浓度差、压力差等作用下气体分子的扩散过程；③解吸出来的气体在煤储层裂隙系统渗流并最终流入井筒的过程。下面对其三个过程分别阐述。

1. 解吸过程

煤储层中的游离气、溶解气和吸附气在自然界原始状态下处于一种动态平衡。煤层卸压或地应力的改变，都将引起煤层气三种赋存状态之间的转变。吸附态转变为游离态是储集在煤层中的吸附气得以开采的前提。或采取储层压力降低方式，使气体分子运动的活化能降低，吸附气转变为游离气；或采取竞争吸附手段，让其他气体与甲烷气体争夺储存空间，吸附气转变为游离气；或将两者有机结合，也可使煤层气从吸附态转变为游离态。在此思想指导下，各煤层气开采国采取了抽取煤储层孔裂隙系统中的水，使储层压力降低或采取竞争吸附、增能（注：N_2、CO_2气体）等方法来开采煤层气。不管采取何种方法，“排水-降压”是其根本手段，最终目的都是让储集在煤层中以物理吸附为主的煤层气转变为游离气。

目前，关于煤储层中煤层气的解吸过程，应用比较广泛的是等温吸附理论。处于煤层中的煤层气原始状态下处于动态平衡，通过“排水-降压”，储层压力下降，当达到气体的解吸压力时，气体开始解吸。此时，煤储层宏观裂隙、微观裂隙中的气体发生解吸而产出。随着压力的进一步下降，大孔中吸附的部分气体在压差作用下转变成游离气。压力进一步下降，更小孔径的孔中吸附的部分气体在压差作用下转变成游离态发生解吸。压力继续降低，不同孔径吸附的气体开始大量的解吸。当压力降低到一定程度时，部分吸附在不同孔径中的气体无法在压差下挣脱煤基质的束缚，将一直留在煤孔隙中，称为残留气。

2. 扩散过程

煤层气井排采时，随着压力的传递，气体未挣脱煤体的束缚前，煤体表面的气体分子之间会发生表面扩散作用，这种表面扩散作用仅仅发生在吸附态气体之间。随着压力降低，一部分气体挣脱煤体的吸附转变成游离状态，若气体在直径比较小的孔-裂隙系统中运移时，有些气体会与孔壁发生碰撞，这时在气体与煤孔壁之间可能发生克努森扩散作用。若气体分子在直径相对较大的孔-裂隙中运动时，气体源与气体运移路线间形成浓度差，若单位时间内通过单位面积的扩散速度与浓度梯度可近似认为呈正比，符合菲克第一定律[209～211]，即：

$$q_m=\frac{V_m}{\tau}\left[c_m-c(p_g)\right] \tag{4-5}$$

式中，q_m为扩散速率，m^3/d；c_m为基质内平均气体浓度，m^3/m^3；V_m为基质块单元体积，m^3；τ为吸附时间，d，由下式确定。

$$\tau=\frac{1}{D\omega} \tag{4-6}$$

式中，D为扩散系数，m^2/d；ω为形态因子，m^{-2}。

若浓度差时刻在变化着，其扩散速度可以通过菲克第二定律进行表征，即：

$$\frac{\partial c}{\partial t}=D\frac{\partial^2 c}{\partial^2 X} \tag{4-7}$$

式中，c为浓度，m^3/m^3；X为距离，m；t为时间，d；D为扩散系数，m^2/d。

该模式能较客观地表示煤基质块中煤层气浓度的时空变化，但求解方法复杂，计算工作量大。

若气体分子在直径更大的孔-裂隙中运移时，气体发生渗流或紊流。

3. 渗流过程

1856年，法国水利工程师达西通过砂的渗透试验获得了渗流力学最基础的达西试验定律。达西试验装置示意图如图4-9所示。

试验表明，在一定的速度范围内，流体通过填砂管横截面积的体积流量Q与横截面积A成正比，与管长L成反比，与作用在填砂管两端的水头差$\Delta H=H_1-H_2$成正比[212]，即：

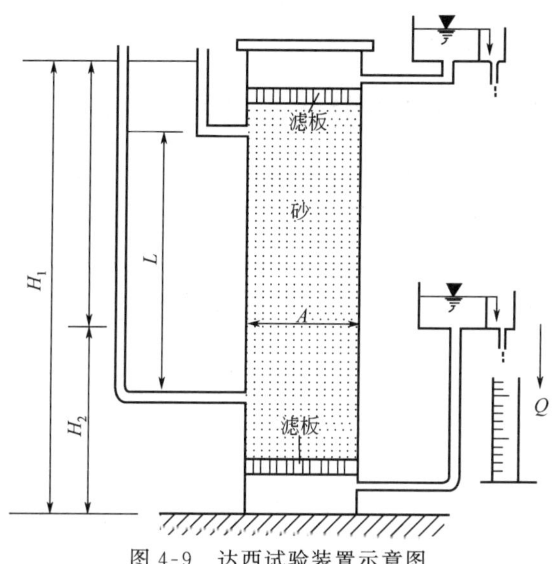

图 4-9　达西试验装置示意图

$$Q=KA\frac{H_1-H_2}{L} \tag{4-8}$$

式中，Q 为流过横截面的体积流量，m^3/d；K 为渗透系数，m/d；A 为面积，m^2；H_1、H_2分别代表入口和出口水头高，m；L 为管长，m。

当煤储层的导流能力大到一定程度时，水在储层中的流动不再符合线性渗流规律，其惯性力占据主导，可近似认为其流速与压力梯度的平方呈正比，发生紊流运移。当煤储层的导流能力小到一定程度时，水流动时的阻力不能忽略，即需要克服一定的阻力才能使水发生流动，用启动压力梯度来表征。

由于煤储层导流能力的差异，导致水在其中流动时主控因素发生变化，从而流动的状态也不同。因煤储层导流能力一般比较低，本次研究主要基于带有启动压力梯度的渗流特征对其流动时压力传递及物性主要参数的变化规律进行研究。

第四节　煤层气井排采阶段划分

煤层气井排采初期，储层中仅有单相水的流动，当排采到一定程度时，气体和水共用裂隙通道在其中流动。煤储层相态的变化，引起了储层导流能力主控因素发生变化。为了研究不同相态下储层导流能力的变化，在此首先介绍传统的以相态为依据的煤层气井排采阶段的划分方法。原始状态下，我国煤储层的导流能力一般比较低，需要经过储层改造才能进行排采。地质构造条件、煤层本身属性等的不同决定了储层改造面积、区域、效果等的差异性。仅以相态的变化对煤层气井排采阶段的划分，不仅不能真实反映储层压力传递状况，而且在指导煤层气生产方面可操作性相对较差。为了使现场排采更具有操作性，基于现场煤层气井的生产特点，对煤层气井的排采阶段进行划分。

一、基于流态的煤层气直井排采阶段划分

煤层气井排采时，随着煤层中水的排出，井底压力的降低，在井筒周围会形成压降漏斗，在压降漏斗影响范围内，当储层压力低于临界解吸压力时，煤层气开始解吸，在流体势、压力差、浓度差等作用下，储层中的水和煤层气一起以两相流的方式通过裂隙系统流向生产井筒。根据煤储层中流态的变化，可划分为以下几个阶段。

第一阶段：排采井筒中的水，储层无水、气流动

煤层气井排采初始，排采的主要是井筒内的水。随着井筒内水的流出，在储层压力与井底压力之间产生了压差，在压差较小的情况下，还不足以使储层中的水产生流动前，这一阶段称为排采井筒中的水阶段。这一阶段在排采时持续的时间最短，排采时需要密切注意动液面的变化，通过动液面的变化来了解储层产水时间，并及时做好记录。

第二阶段：单相水流阶段

当储层中的水在压差下开始流动时，即进入单相水流阶段。在此阶段，排采时可能会伴随有极少量的游离气或溶解气的产出，但储层中的吸附气没有转变成游离气，只有水的流动，将这一阶段称为单相水流阶段。

第三阶段：单相流有少量气泡阶段

压力进一步下降，一定数量煤层气解吸出来，形成气泡，阻碍水的流动，水的相对渗透率下降，由于解吸出来的气体量相对比较少，气泡都是孤立的，没有互相连接，这时处于单相流有少量气泡阶段。

第四阶段：水/气两相流，以产水为主阶段

储层压力进一步下降，更多气体解吸出来，气体开始在裂隙系统中扩散，气相渗透率逐渐增大，产气量逐步增多，产水量开始下降，直至气泡相互连接，形成连续的流线，这时虽形成流线，但产气量仍较少，处于水/气两相流，以产水为主阶段。

第五阶段：水/气两相流，以产气为主阶段

压力进一步下降，吸附气体的大量解吸，水相渗透率大幅度下降，气相渗透率继续上升，直到气相渗透率大于水相渗透率，此时，处于以气为主的水/气两相阶段。

当排采达到一定程度时，压降不足以支撑更多的气体解吸出来，产气量逐渐减少，当产气量少到一定程度时，不具有经济开采价值，停止排采。

基于相态的煤层气井排采不同阶段示意图如图 4-10 所示。

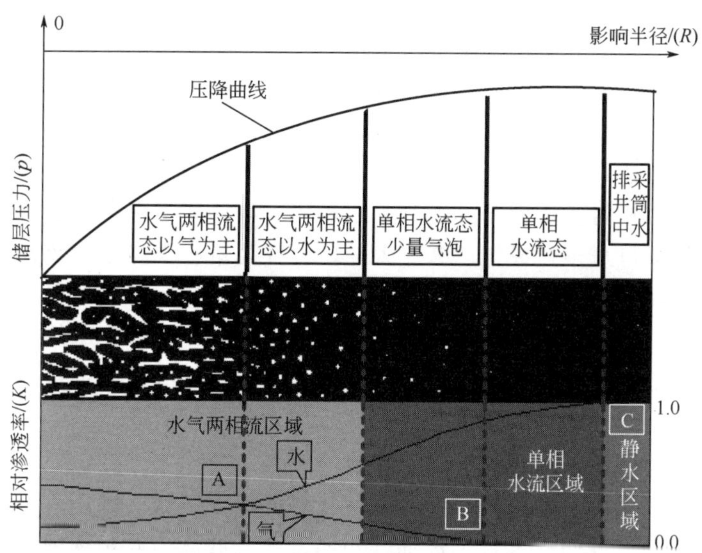

图 4-10 基于相态的煤层气井排采不同阶段示意图

二、基于现场生产特点的煤层气直井排采阶段划分

煤层气直井的排采是连续分阶段的，排采阶段不同，合理排采工作制度确定的方法则有所区别。传统的煤层气井排采阶段是基于流态进行划分的，现场可操作性受到很大局限。为了使制定出的排采工作制度更具有可操作性，本次充分考虑煤层气直井生产特点，把煤层气直井的排采阶段划分为五个阶段，排采各阶段示意图如图 4-11 所示。

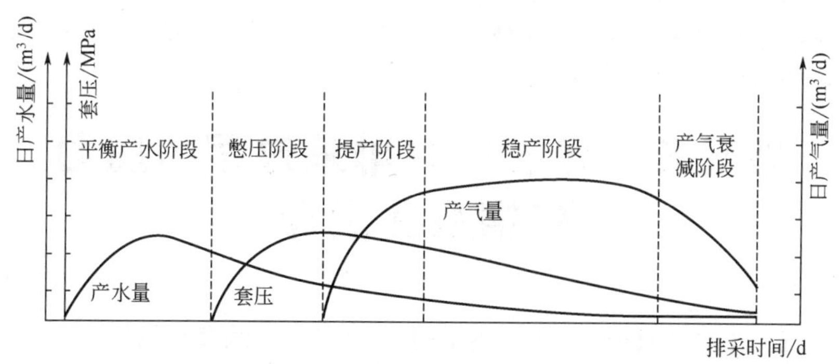

图 4-11 煤层气直井排采阶段划分示意图

第一阶段：平衡产水阶段

排采初期，煤层气井的井底压力小于储层压力但大于临界解吸压力，储层中的水在压差作用下向井筒运移，由于储层中的水离井筒较近，运移速度相对较

快，压降漏斗变化也较快，储层的供液能力变化较大。为了保持动液面持续、稳定、缓慢的下降，需要经常调整排采工作制度来适应储层供液能力的变化，直到井底压力降低到临界解吸压力，这一阶段称为平衡产水阶段。

第二阶段：控制井底压力不放气阶段

当井底压力达到临界解吸压力后，煤储层中的气体开始解吸产出，井口套压开始上升，气相相对渗透率开始上升，水相相对渗透率下降，为了防止煤储层近井地带气体解吸量过多造成气压漏斗太陡，近井地带出现渗透率瓶颈。此时，通过憋压处理，使井口套压上升，井底压力几乎维持不变的情况下稍有下降，来控制储层中气体的解吸速度，让远端的水能够流动产出，保持套压的持续、缓慢上升，直到套压值稳定并有出现下降的趋势为止，控制井底压力维持在临界解吸压力附近并稍有下降，这一阶段称为控制井底压力不放气阶段。

第三阶段：稳定提产阶段

到套压值有出现下降趋势时，为了防止煤储层中解吸的气体再吸附，需要打开井口阀门，井口开始产气，动液面开始回升，井底压力开始逐渐缓慢下降，井筒附近一定范围内的气体开始大量解吸，煤层气井的产气量开始上升，为了防止气压降落漏斗过大，需要逐步提产，使产气量稳定提高，直到形成比较稳定的气压传递漏斗，这一阶段称为稳定提产阶段。

第四阶段：稳定产气阶段

当形成比较平缓、稳定的气压传递漏斗后，气体解吸传递半径与气体解吸速率决定的产气量逐渐趋于稳定，直到产气量开始明显衰减，这一阶段称为稳定产气阶段。

第五阶段：产气衰减阶段

当气体解吸半径增幅明显减少导致产气量明显减少，即使采用大幅降压方式仍不能维持原有产气量时，产气量开始衰减，直到产气量逐渐失去开采经济价值，这一阶段称为产气衰减阶段。

第五节　煤层气井排采过程中压力传播变化规律

煤层气井主要是通过排采煤层中的水，使煤层气赋存环境发生改变进而产出。煤层气井排采时煤层中的水能否发生流动是煤层气赋存环境改变的前提。煤层气井的排采是在三维空间进行的。围岩中含水层的位置、含水层与煤层距离、含水层与煤层之间岩性的封闭性及厚度等的差异导致煤层气井排采时，围岩对煤层补给量的不同。较准确地确定煤层气井排采时横向和纵向上的边界是查明压力传递变化规律及制定合理排采工作制度的前提。基于此，本节分析了煤层气井排采时的边界确定原则，提出层状和块状岩层的概念。针对不同煤层及围岩情况，分析其压裂裂缝形态；然后根据煤层原始渗透率与煤岩主要力学参数的大小，划分煤储层类型，结合压裂裂缝形态，得出不同储层类型下排采过程中压力传播变化规律。

一、煤层气井排采时边界确定原则

1. 排采时纵向边界的确定原则

煤层气井排采时，随着煤储层中水的流出，近井筒地带的煤储层压力下降，在煤层段内及煤层与围岩间形成了压差。当煤层顶、底板围岩一定距离内有含水层时，排采时压力下降到一定值后，若含水层中的水能突破煤层与含水层的隔层进入煤层时，应把煤层、顶底板围岩及含水层一起考虑进行排采。同理，若排采时虽然煤层顶、底板一定距离有含水层，但含水层与煤层之间隔水性比较好，即使煤储层压力下降到最低，含水层也无法突破隔挡层进入到煤层，此种情况下排采时只需排采煤层中的水。在此思想指导下就可以确定出煤层气井排采时纵向上的边界。

2. 排采时横向边界的确定原则

排采时既要考虑纵向上的边界，又要考虑横向上的边界。断层、陷落柱等构造地质体的出现，有可能改变水流动的方向，进而改变排采时的边界。同时，煤层与围岩渗透性对边界也有影响。当煤层与围岩含水层隔层渗透率均较小，压差无法突破中间隔层且未有大气降水等补给，排采时煤层中的水在压差下流动的极限距离即为横向边界。当有围岩含水层补给时，横向上的边界既要考虑煤层中的水在压差下流动的极限距离，同时又要考虑围岩含水层中水在压差下流动的极限距离，综合考虑确定其边界。当煤层露头受大气降水等补给时，需要考虑风氧化带的边界，然后再根据煤层与围岩含水层中水在压差下的流动的极限距离确定其横向边界。

纵向和横向上的边界确定后，排采时储层地质模型就确定了。

3. 层状和块状岩层的基本概念

排采时围岩含水层对煤层补给的差异导致排采时地质模型的区别，进而导致排采时压力传递路径产生变化。为了更好地研究煤层压力传递变化规律，在此给出层状岩层和块状岩层的概念。所谓层状岩层，就是在煤层顶、底板距离不远处有分布比较稳定、具有一定厚度的泥岩、砂质泥岩等渗透性比较差的岩层，煤层气井排采时，顶、底板围岩含水层中的水在一般压差下很难突破隔挡层进入煤层，这样的岩层结构称为层状岩层。

所谓块状岩层，就是围岩含水层与煤层直接接触，或者两者之间虽然有泥岩、砂质泥岩或其他岩性隔挡，但煤层气井排采过程中，围岩含水层中的水能突破隔挡层对煤层形成补给，这样的围岩含水层、含水层与煤层间的围岩及煤层的组合系列称为块状岩层。

二、水力压裂时的裂缝形态

排采是在储层改造后进行的。压裂液有多种，水基压裂液因其货源广、价格便宜、改造效果还可以而成为目前储层改造的主流。本次也以水力压裂来分析压裂时裂缝形态。裂缝形态包括裂缝的长度、宽度和方位等，不同煤体结构的煤层，压裂时主裂缝方位主控因素会发生变化，主裂缝方位主控因素的变化导致其裂缝方向长度与其他方位长度也会发生变化，因此，对主裂缝方位主控因素的研究是查明裂缝形态的关键。本次根据煤体结构的不同，分析压裂时主裂缝方位主控因素。在此基础上，得出煤层在横向和纵向上的裂缝形态。

1. 水力压裂不同煤体结构煤的主裂隙方位

煤层在成煤期及成煤后可能受到不同方向、不同期次、不同大小的构造应力作用，导致煤变形程度的不同，煤层未压裂前的裂缝发育程度存在差异。压裂主要是煤层克服挤聚力而张裂，相对分离的两个缝面移动方向必然与地层最弱挤聚力方向相反，因此，确定压裂位置处最小挤聚力方向成为确定裂缝延伸方位的关键[212～215]。传统上根据煤变形程度的差异，分为原生结构煤、碎裂煤、碎粒煤和糜棱煤。下面以这四种煤体结构分别分析压裂时主裂缝方位。

（1）压裂原生结构煤的主裂缝方位　当煤层为原生结构煤时，其外生裂隙不太发育，地面实施水力压裂时，可把原生结构煤看作无天然裂隙、相对均质的岩石考虑其裂隙延伸方位。这时，裂缝形成的外力可表示为[216]：

$$p_{fc} \geqslant \sigma_{min} + S_t - p_p \tag{4-9}$$

式中，p_{fc}为无天然裂缝时裂缝形成的外力，MPa；σ_{min}为水平最小主应力，MPa；S_t为煤岩抗拉强度，MPa；p_p为孔隙压力，MPa。

原生结构煤的裂隙特点决定了水力压裂过程中可把煤岩的抗拉强度及孔隙压力看作在各个方向上相等，根据式(4-9）可知原生结构煤水力压裂过程中主裂缝将几乎沿着水平最大主应力方向延伸。

（2）压裂碎裂煤的主裂缝方位　碎裂煤中多组互相交切的裂隙的存在增加了压裂裂缝延伸方位的复杂性。水力压裂过程中，天然裂隙的抗张强度小于无裂缝时煤储层的抗张强度，因此，当条件合适时，压裂裂缝首先沿着煤储层孔裂隙的方向裂开，使裂缝不再严格按照沿着最大水平主应力方向延伸。

设最大水平主应力与煤储层天然裂隙面方向夹角为 α，则裂隙面上的正应力为[216]：

$$\sigma_n = \frac{\sigma_h + \sigma_H}{2} - (\sigma_H - \sigma_h)\cos 2\alpha / 2 \tag{4-10}$$

式中，σ_n 为裂隙面上的正应力，MPa；α 为天然裂隙面与最大水平主应力夹角，(°)；σ_H 和 σ_h 分别为最大水平主应力和最小水平主应力，MPa。

裂缝面上抗张强度几乎为零，可忽略不计。因此，压裂时在裂缝面上张开的极限应力为：

$$p_{ff} \geqslant \sigma_n - p_p \tag{4-11}$$

式中，p_{ff}为裂缝面张开的极限应力，MPa；p_p为孔隙压力，MPa。

压裂沿最大水平主应力方向形成新裂缝的极限条件是：

$$p_{ft} = \sigma_h + S_t - p_p \tag{4-12}$$

式中，p_{ft}为煤储层极限破裂压力，MPa；σ_h为地层水平最小主应力，MPa；S_t为煤岩抗张强度，MPa。

当 p_{ff}等于 p_{ft}时，压裂裂缝在两者之间形成的概率相等。因此，取两者相等可得沿天然裂缝张开和产生新裂缝可能同时发生的裂缝面与最大主应力之间的夹角。

$$\beta = \frac{\pi}{2} - \frac{\arccos \dfrac{(2S_t - 1)}{\sigma_H - \sigma_h}}{2} \tag{4-13}$$

因此，碎裂煤中水力压裂过程中主裂缝方位主要取决于煤岩抗拉强度与水平最大、最小主应力的差值。当差值大于煤岩抗拉强度 2 倍时，裂缝将首先沿着天然裂缝延伸，当延伸到天然裂隙末端时，则向最大主应力方向靠近，最终在煤岩中形成曲折裂缝。

(3) 压裂碎粒煤的主裂缝方位　当压裂碎粒煤且排量相对比较大时，部分煤体可能被破裂成更小的碎块或粉状，部分煤粒可能发生移动，从而在煤层中产生挤胀、破裂、桥塞和充填作用，有一部分煤体得到了有效改造。当排量较小时，煤体与煤体间缝隙较大，成为流体流动的弱面，施工压力相对小，煤原始颗粒发生的位移较小，流体流动通道较畅通，发生挤胀、破裂、桥塞和充填相对少些，也仅有一部分煤粒得到有效改造，改造的多少与煤的非均质性及残余强度大小有关。

(4) 压裂糜棱煤的主裂缝方位　当压裂糜棱煤时，水与煤混合到一起形成固液混合物，几乎起不到改造的作用，更谈不上主裂缝的方向了。

综上可见，压裂原生结构煤时主裂缝延伸方位主要受控于水平最大、最小主应力的方向；压裂碎裂煤时主裂缝延伸方位是天然裂缝方位、煤岩抗拉强度、水平最大/最小主应力差大小和方向共同作用的结果。压裂碎粒煤时部分裂隙被改造；糜棱煤不能采用水基压裂液直接进行改造。

2. 水力压裂裂缝形态

压裂是在三维空间中进行的，煤层段横向和纵向上裂缝延伸的主控因素不同，导致其裂缝延伸存在差异。在此，水力压裂裂缝形态按横向和纵向分别阐述。

（1）水力压裂时横向上裂缝形态　煤体结构以糜棱煤为主，采用水基压裂液时没有改造的必要，在此不再讨论裂缝形态。当煤体结构以原生结构煤、碎裂煤或碎粒煤为主时，水平最大主应力和水平最小主应力差值的存在，导致横向上压裂时在几乎沿水平最大主应力方向上裂缝延伸得相对较长，在几乎沿着水平最小主应力方向上裂缝延伸得相对较短，形成类似于椭圆的裂缝改造区，裂缝形态俯视示意图如图 4-12 所示。

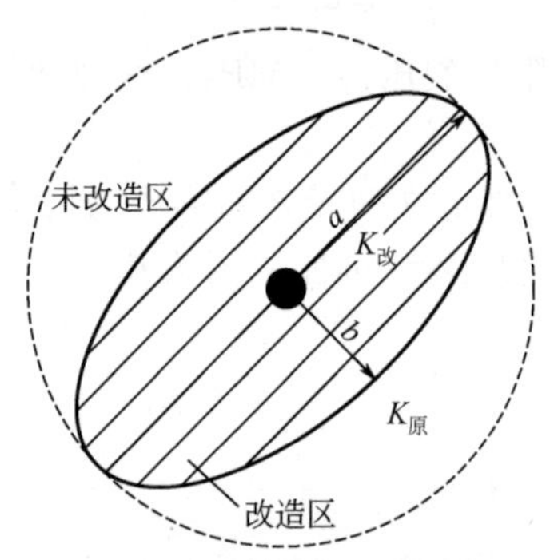

图 4-12　水力压裂裂缝形态俯视示意图

（2）水力压裂时纵向上裂缝形态　煤层段纵向上煤岩力学性质、裂隙发育程度等的差异，导致压裂时纵剖面上裂缝延伸的选择性。当煤层段纵剖面上岩石力学性质、裂隙发育程度等耦合作用的非均质性较强时，采用传统的压裂工艺技术进行储层改造时，压裂液容易沿着弱面扩展和延伸，部分煤层段改造效果较好，部分煤层段改造效果相对较差，这种情况下纵剖面上裂缝延伸形态如图 4-13（a）所示。

当煤层段纵剖面上岩石力学性质、裂隙发育程度等耦合作用的非均质性较弱时，压裂时煤层段所需的破裂压力差别不大，压裂液几乎都能在整个煤层段进行扩展和延伸，整个煤层段改造效果都较好，这种情况下纵剖面上裂缝延伸形态示意图如图 4-13（b）所示。

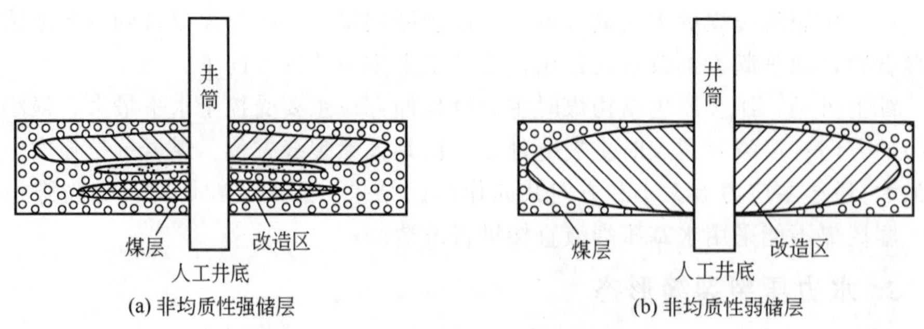

图 4-13　水力压裂时裂缝形态示意图

三、排采过程中压力传递变化规律

煤层气井的排采是在三维空间中进行的。煤储层中的水作为压力传递的介质，若煤储层中的水不能发生流动，煤层气赋存空间的能量系统不发生变化，煤层气很难解吸产出。而煤储层中的水能否发生流动是煤层气赋存空间发生改变的前提。煤储层原始渗透性、改造后的渗透性、围岩含水层与煤层的位置关系、围岩的渗透性、煤层与围岩隔水层的厚度及渗透性等都将影响排采过程中压力传递变化规律。为了阐述不同情况下压力传递变化规律，首先对排采储层类型进行划分。

1. 排采储层类型划分

地面煤层气井目前主要是通过排采煤储层中的水来改变储层压力的。根据排采时是否有围岩的水补给，可把排采储层类型划分为层状储层和块状储层。排采是在经过储层改造后进行的，原始状态下，煤层本身岩石力学性质的差异导致储层可改造性的差异。原始状态下煤储层的渗透性和改造后储层的渗透性的差异决定了排采时水在不同方向上流动时阻力的差异，导致压力传播路径的差异。因此，根据煤层本身渗透性及岩石力学性质差异导致的可改造的差异，又可把层状岩层分为中-高渗中硬煤层状储层和低渗软煤层状储层，同理把块状岩层也分为中-高渗中硬煤块状储层和低渗软煤块状储层。下面根据四种储层类型来阐述排采过程压力传播变化规律。

2. 不同排采储层类型下排采过程压力传播变化规律

(1) 中-高渗中硬煤层状储层排采过程压力传播变化规律　这种储层可认为纵向上煤层的非均质性不强，即原始状态下纵剖面上煤层段的渗透率可认为几乎相等，设煤层原始渗透率为 k_{11}，改造后煤储层的渗透率为 k_{12}，原始状态下，当煤层本身为中-高渗煤层时，改造后的煤储层渗透率与原始渗透率进行叠加耦合，可近似认为原始储层渗透率与改造后的储层渗透率具有可比性，即 $k_{11} \approx k_{12}$，改造前后渗透率分布俯视示意图如图 4-14 所示。

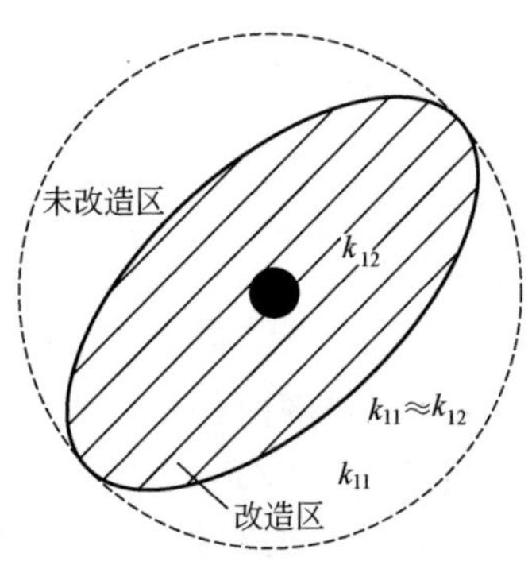

图 4-14　中-高渗中硬层状煤储层改造前后渗透率分布俯视示意图

① 横向上压力传播变化规律　排采初期，煤储层不同方向上供液能力几乎相等，离井筒相同距离不同方向上水流动的阻力大致相等，压力在井筒四周相同时间内传递的距离大致相等，其压力传递俯视时可看作以井筒为圆心的同心圆。

排采继续进行，压力继续向远处传递，当压力传递到几乎与最小主应力平行的方向上储层改造边界时，由于煤储层原始渗透率与改造后渗透率差别不大，在这些方向上未改造区域水流动的阻力与改造区域水流动的阻力差别不大，井筒不同方向上在相同时间内传递的速度近似相等，压力传递可以可看作以井筒为圆心的同心圆。直到井底与储层压力之间的压差小于水流动的启动压力梯度与距离的乘积，或由于井群排采，两口井形成井间干扰，即达到传递边界，排采整个过程中俯视时均可看作以井筒为圆心的同心圆状。这种储层下压力传播的俯视图如图 4-15 所示。

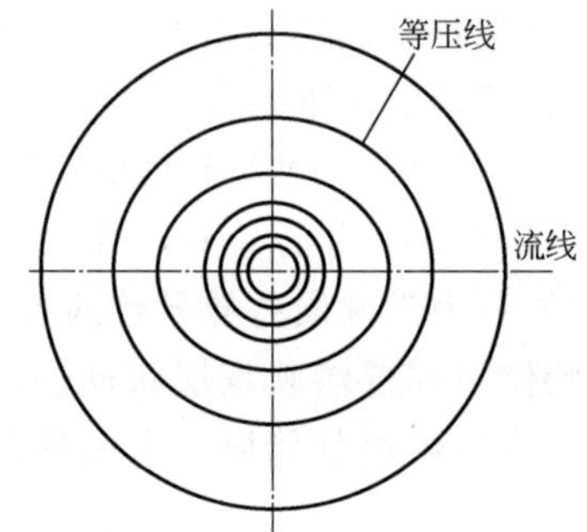

图 4-15　中-高渗中硬层状煤储层排采过程压力传播俯视示意图

② 纵向上压力传播变化规律　单相水流阶段，假设煤层中水的流动符合达西定律，压力传递可用单相平面径向流来表征，即[217]：

$$\frac{d^2 p}{dr^2}+\frac{1}{r}\times\frac{dp}{dr}=0 \tag{4-14}$$

通过分离变量，平面径向稳定渗流的压力分布表达通式为：

$$p=C_1\ln R+C_2 \tag{4-15}$$

式中，R 为水传递影响范围内某处距井筒的距离，m；p 为距井筒距离 R 处的煤储层压力，MPa；

当 $R=r_w$时，$p=p_w$；$R=R_e$时，$p=p_e$，代入压力分布表达通式，得到平面径向稳定渗流状态时，地层任意一点的压力表达式为：

$$p_{wr}=p_e-\frac{p_e-p_w}{\ln\frac{R_e}{r_w}}\ln\frac{R_e}{r} \tag{4-16}$$

式中，p_{wr}为地层排水影响半径范围内任意一点处的地层压力，MPa；p_e为原始储层压力，MPa；p_w为井底流压，MPa；r_w为井筒半径，m；r 为地层排水影响半径范围内的任意一点距井筒中心的距离，m。

从式(4-16) 可看出，从井筒到供给边缘，压力随距离呈对数关系分布，越靠近井筒处，等压线越密集。压降面如同一个漏斗曲面，在压降漏斗以外的地区，由于无压差作用而不能使水发生流动，没有压力的传递，煤层可看作均质储层。因此，在压力影响范围内，整个煤层段均有压力的传递。在井底压力未达到气体临界解吸压力之前，储层中仅存在水压的传递，不存在气压的传递，压力传播变化示意图如图 4-16（a）所示。

排采继续进行，当井底压力降低到临界解吸压力以下时，煤储层中既有水的流动，也有气体的流动，既存在着水压的传播，又存在着气压的传播。假设气体流动服从气体平面径向稳定渗流定律，压力传播的基本表达式与水的表达式相同，气压开始从近井地带向远处传播，气体传播压力表达式为：

$$p_{gr}^2 = p_1^2 - \frac{p_1^2 - p_w^2}{\ln \dfrac{R_1}{r_w}} \ln \frac{R_1}{r_g} \tag{4-17}$$

式中，p_{gr}为煤层气体解吸影响半径范围内任意一点处的气体压力，MPa；p_1为临界解吸压力，MPa；R_1 为气体传播影响距离，m；r_g 为气压传播影响半径范围内任意一点距井筒中心的距离，m。

从式(4-17) 可看出，气体平面径向流的等压线也为以井筒为圆心的同心圆，气压传播形状与水压传播形状完全一样。但越靠近井筒处，气压下降的速度越快，因气体解吸滞后于水压传递，气体平面径向流的压力分布线位于水渗流的压力分布线的上面，但靠近井壁处压降漏斗更陡。压力传播变化示意图如图图 4-16（b）所示。

排采继续进行，与气体相比，水流动的阻力相对较大，而且离井筒相对较远，需要较大的压差才能流动，水流动的速度相对较慢，气体传递的速度相对较快，当井底与储层压力之间的压差小于水流动的阻力梯度与传递距离乘积时，储层更远端的水将无法继续向井筒流动，此时仅发生着储层近端的残留水和气压的传播。

排采继续进行，当储层近端的残留水也被排出后，储层中将仅发生着气体的传播，此过程的压力变化示意图如图 4-16（c）所示。直到气体解吸的量不具有经济开采价值时，排采中止。

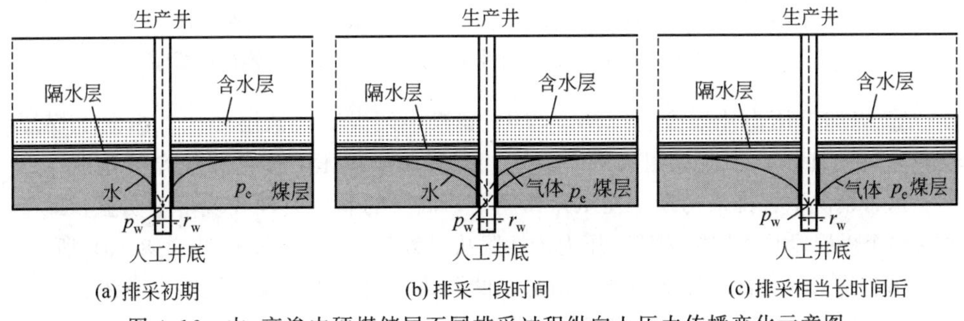

图 4-16　中-高渗中硬煤储层不同排采过程纵向上压力传播变化示意图

综上可知：在中-高渗中硬煤层状储层压力传播俯视时，整个排采过程可看作以井筒为圆心的同心圆传播；单相水流阶段，纵剖面上在整个煤层段都存在着水压的传播；气/水两相流阶段，既有水压的传播，又有气压的传播。

（2）低渗软煤层状储层排采过程压力传播变化规律

因煤层为低渗软煤层，即可认为煤层段非均质性比较强，假设煤层段可分为两种渗透率，自上而下分别为 k_{21} 和 k_{22}，改造后对应的储层渗透率分别为 k_{23} 和 k_{24}，这种情况下，可认为原始渗透率与改造后的渗透率不具有可比性，改造后的渗透率明显大于原始渗透率。仍然分横向和纵向来阐述其压力传播变化规律。

① 横向上压力传播变化规律　排采初期，压力传递在整个改造区，可近似认为井筒周围储层改造后的渗透率相等，则离井筒同样距离不同方向上水流动的阻力大致相等，压力在井筒四周相同时间内传递的距离大致相等，其压力传递俯视为以井筒为圆心的同心圆，示意图如图 4-17（a）所示。

排采继续进行，压力继续向远处传递，当压力传递到几乎与最小主应力平行的方向上储层改造边界时，未改造区与改造区储层的渗透率差别较大，在未改造区水流动的阻力较大，当储层与井底压力之间的压差小于这些方向上水流动的阻力时，这些方向上水将不再发生流动，即不再有压力的传递。压力传播开始从井筒的同心圆向椭圆发展，示意图如图 4-17（b）所示。

排采继续进行，在几乎与水平最小主应力平行的方向上不再有压力传递，压力仅在几乎与水平最大主应力方向上传递，且传递的距离越来越远，直到这些方向上井底与储层压力之间的压差小于水流动的启动压力梯度与距离的乘积，或由于井群排采，两口井形成井间干扰，即达到传递边界。这一过程中压力传播为椭圆形，俯视示意图如图 4-17（c）所示。

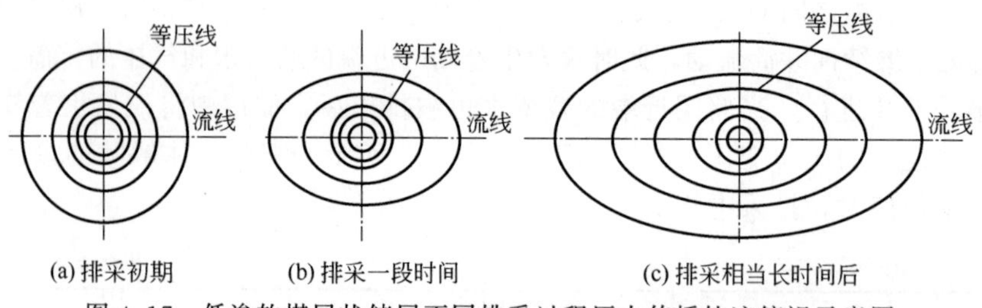

图 4-17　低渗软煤层状储层不同排采过程压力传播轨迹俯视示意图

② 纵向上压力传播变化规律　与中-高渗中硬煤层状储层相比，纵向上煤层段的非均质性导致水流动阻力的差异性，最终影响了压力传播路径产生差别。

这种情况下，排采初期，在压差作用下，储层的非均质性表现得不明显，即压力在整个煤层段几乎均能传播，压力传播服从对数分布，示意图如图 4-18（a）所示。

随着排采的进行，传播距离的增加，储层改造的选择性及煤储层本身渗透率的差异性导致水流动阻力的差异表现得越来越明显，假设 $k_{23}>k_{24}>k_{21}>k_{22}$，则煤层上部和下部传递的距离产生了变化，煤层上部压力传递的距离相对较远，煤层下部压力传递的距离相对较近，压力传递出现了分异现象，示意图如图 4-18（b）所示。

在此过程中，当达到气体解吸压力时，储层中又增加了气压的传播，气压的传播规律与中-高渗中硬煤层状储层相同，在此不再赘述。此时储层中发生着煤层上部的水压传播、煤层下部的水压传播、煤层上部的气压传播和煤层下部的气压传播四套压力，压力传播示意图如图 4-18（c）所示。

排采继续进行，当煤层下部井筒远端的压差小于水流动的阻力时，忽略近端残留水的压力传播，煤层下部水压传播即中止，此时仅发生着煤层下部的气压传播、煤层上部的水压传播和煤层上部的气压传播三套压力，示意图如图 4-18（d）所示。

排采继续进行，煤层下部气压传播是否比煤层上部水压传播先中止，与煤层上、下部储层改造后的渗透率及原始渗透率有很大关系。一种情况下煤层下部气压传播中止时间早于煤层上部水压传播时间，当煤层下部气压传播中止后，仅发生着煤层上部水压和气压的传播。压力传播示意图如图 4-18（e）所示。对于这种情况，排采继续进行，当煤层上部井筒远端的压差小于水流动的阻力，且忽略近端煤储层中的残留水的压力传播，煤层上部水压传播即中止，此时将仅发生煤层上部气压传播。直到气体产出的量无经济开采价值时，排采中止。另一种情况是当煤层上部井筒远端的压差小于水流动的阻力时，忽略近端残留水的压力传播，煤层上部水压传播即中止，此时仅发生着煤层下部的气压传播和煤层上部的气压传播，压力传播示意图如图 4-18（f）所示。继续排采，煤层下部的气压与井底的压差无法使下部煤层继续解吸产出时，煤层下部的气压传播中止，这时仅发生着煤层上部的气压传播。直到气体产出的量无经济开采价值时，排采中止。

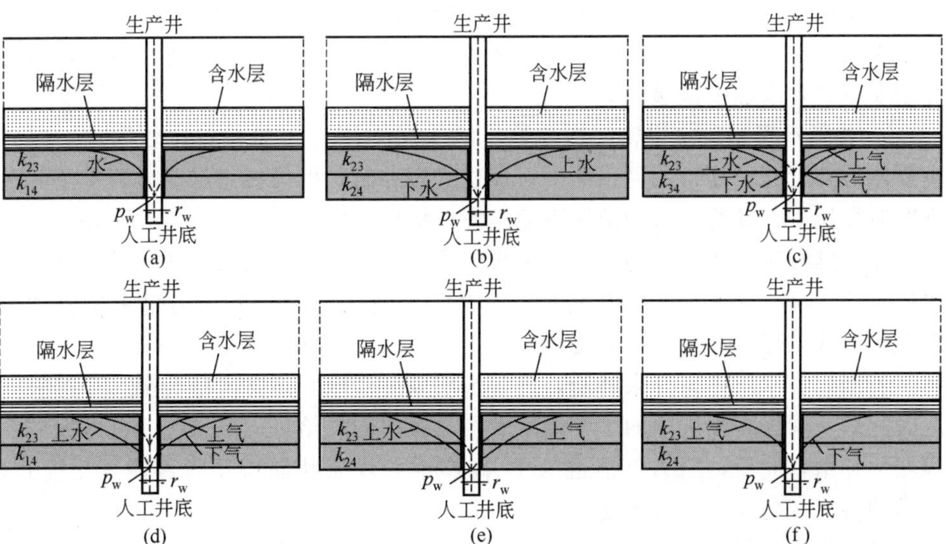

图 4-18　低渗软煤层状储层不同排采过程纵向上压力传播变化示意图

综上可见：在低渗软煤层状储层排采时，整个排采过程中横向上压力传播俯视存在“同心圆”到“椭圆形”的变化规律。纵向上，由于储层的非均质性，改造过程压裂液的选择性，导致某些煤层段初期具有压力的传播，后来压力仅在某些层段有压力传播，储层有效改造的范围，以及煤层非均质的强弱对压力传播影响较大，尽量实现体积改造是提高这类储层产气能力的关键措施之一。

(3) 中-高渗中硬煤块状储层排采过程压力传播变化规律　块状储层即意味着排采时有围岩含水层对煤层进行补给。对于中-高渗中硬煤层，可认为其煤层段为均质的。以排采时围岩含水层有一层向煤层补给为例说明压力传播变化规律。设煤层的原始渗透率为 k_{31}，改造后的渗透率为 k_{32}，认为煤层原始渗透率与改造后的渗透率具有可比性，围岩含水层与煤层中间的隔水层的综合渗透率为 k_{33}，围岩含水层的渗透率为 k_{34}。仍以横向和纵向阐述排采过程中压力传播变化规律。

① 横向上压力传播变化规律　煤储层及围岩含水层均可看作均质储层，排采的整个过程在煤层中的压力传递是以井筒为圆心的同心圆。在围岩含水层中的压力传递也是以井筒为圆心的同心圆。隔水层的非均质性可能造成压力传播路径发生一定的变化。当隔水层非均质性不太强时，可近似认为在隔水层中压力传递也是同心圆状。当非均质性比较强时，则可能出现不规则形传播，相对比较复杂，在此不进行分析。

② 纵向上压力传播变化规律　排采初期，井底压力与储层压力之间的压差较小，围岩含水层不足以突破中间隔水层的阻力而对煤层形成补给，压力仅在煤层中传递，这一过程压力传播示意图如图 4-19 (a) 所示。

排采继续进行，井底压力继续下降，当围岩含水层的压力与井底之间的压差大于隔水层的启动压力梯度与厚度的乘积时，围岩含水层开始向煤层补给，压力开始在围岩含水层中传递。

a. 若隔水层相对来说密闭性较好，隔水层中压力传递相对比较困难，围岩主要通过离近井筒地带的隔水层来对煤层进行补给，即像在煤层上方开了个“天窗”对煤层进行补给。这种情况下的压力传播示意图如图 4-19 (b) 所示。

排采继续进行，当达到气体的临界解吸压力后，将发生煤储层中气压传播、水压传播和围岩含水层中水压传播三套压力。围岩含水层的压力仍主要以“天窗”的形式向煤层补给，压力传播示意图如图 4-19 (c) 所示。

若围岩含水层中无外来补给，且含水层厚度有限，则含水量有限。当排采一定时间后，围岩含水层中的水开始减少，对煤层的补给量逐渐减少，直到失去对煤层的补给，此后，压力传播进入中-高渗中硬煤层状储层压力传播变化模式，之后的传播变化规律不再赘述。

若围岩含水层中有外来补给，且补给比较充分时，则排水量大大增加。若煤层渗透率与围岩渗透率具有可比性时（这种情况一般比较少），水压在煤层和围岩含水层中传播，气压在煤层中传播，直到水压在煤层中传播中止，进入围岩含水层水压和气压在煤层中传播过程。继续排采，直到产气量无经济价值，中止排采。

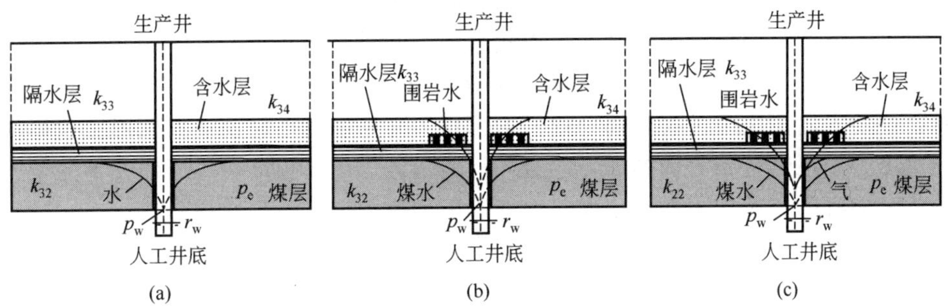

图 4-19 中-高渗中硬煤块状储层不同排采过程纵向上压力传播变化示意图

b. 若隔水层相对来说密闭性较差，压力也可以在隔水层中传递，此时，可把煤层、隔水层和围岩含水层作为非均质的三种渗透率的储层压力传递进行分析。排采时，将陆续发生着煤层水压传播、隔水层水压传播、围岩含水层水压传播三套压力，煤层水压传播、气压传播、隔水层水压传播、围岩含水层水压传播四套压力，煤层水压传播、气压传播、围岩含水层水压传播三套压力，煤层气压传播、围岩含水层水压传播两套压力等过程，压力传播变化规律可参照低渗软煤层状非均质多煤层的压力传播变化模式。

综上可见：对于中-高渗中硬块状储层，煤储层渗透率、隔水层的厚度及综合渗透率、围岩含水层的渗透率及含水量和补给关系对该类储层压力传播变化路径具有重要影响。排采时在尽量保护煤储层导流能力的情况下让其压力传播从有越流补给转变成无越流补给，是实现这类储煤层气井高产的重要保障。

(4) 低渗软煤块状储层排采过程压力传播变化规律　对于低渗软煤块状储层，可认为其煤层段非均质性比较强，以煤层段上部和下部存在明显的渗透率差异，围岩含水层有一层向煤层补给为例，阐述排采过程压力传播变化规律。设煤层上部的原始渗透率为 k_{41}，煤层下部的原始渗透率为 k_{42}，煤层上部改造后的渗透率为 k_{43}，煤层下部改造后的渗透率为 k_{44}，且 $k_{43}>k_{44}>k_{41}>k_{42}$。围岩含水层与煤层中间的隔水层的综合渗透率为 k_{45}，围岩含水层的渗透率为 k_{46}。仍以横向和纵向阐述排采过程中压力传播变化规律。

① 横向上压力传播变化规律　煤储层是非均质性的，围岩含水层可看作是相对均质的储层，排采时煤层段各个方向上改造的差异性，导致其压力在不同方向上传递速度的差异。排采初期，煤层上部和煤层下部各个方向上改造效果差别不大，俯视可近似认为其以井筒为圆心的同心圆式传播。但煤层上部和煤层下部改造效果存在差异，两者压力传递的速度存在一定的区别，但俯视时整个煤层是

以井筒为圆心的同心圆。

随着排采的进行，当煤层下部压力传递到几乎与水平最小主应力平行的边界时，这些方向上压力不再传播，煤层下部压力开始由圆形转变成椭圆形。煤层上部改造的距离相对较远，仍然为以井筒为圆心的同心圆。煤层中压力俯视，此后变成离井筒距离较近处为椭圆形，而较远处为圆心。

排采继续进行，当煤层上部压力传递到几乎与水平最小主应力平行的边界时，这些方向上压力不再传播，煤层上部压力开始由圆形转变成椭圆形。这样煤层中压力俯视时转变为椭圆形。但近井筒地带等压线与远端的等压线并不完全平行，可能有所交叉，主要是由煤层上部和下部椭圆形状不同造成的。

围岩含水层在各个方向上的渗透率可近似认为相等，当含水层中有压力传播后，排采的整个过程在围岩含水层中的压力传递是以井筒为圆心的同心圆。隔水层的非均质性可能造成压力传播路径发生一定的变化，在此也不再进行分析。

② 纵向上压力传播变化规律　排采初期，井底压力与储层压力之间的压差较小，储层的非均质性表现得不明显，即压力在整个煤层段几乎均能传播，围岩含水层不足以突破中间隔水层的阻力而对煤层形成补给，压力仅在煤层中传递，传播服从对数分布，示意图如图 4-20（a）所示。

排采继续进行，传播的距离增加，储层的非均质性导致水流动阻力的差异表现得越来越明显，煤层上部和下部传递的距离产生了变化，压力传递出现分异现象，此时若围岩含水层无法突破隔水层，压力仅在煤层中传递，示意图如图 4-20（b）所示。若此时围岩含水层已突破了隔水层，压力将在煤层和围岩中发生着传递。

因煤层下部储层改造后的渗透率比较小，随着排采的进行，水流动所需的阻力越来越大，当压差无法突破其阻力时，忽略近端煤层下部的残留水，则煤层下部水压传递中止，此时压力将仅在煤层上部和围岩中传递，示意图如图 4-20（c）所示。

当达到气体解吸压力时，储层中存在着煤层下部气压传播、煤层上部水压和气压传播及围岩中水压传播，示意图如图 4-20（d）所示。

排采继续进行，因整个煤层段储层渗透率都不太高，与围岩含水层相比，流动的阻力比较大，煤层段内的水压、气压传递依次中止，煤层气井仅发生着围岩含水层中的压力传播。示意图如图 4-20（e）所示。

若围岩含水层中有外来补给，且补给比较充分时，排水量很大，煤层渗透性比较低，该煤层气井几乎成为水井，对这种情况，建议不要再进行排采。

若围岩含水层没有外来补给，且本身含水量有限，则需把围岩含水层中的水几乎排完后，其压力传播模式转变为低渗软煤层状储层压力传播模式。

综上可见：对于低渗软煤块状储层，围岩含水层水量的多少及有无补给来源对煤层气井是否要进行排采至关重要。当围岩含水层水量大或有外来水源补给时，煤层气井成为水井，没有开发的必要。当围岩含水层水量有限且无外来水源补给时，排采时既要考虑对储层渗透率的影响，同时又要使压力传播从有越流补给转变成无越流补给。

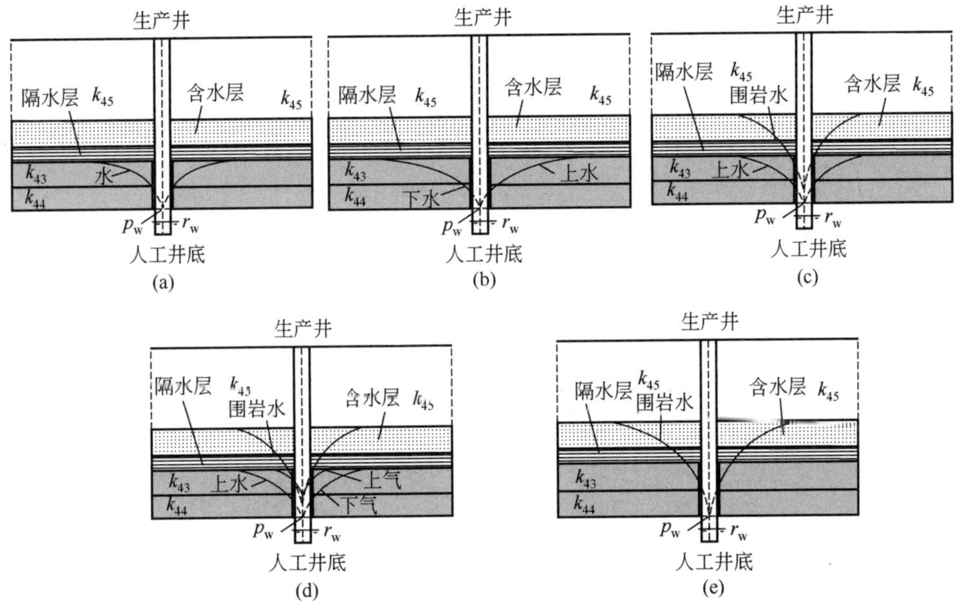

图 4-20　低渗软煤块状储层不同排采过程纵向上压力传播变化示意图

不同排采储层类型下排采过程中压力传播变化特征见表 4-2。

表 4-2　不同排采储层类型下排采过程中压力传播变化特征

排采储层类型	亚类	排采过程压力传递特征	产水量
层状储层	中-高渗中硬煤层状储层	俯视：可近似认为以井筒为圆心的同心圆	少
		纵向：水压和气压在煤层段均呈对数分布	
	低渗软煤储层状储层	俯视：可近似认为以井筒为圆心先同心圆再椭圆	
		纵向：煤层段存在压力的分异现象	
块状储层	中-高渗中硬块状储层	俯视：可近似认为以井筒为圆心的同心圆，但围岩和煤层压力传递速度与距离存在差异	多
		纵向：水压和气压在煤层段和围岩中均呈对数分布	
	低渗软煤块状储层	俯视：煤层段存在同心圆、椭圆-圆、双椭圆的变化；围岩可近似认为同心圆	
		纵向：煤层段存在压力分异现象；煤层与围岩也存在压力分异现象	

第五章

煤层气直井产出过程有效应力变化规律

煤层气井排采初期，随着水的产出，直接作用在煤基质上的应力增加，即煤储层的有效应力增加，压缩孔裂隙，使其宽度减少，甚至闭合，孔裂隙的导流能力下降，渗透率降低。因此，查明煤层气井排采过程中有效应力的变化特征是阐明渗透率变化规律的基础。煤层气井排采时有效应力的变化是通过煤体内应力分配与结构特性反映的。原始状态下煤储层所受应力状态的不同以及力学结构的差异性将导致应力、变形参量的差异，煤层气井排采的不同阶段水、气产出情况的差异对煤储层孔裂隙结构、应力分配关系的影响也不同。据此本章首先构建原始状态下煤储层所受有效应力的数理模型；然后系统分析单相水流阶段水的产出对煤体内应力的传递以及结构改变的影响，得出单相水流阶段有效应力的变化规律；最后根据气/水两相流阶段气体和水的共同产出影响下变形与应力平衡的转化关系，构建相应的数理模型，得出气/水两相流阶段有效应力的变化规律。

第一节　原始状态下煤储层有效应力变化的数理模型

煤储层的原始状态是指煤层气井排采之前储层所处的状态。根据 Warrenh 和 Root 建立的煤储层几何模型[94]，煤储层主要是由煤基质、孔裂隙、孔裂隙中的水和气体等组成的。原始状态下，煤储层受到的三维应力由煤基质、孔裂隙中的流体共同来承担。有效应力是指外部压力作用于煤储层时，经过储层结构对应力的分配、迁移与抵消等影响后作用在基质上的等效应力。煤储层的孔裂隙结构、流体含量等差异都导致同样应力状态下煤基质所受的应力大小的不同。因此本节根据煤储层结构特征结合他人研究成果，建立煤储层几何模型，对煤储层有效应力系数进行求解，得出原始状态下煤储层所受的有效应力的数理模型。

一、煤储层几何概念模型

煤储层由气相、水相、固相三相介质组成。气体和水赋存在储层孔裂隙中，孔裂隙的宽度、大小、长度、密度等差异使得煤体内部各相介质应力-变形计算复杂且难以统一。为了便于计算研究，进行如下假设[218,219]。

① 煤储层是由一个个煤体单元组成的，煤体单元中孔裂隙均匀或呈一定规律分布。需要说明的是，本研究的目的在于对排采过程中渗透率进行确定，而孔裂隙对渗透率的影响主要体现在横截面半径差异致使的阻力差异，因此本次将孔隙和裂隙都作为孔来对待，并使其处于连通状态。孔半径分别为 r_1、r_2、r_3、和 r_4 四种孔径的孔，分布比例分别为 g_1、g_2、g_3 和 g_4，且 $g_1+g_2+g_3+g_4=1$。

② 煤储层主要由基质、孔裂隙、水和气体组成，忽略其他物质如黏土矿物、黄铁矿、碳酸盐岩等对孔裂隙充填的影响。煤岩受力变形符合基本静力方程和变形协调方程，即符合弹塑性基本理论与损伤分析理论。

③ 煤储层中的甲烷气体为理想气体，煤岩对甲烷气体的吸附/解吸符合 Langmuir 方程的基本假设。煤储层中的孔隙压力由气压和水压共同作用产生。

煤储层几何概念模型如图 5-1 所示，其中不同大小球体代表不同直径的孔隙。

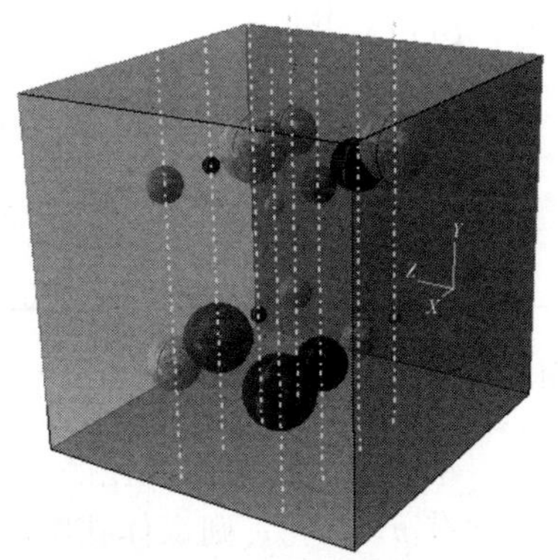

图 5-1 煤储层几何概念模型

二、煤储层有效应力系数的表征

原始状态下，煤储层的有效应力主要受到结构特性以及外部作用力在煤体内部应力分配的影响。煤体结构特性可通过所建煤储层几何模型进行表征，而应力的分配，可通过有效应力系数进行计算。有效应力系数反映了煤基质所受的应力与储层压力对围岩压力的分配关系。因此，对煤基质有效应力系数进行表征是求解基质所受应力的关键参数。

要对煤储层有效应力系数求解，首先需对煤体所受的应力进行表征。原始状态下来自围岩的压力由煤基质和孔裂隙中的流体共同承担。在力的大小上符合静力平衡方程，即：

$$F = F_s + F_l \tag{5-1}$$

式中，F 为煤体所受的外部压力，N；F_s 为基质承担作用力，N；F_l 为流体承担作用力，N。

煤体外部压力、有效应力与储层压力，三者之间并不是一个简单的代数关系，内部接触点、接触面、接触方向等不同都将影响着应力的分布与传递。外部压力作用于煤体上，孔裂隙周围产生应力迁移后分摊在煤体上的总应力设为 σ，有效应力为 σ_s，储层压力为 σ_p，结合上式可得应力平衡关系，即：

$$\sigma_s = \sigma_s s_s + \sigma_p s_p \tag{5-2}$$

式中，s 为煤体横截面面积，m^2；s_s 为煤体基质横截面，m^2；s_p 为孔裂隙横截面，m^2。

设煤体几何模型中四种孔径值相同，任一截面孔裂隙所占面积与煤体总截面的面积比值相同。孔裂隙横截面及其局部放大图如图 5-2 所示。由该图对煤体内部各应力作用面积进行计算分析。

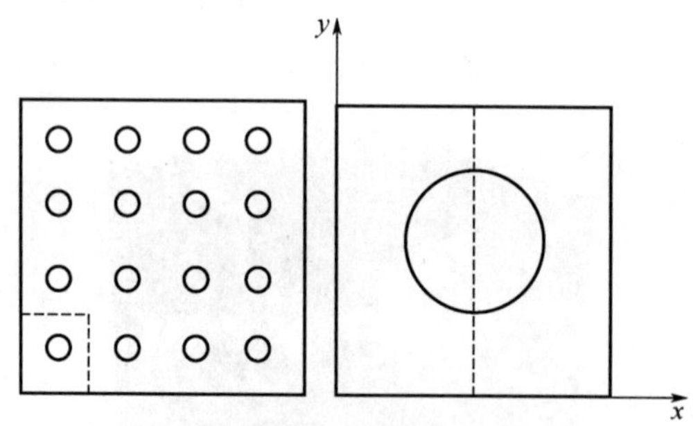

图 5-2　孔裂隙横截面及其局部放大图

根据煤体孔隙度的大小，结合面积比与体积比的关系，计算出任一截面对应的孔裂隙所占面积大小。设含有 n^3 个孔，则煤体孔隙度为：

$$\varphi = \frac{4}{3}\pi r^3 n^3 \tag{5-3}$$

式中，φ 为孔隙度，小数；r 为孔裂隙半径，m。

由于任取微单元体其属性与煤体整体属性相同，因此孔裂隙所占面积为：

$$s_p = \frac{4}{3}\pi r^3 n^3 \tag{5-4}$$

由此煤体中任意截面孔裂隙所占面积为：

$$\varphi = s_p \tag{5-5}$$

则煤体中任意截面中基质所占面积为：

$$s_s = 1 - \varphi \tag{5-6}$$

由基质与孔裂隙在煤体中任意横截面所占面积与静力平衡方程可以求得有效应力与储层原总应力之间的关系为：

$$\sigma = \sigma_s (1-\varphi) + \sigma_p \varphi \tag{5-7}$$

根据 K. Terzaghi 所提出的有效应力原理可知有效应力系数为[220]：

$$\alpha = \frac{\sigma - \sigma_s}{\sigma_p} \tag{5-8}$$

式中，α 为有效应力系数。

根据以上相同孔径煤体内应力分配关系，可将煤体划分为边长 a 的立方体单元，煤体孔隙度的大小为：

$$\varphi = \frac{4\pi \sum_{i=1}^{4} (r_i^3 g_i)}{3a^3} \tag{5-9}$$

在此基础上得出不同孔径分布下煤体内部有效应力与孔裂隙内流体承担作用力的平衡关系为：

$$\sigma a^2 = \sigma_s \left[a^2 - \frac{2\pi \sum_{i=1}^{4} (r_i^2 g_i)}{3} \right] + \sigma_p \frac{2\pi \sum_{i=1}^{4} (r_i^2 g_i)}{3} \tag{5-10}$$

由于煤体横截面中孔裂隙所占面积与横截面总面积之比较小，则可忽略基质体面积与总体面积间的差异，有效应力系数大小可表示为：

$$\alpha = \frac{2\pi \sum_{i=1}^{4} (r_i^2 g_i)}{3a^2} \tag{5-11}$$

三、原始状态下煤储层有效应力变化的数理模型

由煤储层几何模型与有效应力系数大小，结合有效应力基本原理，可计算得出有效应力大小。为了便于计算，本小节首先计算仅上覆岩层压力作用于煤体时煤基质所受的有效应力大小，然后叠加来自其他方向的压力作用，耦合得出原始状态下煤储层有效应力的数理模型。

根据弹塑性力学孔边应力分布模型，煤体在受到外力与孔隙压力作用后将出现应力集中与释放。

$$\left.\begin{aligned}
\sigma_{x\text{外部}}=&-\frac{q}{2}-\frac{qr^2\cos2\varphi}{\rho^2}+\frac{qr^2\cos2\varphi}{2\rho^2}+\frac{q\cos2\varphi^2}{2}-\frac{qa^2\cos2\varphi^2}{4\rho^2}+\\
&\frac{3qr^4\cos2\varphi^2}{4\rho^4}+\frac{q}{2}\left(1-\frac{r^2}{\rho^2}\right)\left(1+\frac{3r^2}{\rho^2}\right)\sin2\varphi^2\\
\sigma_{y\text{外部}}=&-\frac{q}{2}-\frac{qr^2\cos2\varphi}{\rho^2}+\frac{qr^2\cos2\varphi}{2\rho^2}-\frac{q\cos2\varphi^2}{2}-\frac{qa^2\cos2\varphi^2}{4\rho^2}-\\
&\frac{3qr^4\cos2\varphi^2}{4\rho^4}-\frac{q}{2}\left(1-\frac{r^2}{\rho^2}\right)\left(1+\frac{3r^2}{\rho^2}\right)\sin2\varphi^2\\
\tau_{xy\text{外部}}=&\frac{qr^2\sin2\varphi}{2\rho^2}-\frac{5qr^2\cos2\varphi\sin2\varphi}{4\rho^2}+\frac{9qr^4\cos2\varphi\sin2\varphi}{4\rho^4}\\
\sigma_{\rho\text{孔隙}}=&-\frac{4q'r^2}{3\rho^2}+\frac{q'}{3}\\
\sigma_{\varphi\text{孔隙}}=&\frac{4q'r^2}{3\rho^2}+\frac{q'}{3}
\end{aligned}\right\} \quad (5\text{-}12)$$

式中，q 为煤体外部作用力，MPa；q'为煤体孔裂隙内作用力，MPa。

如图 5-3 所示，φ 是从 x 轴顺时针转动的角度；ρ 是模型中每个孔应力影响区域中的径向取值。

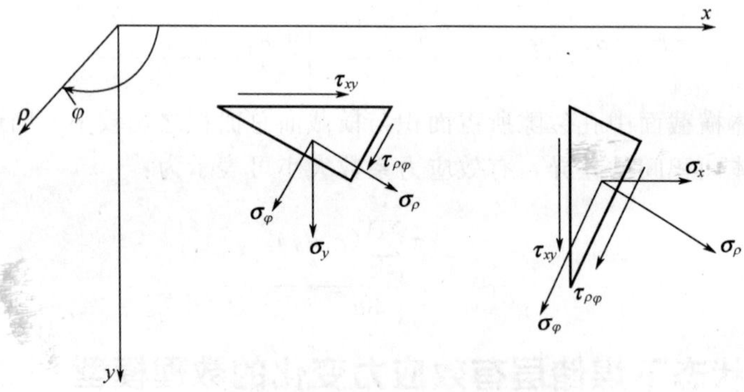

图 5-3 坐标转换受力分析图

由式(5-12)可求出单一外部压力作用下煤体内部应力大小。通过弹塑性力学叠加原理即可求得煤体截面两个方向上外力作用煤体时的应力分布。

由于各个截面外力作用大小不同，需根据外力方向建立坐标系，在这里设 x 向为水平应力方向，y 向为垂向上覆岩层应力方向，取 x-y 截面为例，计算外力作用下煤体内所受应力大小，即：

$$
\left.\begin{aligned}
\sigma_y = & -\frac{3q_{\mathrm{op}}+2q_{\mathrm{fp}}-3q_{\mathrm{cp}}}{6}-\frac{(9q_{\mathrm{op}}+8q_{\mathrm{fp}}-3q_{\mathrm{cp}})\sum_{i=1}^{4}r_i^2 g_i\cos2\varphi}{6\rho^2} \\
& -\frac{(q_{\mathrm{op}}+q_{\mathrm{cp}})\ \cos^2 2\varphi}{2}+\frac{(q_{\mathrm{op}}+q_{\mathrm{cp}})\sum_{i=1}^{4}r_i^2 g_i\cos^2 2\varphi}{4\rho^2} \\
& \frac{3(q_{\mathrm{op}}+q_{\mathrm{cp}})\sum_{i=1}^{4}r_i^4 g_i\cos^2 2\varphi}{4\rho^2}-\frac{(q_{\mathrm{op}}+q_{\mathrm{cp}})}{2}\left(1-\frac{\sum_{i=1}^{4}r_i^2 g_i}{\rho^2}\right)\left(1+\frac{3\sum_{i=1}^{4}r_i^2 g_i}{\rho^2}\right)\sin^2 2\varphi \\
\sigma_x = & \frac{3q_{\mathrm{op}}-2q_{\mathrm{fp}}-3q_{\mathrm{cp}}}{6}+\frac{(9q_{\mathrm{op}}-8q_{\mathrm{fp}}-3q_{\mathrm{cp}})\sum_{i=1}^{4}r_i^2 g_i\cos2\varphi}{6\rho^2}+ \\
& \frac{(q_{\mathrm{op}}+q_{\mathrm{cp}})\ \cos^2 2\varphi}{2}-\frac{(q_{\mathrm{op}}+q_{\mathrm{cp}})\sum_{i=1}^{4}r_i^2 g_i\cos^2 2\varphi}{4\rho^2}+\frac{3(q_{\mathrm{op}}+q_{\mathrm{cp}})\sum_{i=1}^{4}r_i^4 g_i\cos^2 2\varphi}{4\rho^2} \\
& +\frac{(q_{\mathrm{op}}+q_{\mathrm{cp}})}{2}\left(1-\frac{\sum_{i=1}^{4}r_i^2 g_i}{\rho^2}\right)\left(1+\frac{3\sum_{i=1}^{4}r_i^2 g_i}{\rho^2}\right)\sin^2 2\varphi
\end{aligned}\right\} \tag{5-13}
$$

式中，ρ 为边界点切向距离，m；r 为孔裂隙半径，m；q_{op} 为上覆岩层应力，MPa；q_{cp} 为水平向应力，MPa；q_{fp} 为孔隙压力，MPa。

由此可知当储层处于原始状态下，煤体内有效应力大小可表征为[219]：

$$\sigma_{\mathrm{e}}=\sigma_i-\alpha\sigma_{\mathrm{p}}\ (i=x,\ y) \tag{5-14}$$

第二节　排采过程中煤储层有效应力变化的数理模型

根据煤层气井排采过程相态变化，可分为单相水流阶段与气/水两相流阶段。单相水流阶段，仅有水的产出；气/水两相流阶段，水、气共同产出。两个阶段中储层内流体均不断产出，流体承担外部作用的能力不断减弱，基质承担的应力必然增加，但不同阶段由于相态的差异使得有效应力变化的主控因素有所不同，需分开讨论。研究思路如下。

单相水流阶段，首先是水的产出使得应力迁移，有效应力作用增大；其次是应力集中作用导致孔裂隙周围产生微裂隙的扩展，发生损伤演化，影响着煤体内的应力分配，进一步改变了有效应力的大小。据此，可由原始状态下煤体应力分配关系的表征，引入损伤力学分析单相水流阶段由于水的流出导致的应力迁移及煤孔裂隙结构的损伤演化，得出排采时单相水流阶段有效应力的数理模型。

气/水两相流阶段，流体的进一步产出，基质与流体应力分配关系不断损伤演化，有效应力不断增加；与此同时由于气体解吸产出，表面自由能增加，孔裂隙空间发生了扩张，影响基质与流体应力分配，有效应力在气体解吸作用下发生改变。在单相水流阶段有效应力数理模型的基础上，可根据能量变化与储层结构耦合关系，建立气/水两相流阶段有效应力变化的数理模型。

一、单相水流阶段煤储层有效应力变化的数理模型

1. 单相水流阶段煤储层应力与结构的损伤演化数理模型

单相水流阶段排采时水的流出引起煤基质承受应力的变化，导致煤体内部的损伤演化。根据损伤力学结合原始状态下有效应力变化的数理模型，首先对煤体受外力作用时的损伤演化进行分析，然后研究煤储层受到不同方向外力作用后煤孔裂隙结构及应力分布的变化。

(1) 应力结构损伤分析　设模型外力 q 作用，应力迁移区域为[221]：

$$S_0=a^2 \tag{5-15}$$

则在应力迁移区域中应力释放量 Q 为：

$$Q=\iint(q-\sigma)\,\mathrm{d}s\quad(q>\sigma) \tag{5-16}$$

由弹性力学、损伤力学可知 Q 与孔半径平方 r^2、应力 q 成正比关系，即：

$$Q=q\pi r^2C \tag{5-17}$$

式中，C 为孔边应力常数，与应力场的分布、孔径大小、煤体性质无关，仅与孔周围的应力比值 σ/q 相关，即 C 为：

$$C=\frac{\iint(q-\sigma)\mathrm{d}s}{q\pi r^2} \tag{5-18}$$

应力增量系数 K 定义为：

$$K=\frac{Q}{qs_0}=C\,\frac{\pi r^2}{s_0} \tag{5-19}$$

其中损伤面积参数 p_s 定义为：

$$p_s=\frac{\pi r^2}{s_0} \tag{5-20}$$

则应力增量系数为：

$$K=Cp_s \tag{5-21}$$

由此可得同一方向的外部施载应力作用在煤体上的总应力：

$$\sigma=(1-K)\,q \tag{5-22}$$

(2) 各向应力损伤后的求解 由于煤体受到来自上覆岩层压力、水平方向的围压以及储层压力的共同作用，这些力的大小与作用方向不同，将在煤体内部产生不同的损伤演化。据此对各外力作用方向上的损伤演化进行分析。其中设 x 方向为水平应力方向，y 方向为上覆岩层应力方向，x-y 方向为两者剪切方向。首先分析上覆岩层压力方向的应力损伤演化情况。

① y 方向作用的总应力

a. 上覆岩层应力作用产生的 y 方向的应力 当上覆岩层应力作用煤体时，y 方向的应力迁移总量 $Q_{y上覆}$ 为：

$$Q_{y上覆}=\iint(q-\sigma_y)\,\mathrm{d}s$$
$$=\iint\left\{q-\left[\begin{array}{l}-\dfrac{q}{2}-\dfrac{qr^2\cos2\varphi}{\rho^2}-\dfrac{qr^2\cos2\varphi}{2\rho^2}-\dfrac{q\cos2\varphi^2}{2}+\dfrac{qr^2\cos2\varphi^2}{4\rho^2}\\-\dfrac{3qr^4\cos2\varphi^2}{4\rho^4}-\dfrac{q}{2}\left(1-\dfrac{r^2}{\rho^2}\right)\left(1+\dfrac{3r^2}{\rho^2}\right)\sin2\varphi^2\end{array}\right]\right\}\mathrm{d}s \tag{5-23}$$

将式(5-23)中 r 值分别取孔径 r_1、r_2、r_3、r_4，并对不同 r 值在不同影响区域中积分得出不同孔径作用下的应力迁移量为：

$$\left.\begin{aligned}&Q_{y上覆/大孔}=5.872g_1q\pi r_1{}^2\\&Q_{y上覆/中孔}=5.872g_2q\pi r_2{}^2\\&Q_{y上覆/过渡孔}=5.872g_3q\pi r_3{}^2\\&Q_{y上覆/小孔}=5.872g_4q\pi r_4{}^2\\&Q_{y上覆/总}=Q_{y上覆/大孔}+Q_{y上覆/中孔}+Q_{y上覆/过渡孔}+Q_{y上覆/小孔}\end{aligned}\right\} \tag{5-24}$$

由式(5-18) 和式(5-20) 计算得出 $C_{22上覆}$ 与 p_s，由此可得上覆岩层应力在 y 向应力增量系数。

$$K_{22上覆}=C_{22上覆}p_s=\frac{Q_{y上覆/总}}{qa^2} \tag{5-25}$$

其中 a 为：

$$a=\sqrt[3]{\frac{\pi\,(g_1r_1{}^3+g_2r_2{}^3+g_3r_3{}^3+g_4r_4{}^3)}{\varphi_{孔隙度}}} \tag{5-26}$$

则上覆岩层应力作用在 y 向作用应力为：

$$\sigma_{y上覆}=(1-K_{22上覆})\,q \tag{5-27}$$

b. 储层压力作用产生的 y 向负应力 由于储层压力的表征多为径向与环向，在此计算时需将其转化以便进行应力的叠加与抵消，即在 ρ 向与 φ 向分布的应力平均地转化为与外部应力等效的 x 向与 y 向应力，然后综合得出煤基质所受的应力。储层压力在煤基质中分布的 ρ 向与 φ 向应力量为：

$$Q_{\rho孔隙/总}=\iint\sigma_\rho\,\mathrm{d}s=-1.515\pi q\,[g_1r_1{}^2+g_2r_2{}^2+g_3r_3{}^2+g_4r_4{}^2] \tag{5-28}$$

$$Q_{\varphi孔隙/总}=\iint \sigma_{\varphi}\,\mathrm{d}s=2.18\pi q\ [g_1 r_1{}^2+g_2 r_2{}^2+g_3 r_3{}^2+g_4 r_4{}^2] \quad (5\text{-}29)$$

通过坐标变换，可得储层压力作用在 y 向的应力总量为：

$$Q_{y孔隙/总}=2Q_{\rho孔隙/总}=-3.03\pi q\ [g_1 r_1{}^2+g_2 r_2{}^2+g_3 r_3{}^2+g_4 r_4{}^2] \quad (5\text{-}30)$$

同样定义 J_{22} 为 y 向的储层压力作用的应力抵消系数，则：

$$J_{22}=\frac{Q_{y孔隙/总}}{q'a^2} \quad (5\text{-}31)$$

通过应力总量在孔周边区域的平均得到影响孔裂隙的负作用应力 $Q_{uy孔裂隙}$ 为：

$$\sigma_{uy孔隙}=\sigma_{1\mathrm{v}}=J_{22}q' \quad (5\text{-}32)$$

在上覆岩层应力与储层压力共同作用下煤基质 y 向的有效作用应力为：

$$\sigma_{ey}=\sigma_{y上限}-|a\sigma_{uy孔隙}| \quad (5\text{-}33)$$

c. 水平向围压作用在 y 向的应力　围压作用得到的应力迁移量为：

$$Q_{y围压}=\iint \sigma_y\,\mathrm{d}s$$

$$=\iint\left[\begin{array}{l}-\dfrac{q''}{2}-\dfrac{q''r^2\cos2\varphi}{\rho^2}-\dfrac{q''r^2\cos2\varphi}{2\rho^2}-\dfrac{q''\cos2\varphi^2}{2}+\dfrac{q''r^4\cos2\varphi^2}{4\rho^4}\\ -\dfrac{3q''r^4\cos2\varphi^2}{4\rho^4}-\dfrac{q''}{2}\left(1-\dfrac{r^2}{\rho^2}\right)\left(1+\dfrac{3r^2}{\rho^2}\right)\sin2\varphi^2\end{array}\right]\mathrm{d}s \quad (5\text{-}34)$$

不同孔径孔周围应力迁移总量为：

$$Q_{y围压总}=-2.98g_1 q''\pi r_1{}^2-2.98g_2 q''\pi r_2{}^2-2.98g_3 q''\pi r_3{}^2-2.98g_4 q''\pi r_4{}^2 \quad (5\text{-}35)$$

由式(5-18) 和式(5-20) 计算得出 $C_{22围压}$、p_{s} 与 $K_{22围压}$，由此可得围压应力在 y 向的作用应力：

$$\sigma_{y围压}=K_{22围压}q'' \quad (5\text{-}36)$$

叠加上覆岩层应力共同作用可得 y 向总作用应力为：

$$\sigma_y=\sigma_v=\sigma_{y上覆}+\sigma_{y围压} \quad (5\text{-}37)$$

② x 方向作用的总应力

a. 上覆岩层应力作用产生的 x 向应力　同理，上覆岩层应力作用下煤体 x 方向产生的应力迁移量为：

$$Q_{x上覆}=\iint \sigma_x\,\mathrm{d}s=\iint\left[\begin{array}{l}-\dfrac{q}{2}-\dfrac{qr^2\cos2\varphi}{\rho^2}+\dfrac{qr\cos2\varphi}{2\rho^2}\dfrac{q\cos2\varphi^2}{2}\\ -\dfrac{qr^2\cos2\varphi^2}{4\rho^2}+\dfrac{q}{2}\left(1-\dfrac{r^2}{\rho^2}\right)\left(1+\dfrac{3r^2}{\rho^2}\right)\sin2\varphi^2\end{array}\right]\mathrm{d}s \quad (5\text{-}38)$$

x 向应力迁移量 $Q_{x上覆总}$ 为：

$$\left.\begin{array}{l}Q_{x上覆/大孔}=0.43g_1q\pi r_1{}^2\\Q_{x上覆/中孔}=0.43g_2q\pi r_2{}^2\\Q_{x上覆/过渡孔}=0.43g_3q\pi r_3{}^2\\Q_{x上覆/小孔}=0.43g_4q\pi r_4{}^2\\Q_{x上覆/总}=Q_{x上覆/大孔}+Q_{x上覆/中孔}+Q_{x上覆/过渡孔}+Q_{x上覆/小孔}\end{array}\right\}\tag{5-39}$$

由式(5-18) 和式(5-20) 计算得出 $C_{11上覆}$ 与 p_s，由此得出 x 向应力增量系数：

$$K_{11上覆}=C_{11上覆}p_s=\frac{Q_{x上覆/总}}{qa^2}\tag{5-40}$$

则 x 方向，上覆岩层压力作用 y 向的应力为：

$$\sigma_{x上覆}=K_{11上覆}q\tag{5-41}$$

b. 储层压力作用产生的 x 向负应力　通过坐标变换可以得出储层压力对 x 向的应力的影响：

$$\left.\begin{array}{l}Q_{x孔隙/总}=-2Q_{\varphi孔隙/总}\\Q_{\varphi孔隙/总}=2.18\pi q(g_1r_1{}^2+g_2r_2{}^2+g_3r_3{}^2+g_4r_4{}^2)\\J_{22}=\dfrac{Q_{x孔隙/总}}{q'a^2}\\\sigma_{ux孔隙}=\sigma_{1h}=J_{22}q'\end{array}\right\}\tag{5-42}$$

同理可得在上覆岩层应力和储层压力共同作用下 x 向的有效应力为：

$$\sigma_x=\sigma_{x上限}-|a\sigma_{ux孔隙}|\tag{5-43}$$

c. 水平向围压作用在 x 向的应力　水平向围压作用使得孔裂隙周边应力迁移量为：

$$Q_{x围压}=\iint(q''-\sigma_x)\mathrm{d}s$$

$$=\iint\left\{q''-\left[\begin{array}{l}-\dfrac{q''}{2}-\dfrac{q''r^2\cos2\varphi}{\rho^2}+\dfrac{q''r^2\cos2\varphi}{2\rho^2}+\dfrac{q''\cos2\varphi^2}{2}-\dfrac{q''r^2\cos2\varphi^2}{4\rho^4}+\\\dfrac{3q''r^4\cos2\varphi^2}{4\rho^4}+\dfrac{q''}{2}\left(1-\dfrac{r^2}{\rho^2}\right)\left(1+\dfrac{3r^2}{\rho^2}\right)\sin2\varphi^2\end{array}\right]\right\}\mathrm{d}s\tag{5-44}$$

则不同孔径孔周围应力迁移总量为：

$$Q_{x围压/总}=2.57g_1q''\pi r_1{}^2+2.57g_2q''\pi r_2{}^2+2.57g_3q''\pi r_3{}^2+2.57g_4q''\pi r_4{}^2\tag{5-45}$$

由式(5-18) 和式(5-20) 计算得出 $C_{11围压}$、p_s 与 $K_{22围压}$，由此可得围压应力在 x 向的作用应力：

$$\sigma_{x围压}=(1-K_{11围压})q''\tag{5-46}$$

叠加上覆岩层应力共同作用可得 x 向作用总应力为：

$$\sigma_x=\sigma_h=\sigma_{x围压}+\sigma_{x上覆}\tag{5-47}$$

③ x-y 平面剪切方向总作用应力

a. 上覆岩层应力作用产生的 x-y 剪切方向的应力　由上覆岩层应力作用下煤体中产生的 x-y 平面中剪切方向的应力迁移量为：

$$Q_{xy上覆}=\iint \tau_{xy}\,ds=\iint\left(\frac{qr^2\sin2\varphi}{2\rho^2}-\frac{5qr^2\cos2\varphi\sin2\varphi}{4\rho^2}+\frac{9qr^4\cos2\varphi\sin2\varphi}{4\rho^4}\right)ds \tag{5-48}$$

由式(5-17)～式(5-19) 计算得出 $Q_{xy总}=0$、$C_{12}=0$、$K_{12}=0$，得出 x-y 平面中剪切方向的作用应力为：

$$\tau_{xy上限}=K_{12上覆}q=0 \tag{5-49}$$

b. 储层压力产生的 x-y 剪切方向的负应力　把煤体中的 ρ、φ 的坐标系放到 x、y 坐标系的转换中进行应力分析，因在储层压力作用产生的 $\tau_{\rho\varphi}=0$，由坐标变换得出：

$$\tau_{uxy孔隙}=0 \tag{5-50}$$

由此得出上覆岩层应力与储层压力共同作用下产生的 x-y 剪切方向的总作用应力为：

$$\tau_{xy}=\tau_{xy上限}-\tau_{uxy孔隙}=0 \tag{5-51}$$

c. 水平向围压作用在 x-y 向的应力　基于上覆岩层应力与储层压力作用中坐标的变换分析，对于 x-y 平面内剪切方向的总作用应力，由于上覆岩层应力、储层压力以及围压作用下 x-y 方向剪应力均不存在，所以可得：

$$\tau_{xy}=\tau_{xy上限}+\tau_{xy围压}=0 \tag{5-52}$$

2. 单相水流阶段有效应力变化的数理模型

根据以上对煤体内部应力结构损伤情况的求解，耦合得出煤体纵向、横向有效应力数理模型[219]。

纵向上的有效应力数理模型为：

$$\sigma_{ev}=\sigma_v-\frac{2\pi\sigma_{lv}}{3}\sum_{i=1}^{4}(r_i{}^2g_i) \tag{5-53}$$

横向上的有效应力数理模型为：

$$\sigma_{eh}=\sigma_h-\frac{2\pi\sigma_{lh}}{3}\sum_{i=1}^{4}(r_i{}^2g_i) \tag{5-54}$$

式中，σ_v 为纵向上煤体外部作用总压力与储层压力共同作用在煤体上的总应力，MPa；σ_h 为横向上煤体外部作用总压力与储层压力共同作用在煤体上的总应力，MPa；σ_{lv} 为纵向上由储层压力作用在煤体上产生的孔裂隙作用应力，MPa；σ_{lh} 为横向上由储层压力作用在煤体上产生的孔裂隙作用应力，MPa。

二、气/水两相流阶段煤储层有效应力变化的数理模型

当储层压力降低到临界解吸压力后，气体解吸产出，排采进入气/水两相流阶

段。与单相水流阶段不同的是，该阶段增加了气体解吸对有效应力的影响。

1. 气/水两相流阶段煤储层应力与结构损伤演化的数理模型

气/水两相流阶段储层压力降低至临界解吸压力以下，储层内部应力与结构的损伤演化程度将加强；同时随着气体的解吸产出，煤体能量平衡改变将通过结构变形对煤体应力损伤演化产生影响。本小节对此进行分别讨论。

（1）储层应力状态改变对有效应力的影响　气/水两相流阶段，内部应力相互作用孔裂隙周围应力损伤扩展范围变化从而使得煤基质所受的有效应力再次变化。

设临界解吸压力为 p_{cd}，纵向和横向上的有效应力与基质弹性模量分别为：σ_{evo}、σ_{eho}、E_{so}。当储层压力由临界解吸压力 p_{cd} 降低 Δp 后，可得纵向和横向上的有效应力受储层压力影响后变为：

$$
\left.\begin{aligned}
\sigma_{ev1} &= \sigma_v - \frac{2\pi\sigma/lv1}{3a^2}\sum_{i=1}^{4}(r_i^2 g_i) \\
\sigma_{eh1} &= \sigma_h - \frac{2\pi\sigma_{lh1}}{3a^2}\sum_{i=1}^{4}(r_i^2 g_i) \\
\sigma_{lv1} &= -\frac{3.03\pi(p_{\text{cd}}-\Delta p)\sum_{i=1}^{4}(r_i^2 g_i)}{a^2} \\
\sigma_{lh1} &= -\frac{4.36\pi(p_{\text{cd}}-\Delta p)\sum_{i=1}^{4}(r_i^2 g_i)}{a^2}
\end{aligned}\right\} \tag{5-55}
$$

（2）气体解吸对有效应力的影响　气/水两相流阶段，基质表面的甲烷气体发生解吸，使得基质表面自由能增加，孔裂隙结构发生变形。由基质与孔裂隙之间的接触关系，基质的收缩表面积等于孔裂隙扩展表面积增量，则基质表面自由能的增量等于孔裂隙表面自由能的降低量，即：

$$G^{\text{s}} = \gamma^{\text{s}} \tag{5-56}$$

式中，γ^{s} 为孔裂隙单位面积上的表面能，J/m^2。

孔裂隙中新增表面自由能导致孔裂隙膨胀与拉伸，如图 5-4 所示。

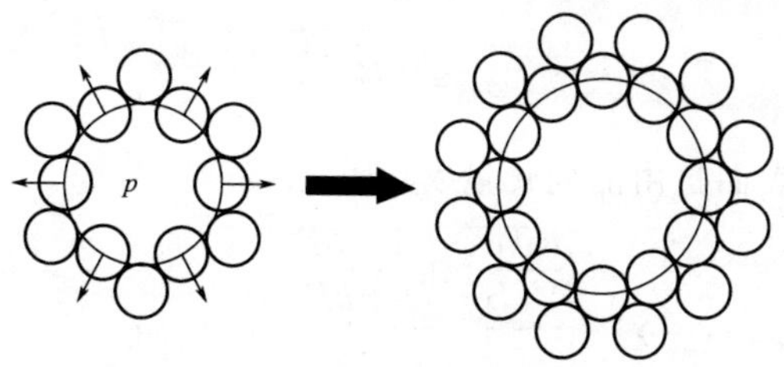

图 5-4　孔裂隙扩展示意图

孔裂隙扩展的过程中，孔裂隙边界原有固体颗粒之间距离先是被拉远，导致孔裂隙边缘表面自由能不平衡，于是在表面自由能作用下周围固体颗粒发生移动，产生平衡所需要的新的界面。其中固体颗粒被拉远的过程颗粒原子之间的作用力不是随距离的增大呈线性变化的，而是逐渐增加达到峰值 σ_m，然后逐渐减小，变化的示意图如图 5-5 所示。

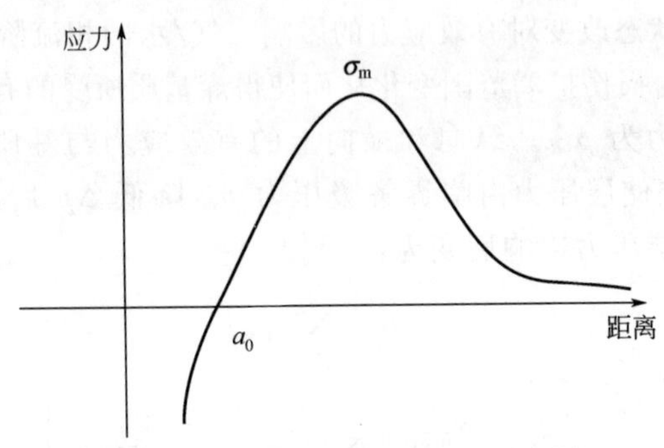

图 5-5　孔裂隙边界颗粒应力示意图

设 a_0 为原有孔裂隙周长，同时假设孔裂隙边界颗粒应力图的曲线满足正弦曲线方程，则孔裂隙边界颗粒原子间作用力可表示为：

$$\sigma_{原子}=\sigma_m \sin\frac{2\pi x}{\lambda'} \tag{5-57}$$

式中，x 为如图 5-5 所示的距离，m；σ_m 为应力峰值，MPa；λ'为正弦曲线波长，m。

$$\sigma_{原子}=\sigma_m\frac{2\pi x}{\lambda'} \tag{5-58}$$

由胡克定律得：

$$\sigma_{原子}=E\varepsilon=\frac{x}{a_0} \tag{5-59}$$

$$\lambda'=\frac{2\pi\delta_m a_0}{E} \tag{5-60}$$

联立以上三式可得：

$$\sigma_m=\sqrt{\frac{E\gamma^s}{a_0}} \tag{5-61}$$

产生新表面的表面自由能变化量 γ_1^s 为：

$$\gamma_1^s=\frac{\frac{RTa}{V_0 S}\ln\left(\frac{1+bP}{1+bP_0}\right)}{S}a_0\varepsilon_{孔隙} \tag{5-62}$$

孔裂隙边界及内部受力示意图如图 5-6 所示。

孔裂隙中储层压力作用在边界上的作用应力为：

$$\left.\begin{aligned}\sigma_{pv}&=p-\sigma_{lv1}\\ \sigma_{ph}&=p-\sigma_{lh1}\end{aligned}\right\} \tag{5-63}$$

孔裂隙作用对边界颗粒原子产生拉伸作用使得原有边界扯裂产生新的界面，其中原子之间应力峰值 σ_m 是进一步扯裂界面与停止界面扩展的临界应力值，也是产生新界面的平衡应力值，其中孔裂隙中有效作用应力的作用效果与原子间应力峰值相等才能使得界面平衡，即：

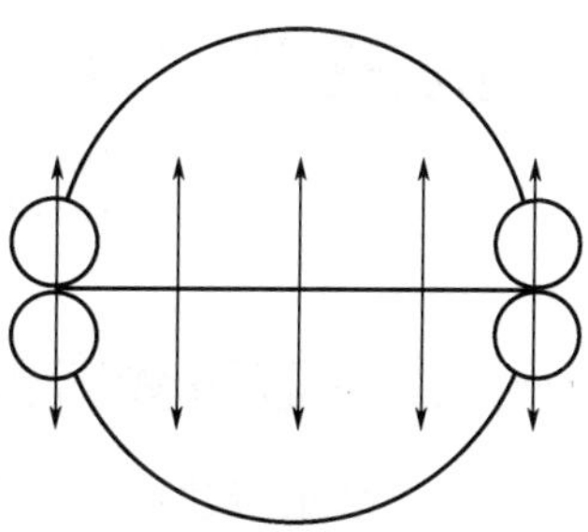

图 5-6　孔裂隙边界及内部受力示意图

$$\sigma_m=\sigma_p \tag{5-64}$$

其中：

$$\sigma_p^2=\sigma_{pv}^2+\sigma_{ph}^2 \tag{5-65}$$

气体解吸引起的孔裂隙变形对有效应力系数的影响为：

$$\alpha_1'=\frac{2\pi\left(1-\frac{\varepsilon_{孔隙}}{2}-\frac{\varepsilon_{p}'}{2}\right)^2\sum_{i=1}^{4}r_i^2g_i}{3a^2} \tag{5-66}$$

2. 气/水两相流阶段煤储层有效应力变化的数理模型

根据式(5-55)，综合应力状态以及气体解吸对有效应力的影响可得：

$$\left.\begin{aligned}
\sigma_{x1}'&=q''+\frac{[0.439\pi q-4.36\pi(p_{cd}-\Delta P)-2.57q''\pi]\left(1-\frac{\varepsilon_{孔隙}}{2}-\frac{\varepsilon_{p}'}{2}\right)\sum_{i=1}^{4}r_i{}^2g_i}{\left[a\left(1-\frac{\varepsilon_{煤岩}}{2}\right)\right]^2}\\
\sigma_{lh1}''&=-\frac{4.36\pi(p_{cd}-\Delta p)\left(1-\frac{\varepsilon_{孔隙}}{2}-\frac{\varepsilon_{p}'}{2}\right)\sum_{i=1}^{4}r_i{}^2g_i}{\left[a\left(1-\frac{\varepsilon_{煤岩}}{2}\right)\right]^2}\\
\sigma_{y1}'&=\frac{[5.872q\pi-3.03\pi(p_{cd}-\Delta p)-2.98q''\pi]\left(1-\frac{\varepsilon_{孔隙}}{2}-\frac{\varepsilon_{p}'}{2}\right)\sum_{i=1}^{4}r_i^2g_i}{\left[a\left(1-\frac{\varepsilon_{煤岩}}{2}\right)\right]^2}\\
\sigma_{lv1}''&=-\frac{3.03\pi(p_{cd}-\Delta p)\left(1-\frac{\varepsilon_{孔隙}}{2}-\frac{\varepsilon_{p}'}{2}\right)\sum_{i=1}^{4}r_i^2g_i}{\left[a\left(1-\frac{\varepsilon_{煤岩}}{2}\right)\right]^2}
\end{aligned}\right\} \tag{5-67}$$

最终得出气/水两相流阶段有效应力[219]：

$$\left.\begin{aligned}\sigma_{ev1}'''&=\sigma_{y1}'-a_1'\sigma_{lv1}''\\ \sigma_{eh1}'''&=\sigma_{x1}'-a_1'\sigma_{lh1}''\end{aligned}\right\} \tag{5-68}$$

第三节 沁东南地区煤层气直井产出过程储层有效应力变化规律

一、煤储层所受有效应力数理模型验算

为了验证所建有效应力数理模型的准确性，本次以晋城寺河矿煤样进行应力加载测试其变形变化。限于篇幅，本次仅列出 2 个煤样，分别采用定围压 5MPa 与 8MPa，以 0.5MPa/s 速率、轴压以位移控制方式 0.0050mm/s 速率进行加载。将 2 个煤样的实验结果与计算结果进行对比，对数理模型进行验证。

实验采用的是 RMT-150B 岩石力学试验系统，如图 5-7 所示。

(a)

(b)

图 5-7 RMT-150B 型岩石力学试验系统

考虑有效应力损伤演化过程的煤体变形以及未考虑损伤演化过程的煤体变形的计算结果与实验测试结果见表 5-1 和表 5-2。

表 5-1 有效应力损伤演化验证（围压 5MPa）

垂直应力/MPa	围压/MPa	储层压力/MPa	弹性模量/GPa	孔隙度	应变				
					实验/×10^{-4}	损伤演化/×10^{-4}	误差率/%	未考虑损伤演化/×10^{-4}	误差率/%
7.44	5	2	3.92	0.041	84.18	79.47	5.60	75.56	10.24
8.98					93.43	84.82	9.22	76.08	18.57
10.80					102.63	91.28	11.06	76.70	25.27
13.08					111.80	99.33	11.15	77.47	30.71
15.59					120.96	108.21	10.54	78.32	35.25
18.43					130.05	118.16	9.14	79.29	39.03

续表

垂直应力/MPa	围压/MPa	储层压力/MPa	弹性模量/GPa	孔隙度	应变				
					实验/$\times10^{-4}$	损伤演化/$\times10^{-4}$	误差率/%	未考虑损伤演化/$\times10^{-4}$	误差率/%
21.55					139.05	129.11	7.15	80.35	42.22
24.94					148.06	140.90	4.84	81.50	44.95

表 5-2　有效应力损伤演化验证（围压 8MPa）

垂直应力/MPa	围压/MPa	储层压力/MPa	弹性模量/GPa	孔隙度	应变				
					实验/$\times10^{-4}$	损伤演化/$\times10^{-4}$	误差率/%	未考虑损伤演化/$\times10^{-4}$	误差率/%
18.74	8	2	4.803	0.041	65.99	63.00	4.53	50.43	23.58
26.72					83.85	79.88	4.73	53.14	36.62
35.10					101.66	97.47	4.12	55.99	44.92
43.65					119.45	115.33	3.45	58.89	50.70
38.71					111.86	105.01	6.12	57.21	48.86
29.01					94.22	84.70	10.10	53.92	42.77

将表 5-1 和表 5-2 中数据进行拟合，其结果如图 5-8 和图 5-9 所示。

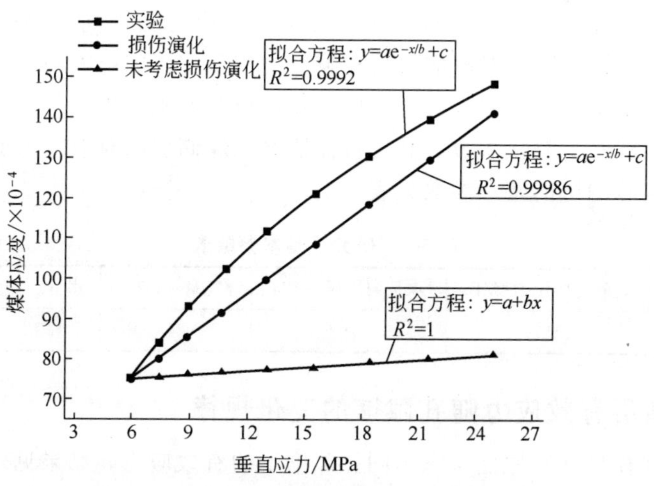

图 5-8　有效应力损伤演化验证（围压 5MPa）

从图 5-8 和图 5-9 可看出，考虑有效应力的损伤演化后，模型所得出的煤体应变与实验所得结果基本相符，即：随垂向应力增加呈指数函数形式变化。而未考虑损伤演化时导致煤体变形量减少，计算结果与实验差值较大。由此说明煤体受到外力作用时，其内部会发生损伤演化，有效应力发生变化，从而验证了本文所建考虑损伤演化的有效应力数理模型的准确性。

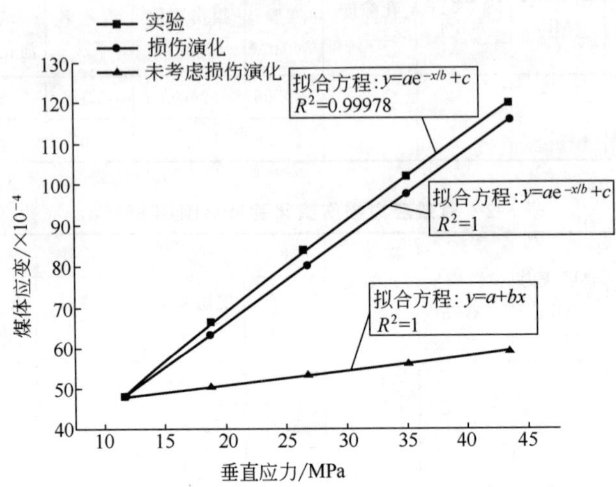

图 5-9　有效应力损伤演化验证（围压 8MPa）

二、不同煤储层参数下有效应力变化规律

根据所建数理模型可知，有效应力由储层内部应力相互作用损伤演化后耦合得出。当总应力增加时，有利于有效应力的增大，称为正效应；孔隙应力的增加对有效应力的增加不利，称为负效应。查明有效应力随不同影响因素的变化规律，只需查明各影响因素对总应力与孔隙应力相互作用的影响即可。

本次以沁东南地区煤层气井的勘探开发资料为基础，根据所建数理模型，对不同储层应力状态、物性参数、储集特征情况下煤储层的有效应力变化规律进行研究。现场实际测试的基本参数见表 5-3。

表 5-3　研究区基本参数表

煤层埋深/m	上覆岩层压力/MPa	水平向围压/MPa	含气量/(m^3/t)	水分/%	储层压力/MPa
470	11.75	6.93	24	1.2	4.2

1. 煤储层有效应力随孔隙度的变化规律

根据所建模型计算原始状态不同孔隙度下的有效应力，结果见表 5-4。

表 5-4　有效应力随孔隙度变化计算结果一览表

孔隙度	上覆岩层作用应力(纵向)/MPa	围压作用应力(纵向)/MPa	上覆岩层作用应力(横向)/MPa	围压作用应力(横向)/MPa	有效应力系数	有效应力(纵向)/MPa	有效应力(横向)/MPa
0.040	8.9844	1.6556	0.2025	6.2161	0.0724	10.56	6.3269

续表

孔隙度	上覆岩层作用应力（纵向）/MPa	围压作用应力（纵向）/MPa	上覆岩层作用应力（横向）/MPa	围压作用应力（横向）/MPa	有效应力系数	有效应力（纵向）/MPa	有效应力（横向）/MPa
0.045	8.6387	1.8625	0.2278	6.1269	0.0783	10.4133	6.2517
0.050	8.2930	2.0694	0.2532	6.0376	0.0840	10.2667	6.1765
0.055	7.9473	2.2764	0.2785	5.9484	0.0895	10.1201	6.1012
0.060	7.6016	2.4833	0.3038	5.8592	0.0948	9.9735	6.0260
0.065	7.2559	2.6903	0.3291	5.7699	0.1000	9.8269	5.9508
0.070	6.9102	2.8972	0.3544	5.6807	0.1051	9.6803	5.8755
0.075	6.5645	3.1042	0.3797	5.5915	0.1101	9.5337	5.8003

将计算结果进行拟合，得出有效应力随孔隙度变化规律，如图 5-10 所示。

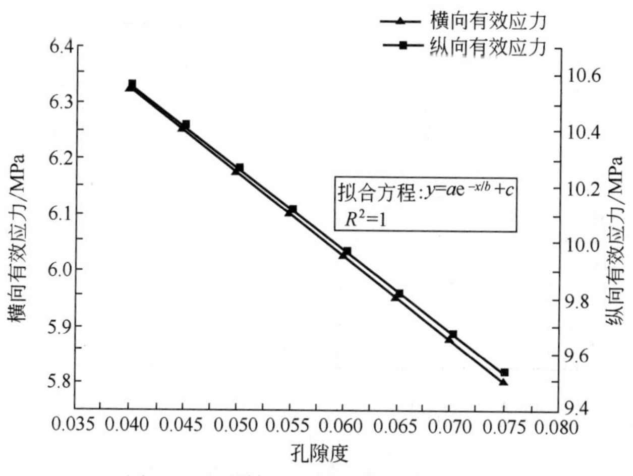

图 5-10 有效应力随孔隙度变化规律

从图 5-10 可看出，原始状态下随着孔隙度的增加，有效应力不断降低。这是因为，随着孔隙度的增加，外力在孔隙周围应力释放量增大。同时，储层压力对应力的作用也增强，两者均对有效应力的变化呈负作用而使其呈降低趋势。

2. 煤储层有效应力随含水、含气饱和度的变化规律

煤储层孔隙中赋存着气/水流体，水、气在储层中的赋存状态与含量会受到储层内应力状态的影响，同时，煤储层含气/水饱和度也决定着煤体内的应力分配关系。

根据第二章对沁东南地区含气量资料及沁东南地区煤层气的排采资料、试井测试得出储层压力值。含气饱和度是实测含气量与理论含气量的比值，不同的含水饱和度不会影响水压值的大小，但影响着水压作用的范围。

根据以上分析，σ_v、σ_h、σ_{lv}、σ_{lh}可表示为：

$$\left.\begin{aligned}\sigma'_v&=\sigma_{y上限}-\sigma_{y围压}\\ \sigma'_h&=\sigma_{x上限}-\sigma_{x围压}\\ \sigma'_{lv}&=J_{22}\ [\varphi_1 q'_R+(1-\varphi_1)q'_g]\\ \sigma'_{lh}&=J_{11}\ [\varphi_1 q'_R+(1-\varphi_1)q'_g]\end{aligned}\right\}\tag{5-69}$$

式中，q_R为储层压力，MPa；q'_g为游离气体气压，MPa；φ_1为含水饱和度，%。

(1) 煤储层有效应力随含气饱和度的变化规律　计算得出不同含气饱和度下煤储层有效应力大小，见表5-5。

表5-5　不同含气饱和度下储层所受有效应力计算结果一览表

含气饱和度	储层压力/MPa	储层压力作用应力(纵向)/MPa	有效应力(纵向)/MPa	储层压力作用应力(横向)/MPa	有效应力(横向)/MPa
0.3481	2.4287	0.4220	10.5812	0.6072	6.3612
0.4702	2.8038	0.5436	10.5722	0.7823	6.3483
0.5755	3.2345	0.6719	10.5628	0.9668	6.3347
0.6672	3.7344	0.8084	10.5527	1.1632	6.3203
0.7479	4.3213	0.9553	10.5419	1.3746	6.3047
0.8193	5.0204	1.1155	10.5301	1.6052	6.2877
0.8831	5.8670	1.2934	10.5170	1.8611	6.2689
0.9403	6.9135	1.4950	10.5022	2.1512	6.2476
0.9919	8.2400	1.7300	10.4849	2.4894	6.2227

将计算结果进行拟合，如图5-11所示。

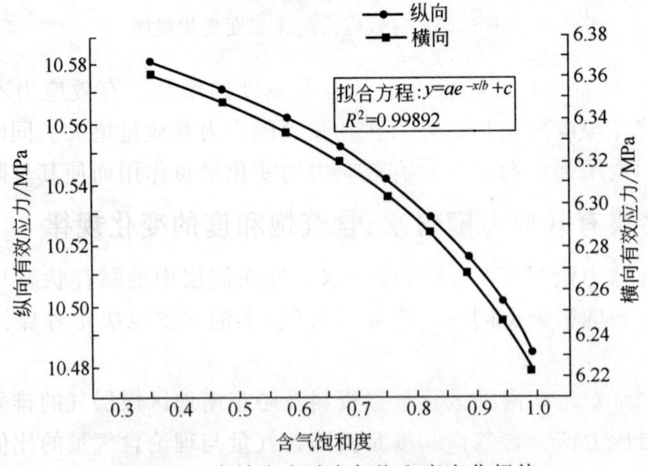

图5-11　有效应力随含气饱和度变化规律

由图 5-11 可知：随着含气饱和度的增加，煤体有效应力呈指数形式降低。由于煤体中的甲烷气体在孔隙中是均匀分布的，随着含气饱和度的增加，孔隙压力增大，有效应力降低，孔隙结构差异导致有效应力增幅不再呈线性变化。

（2）煤储层有效应力随含水饱和度的变化规律　含水饱和度对有效应力变化规律影响的计算结果见表 5-6。

表 5-6　不同含水饱和度下储层所受有效应力计算结果一览表

含水饱和度	孔裂隙作用应力(纵向)/MPa	有效应力(纵向)/MPa	孔裂隙作用应力(横向)/MPa	有效应力(横向)/MPa
0.1585	0.8445	10.5501	1.2152	6.3164
0.1902	0.8770	10.5477	1.2620	6.3130
0.2220	0.9095	10.5453	1.3088	6.3095
0.2537	0.9420	10.5429	1.3555	6.3061
0.2854	0.9745	10.5405	1.4023	6.3027
0.3488	1.0395	10.5381	1.4958	6.2958
0.3805	1.0720	10.5357	1.5426	6.2923
0.4122	1.1045	10.5333	1.5893	6.2889
0.4756	1.1695	10.5309	1.6829	6.2820
0.5073	1.2020	10.5285	1.7296	6.2786
0.5390	1.2345	10.5262	1.7764	6.2751
0.5707	1.2670	10.5238	1.8231	6.2717
0.6024	1.2995	10.5214	1.8699	6.2683
0.6341	1.3320	10.5190	1.9167	6.2648
0.6659	1.3645	10.5166	1.9634	6.2614
0.6976	1.3970	10.5142	2.0102	6.2579
0.7293	1.4295	10.5118	2.0569	6.2545
0.7610	1.4620	10.5094	2.1037	6.2510
0.7927	1.4945	10.5070	2.1505	6.2476
0.8244	1.5270	10.5046	2.1972	6.2442
0.8561	1.5595	10.5022	2.2440	6.2407
0.8878	1.5920	10.4999	2.2908	6.2373
0.9195	1.6245	10.4975	2.3375	6.2338

将表 5-6 数据进行拟合，如图 5-12 所示。

由图 5-12 可知：随着含水饱和度的增加，煤体有效应力呈线性降低。主要是随着含水饱和度增大，孔隙内压力作用范围增加，在孔隙结构、有效应力系数等不改变的情况下减弱了外力对煤体的作用，从而使有效应力值降低。

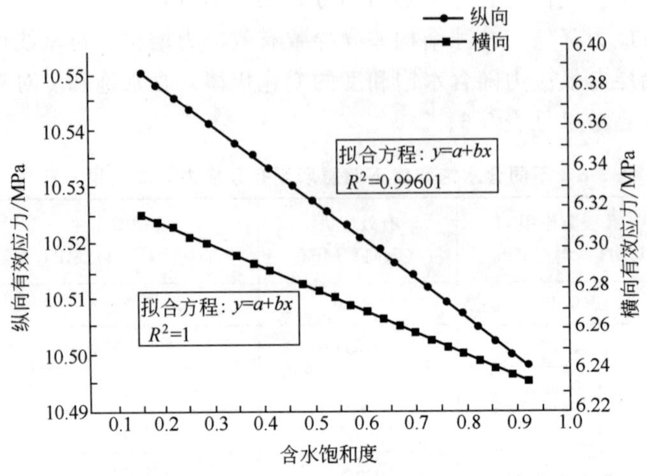

图 5-12 不同含水饱和度下孔隙作用应力及有效应力变化

3. 煤储层有效应力随孔径分布的变化规律

煤储层中分布着不同孔径的孔，孔径之间相差较大，当孔隙度不变时，孔径分布比例的差异也会影响煤体内应力分布，进而影响有效应力的变化。大孔由于孔径较大，对煤体中的应力分布影响最为剧烈。因此本小节以大孔为例探讨其对有效应力大小的影响。计算结果见表 5-7。

表 5-7 不同大孔比例下的有效应力计算结果一览表

大孔比例	储层压力作用应力(纵向)/MPa	外部总应力(纵向)/MPa	储层压力作用应力(横向)/MPa	外部总应力(横向)/MPa	有效应力系数/MPa	有效应力(横向)/MPa	有效应力(纵向)/MPa
0.1210	1.0812	10.6039	1.5558	6.4028	0.0478	6.3284	10.5522
0.1464	1.0147	10.6055	1.4601	6.4035	0.0508	6.3292	10.5538
0.1772	0.9523	10.6071	1.3703	6.4041	0.0541	6.3299	10.5555
0.2144	0.8937	10.6084	1.2860	6.4046	0.0576	6.3305	10.5569
0.2594	0.8387	10.6095	1.2068	6.4050	0.0613	6.3310	10.5580
0.3138	0.7871	10.6104	1.1326	6.4054	0.0653	6.3314	10.5589
0.3797	0.7386	10.6111	1.0629	6.4056	0.0696	6.3317	10.5597
0.4595	0.6932	10.6118	0.9974	6.4059	0.0741	6.3320	10.5604
0.5560	0.6505	10.6123	0.9361	6.4061	0.0789	6.3322	10.5609
0.7400	0.5914	10.6127	0.8510	6.4063	0.0868	6.3324	10.5613

将表 5-7 的计算结果进行拟合，有效应力随大孔比例的变化规律如图 5-13 所示。

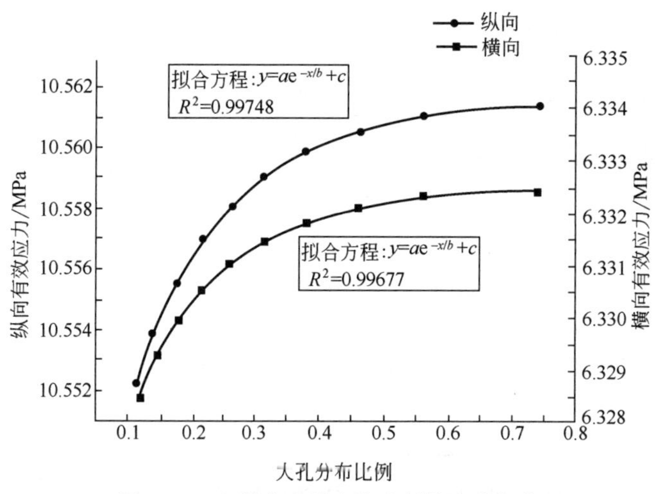

图 5-13　有效应力随大孔比例的变化规律

由图 5-13 可知：随着大孔比例的增加，煤体所受有效应力呈指数形式增大。这是因为随着大孔分布比例的增加，孔隙中压力对煤体应力作用范围相对减小，作用强度也减弱，而外部作用力对煤体整体作用增强，应力集中现象加剧，从而使所受有效应力增大。其他孔径分布比例的变化趋势与大孔分布比例的变化趋势相同，在此不再赘述。

综上可知：有效应力随孔隙度、含气饱和度增加呈指数函数形式降低，随含水饱和度增加呈线性降低，随大孔分布比例增加呈指数函数形式增加。孔隙度影响＞含气饱和度＞含水饱和度＞大孔比例分布。纵向有效应力变化幅度均大于横向。孔裂隙结构以及外部压力大小对有效应力的变化起到较重要的影响。

三、产出过程储层所受有效应力的变化规律

1. 单相水流阶段煤储层有效应力的变化规律

根据所建有效应力数理模型，选择本次研究区的储层基本参数计算单相水流阶段煤储层有效应力的变化规律。

根据单相水流阶段有效应力的建模思路可知，有效应力的求解可分为两部分：一部分是由于储层压力降低，原始压力平衡被打破，应力发生损伤，作用的有效应力增加；另一部分是外力作用在孔裂隙周围发生结构损伤演化引起的应力迁移，导致有效应力变化。即有效应力是在应力-结构两者共同作用下不断改变。在此将两者分别列出求解，见表 5-8。

表 5-8 单相水流阶段有效应力变化计算结果一览表

储层压力	应力改变有效应力/MPa		结构改变有效应力/MPa	
/MPa	横向	纵向	横向	纵向
3.95	6.2261	10.3848	6.2272	10.3873
3.80	6.2342	10.3940	6.2352	10.3965
3.65	6.2422	10.4032	6.2432	10.4057
3.50	6.2501	10.4124	6.2512	10.4149
3.35	6.2580	10.4216	6.2591	10.4240
3.2	6.2659	10.4308	6.2669	10.4332
3.05	6.2737	10.4399	6.2746	10.4423
2.90	6.2814	10.4490	6.2823	10.4513
2.75	6.2890	10.4580	6.2900	10.4604
2.60	6.2966	10.4670	6.2975	10.4694

将表 5-8 的计算数据进行拟合得出其变化规律，如图 5-14 所示。

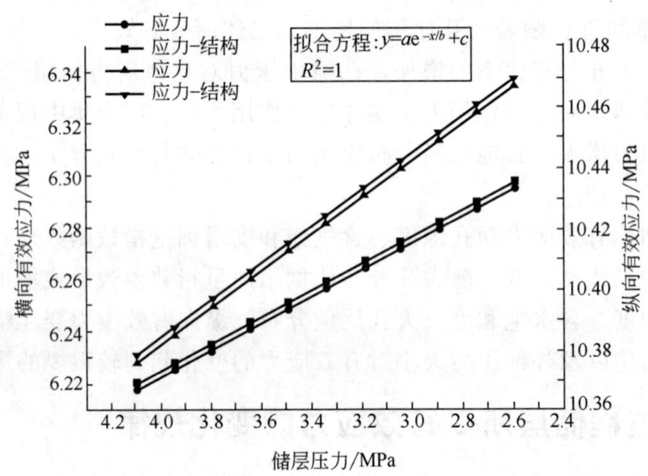

图 5-14 单相水流阶段有效应力随储层压力的变化规律

由图 5-14 可知：单相水流阶段，横向与纵向上有效应力随储层压力的降低呈指数函数形式变化，变化较不明显，纵向有效应力的变化值大于横向，应力-结构综合较应力单独影响稍大。这主要是因为，储层压力的降低，使分担在基质上的有效应力增加，由于孔裂隙结构的存在，使得煤体内的应力分布较复杂，有效应力呈一定函数关系变化，但由于孔裂隙结构空间与煤体整体空间相比较小，分担在流体上的作用应力较小，因此随着储层压力改变，有效应力的变化幅度较小，函数关系较不明显；同时，煤体内结构的损伤演化，会进一步加强应力迁移，使得有效应力继续增大，应力-结构综合作用较应力单独作用对有效应力的影响大；纵向外部作用力大于横向作用力的情况下，导致纵向上应力-结构综合影响后的有效应力增幅较横向大。

2. 气/水两相流阶段煤储层有效应力的变化规律

气/水两相流阶段，由于气体解吸的介入，使有效应力的变化较单相水流阶段更加复杂，包括应力状态改变引起的应力-结构演化对有效应力的影响，以及气体解吸能量状态改变引起的孔裂隙结构变化对有效应力的影响。根据所建两相流数理模型，对气/水两相流阶段有效应力的损伤演化情况进行计算，需要说明的是，应力与能量作用过程中随着储层压力的降低不断相互影响，分别对两个过程作用的有效应力变化进行计算分析，最后耦合得出气/水两相流阶段中有效应力的改变。

（1）应力-结构状态改变过程有效应力的变化　根据模型计算出气/水两相流阶段应力-结构引起的有效应力的变化结果，见表 5-9。

表 5-9　气/水两相流阶段随储层压力降低应力-结构引起的有效应力计算结果

储层压力/MPa	应力改变有效应力/MPa		结构改变有效应力/MPa	
	横向	纵向	横向	纵向
2.59	6.2969	10.4673	6.2978	10.4692
2.39	6.3068	10.4792	6.3077	10.4811
2.19	6.3166	10.4911	6.3175	10.4930
1.99	6.3261	10.5029	6.3270	10.5048
1.79	6.3354	10.5146	6.3363	10.5164
1.59	6.3445	10.5262	6.3454	10.5280
1.39	6.3533	10.5377	6.3542	10.5395
1.19	6.3618	10.5490	6.3626	10.5508
0.99	6.3699	10.5602	6.3707	10.5619
0.79	6.3776	10.5711	6.3784	10.5729
0.59	6.3847	10.5819	6.3855	10.5836

将表 5-9 的计算结果进行拟合，结果如图 5-15 所示。

由图 5-15 可知：由于应力结构的影响，气/水两相流阶段横向与纵向有效应力均呈指数函数形式增加；与单相水流阶段相比有效应力值继续增大，且增幅更大。这主要是因为气/水两相流阶段储层压力降低幅度加大，应力结构共同作用应力迁移量增多，外部压力作用加强，使得有效应力增幅较单相流大。

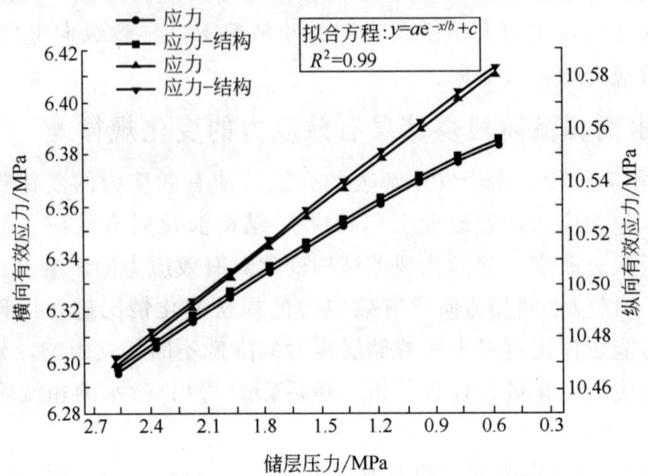

图 5-15 应力状态影响气/水两相阶段有效应力

对应力-结构作用下整个排采阶段有效应力的变化规律进行拟合，结果如图 5-16 所示。

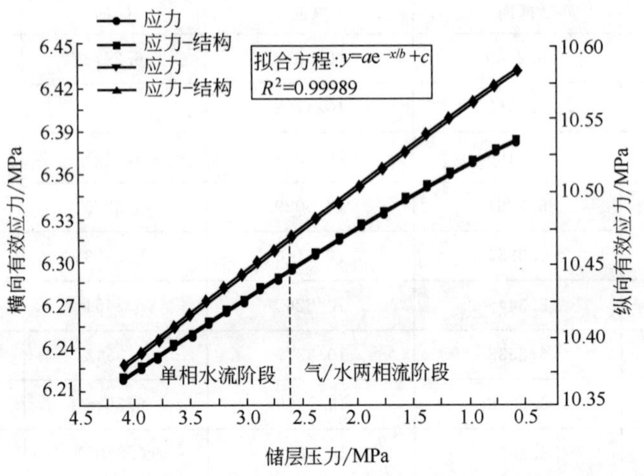

图 5-16 应力状态改变影响有效应力

由图 5-16 可知：整个排采过程中储层应力状态改变，有效应力均呈指数函数形式增加。应力单独作用较应力-结构耦合作用时横向和纵向变化幅度小。

(2) 能量状态改变过程有效应力的变化 气/水两相流阶段储层内部能量状态的改变随甲烷吸附/解吸过程变化，解吸释放表面自由能使孔裂隙结构改变，影响有效应力大小。与应力-结构耦合，通过计算得出以下结果，见表 5-10。

表 5-10　气/水两相流阶段有效应力的变化

储层压力/MPa	解吸表面自由能变化/(J/m²)	有效应力/MPa	
		横向	纵向
2.59	0	6.2967	10.4669
2.39	1.8698	6.3065	10.4785
2.19	3.8103	6.3161	10.4902
1.99	5.8270	6.3256	10.5018
1.79	7.9260	6.3348	10.5133
1.59	10.1146	6.3438	10.5246
1.39	12.4007	6.3524	10.5357
1.19	14.7933	6.3607	10.5466
0.99	17.3031	6.3685	10.5571
0.79	19.9419	6.3757	10.5672

由表 5-10 的数据拟合得出气/水两相流阶段有效应力变化规律，如图 5-17 所示。

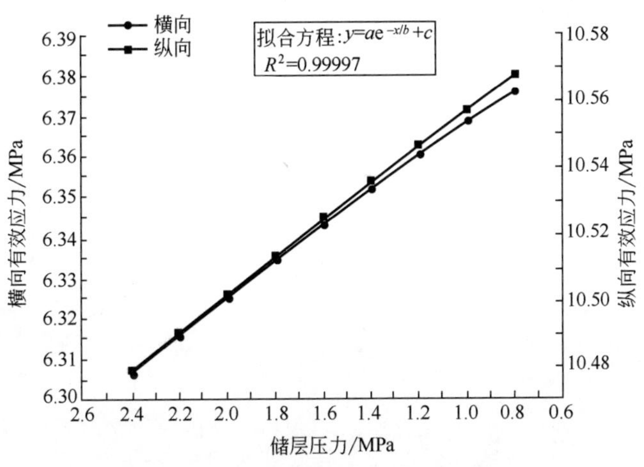

图 5-17　气/水两相流阶段有效应力变化

由图 5-17 可知：气/水两相流阶段，有效应力呈指数函数形式变化，与单相水流阶段相比，气/水两相流阶段有效应力变化幅度较大。这主要是因为气/水两相流阶段，储层压力进一步降低，有效应力呈增加趋势；同时，气体解吸导致孔裂隙结构扩张，煤体内应力损伤演化程度加强，流体承担作用增加，因此耦合气体解吸后引起的应力改变较单独应力损伤作用有效应力变化幅度减小；而且气/水两相流阶段储层压力降低幅度增加，也是导致其增幅增加的又一个原因。由此可知，有效应力的变化受到储层应力状态的影响较气体解吸引起的能量变化的影响大。

将整个排采过程有效应力变化组合到一起，变化规律如图 5-18 所示。

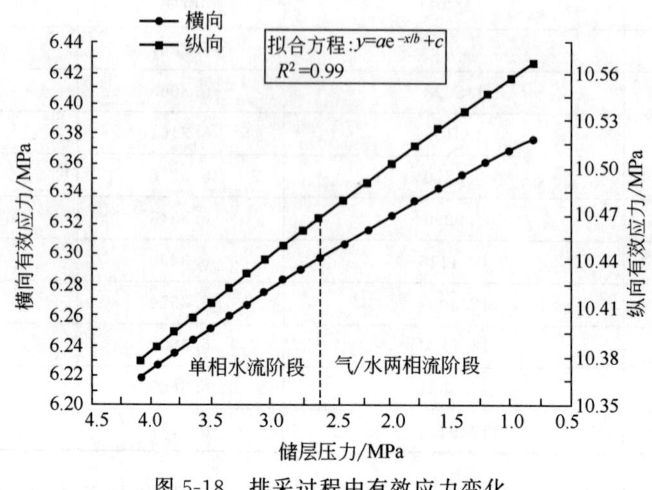

图 5-18　排采过程中有效应力变化

从图 5-18 可看出：排采整个过程中，有效应力呈指数函数形式增加，后期增加幅度有一定的减小。

第六章

沁东南地区煤层气直井排采过程煤储层基质应变特征

煤层气井排采过程中，随着水、气产出，煤体内部应力与能量平衡不断变化，引起煤体内部孔裂隙空间结构改变和基质变形。基质变形强弱反映了储层流体流动所需相对空间大小及空间变形的能力，是影响储层渗透率变化的主要因素之一。要查明排采过程中渗透率的变化规律，需要明确煤基质变形规律。煤层气直井排采阶段不同，引起煤基质变形的主控因素不同。单相水流阶段，水的流出引起有效应力的变化，进而影响了煤基质的变形。气/水两相流阶段，气体的解吸产出引起煤基质收缩，与水流出共同影响着煤基质的变形。在此思想指导下，本章首先系统分析煤层气井不同排采阶段煤变形机制，根据弹塑性力学建立煤体弹性模量数理模型以明确排采过程中煤体变形能力变化；其次由应力与变形间关系，建立单相水流阶段应力压缩基质变形数理模型；然后根据吉布斯等能量理论分析气/水两相流阶段解吸释放能量作用基质收缩，建立基质收缩数理模型，最终通过耦合应力压缩以及气体解吸作用，建立气/水两相流阶段基质变形数理模型。结合沁东南地区煤层气勘探开发资料，得出不同排采阶段基质的变形规律。

第一节　排采过程煤基质应变变化数理模型构建的基本思路

煤层气井不同的排采阶段，煤基质应变的主控因素有所不同。单相水流阶段主要是因为有效应力作用引起煤基质应变，气/水两相流阶段主要由应力与能量耦合作用引起煤基质应变。其中单相水流阶段有效应力作用煤基质应变主要基于煤体内各相介质、微孔裂隙损伤演化及煤体原有晶格结构对应力的平衡与重建；气/水两相流阶段的应力-能量耦合作用煤基质应变主要基于应力作用煤体产生的高应变能密度、甲烷气体自由能以及基质表面自由能等。煤基质弹性模量的差异，也会对基质应变产生影响。综上所述，排采过程中煤基质应变研究的总体思路可由图 6-1 表示。

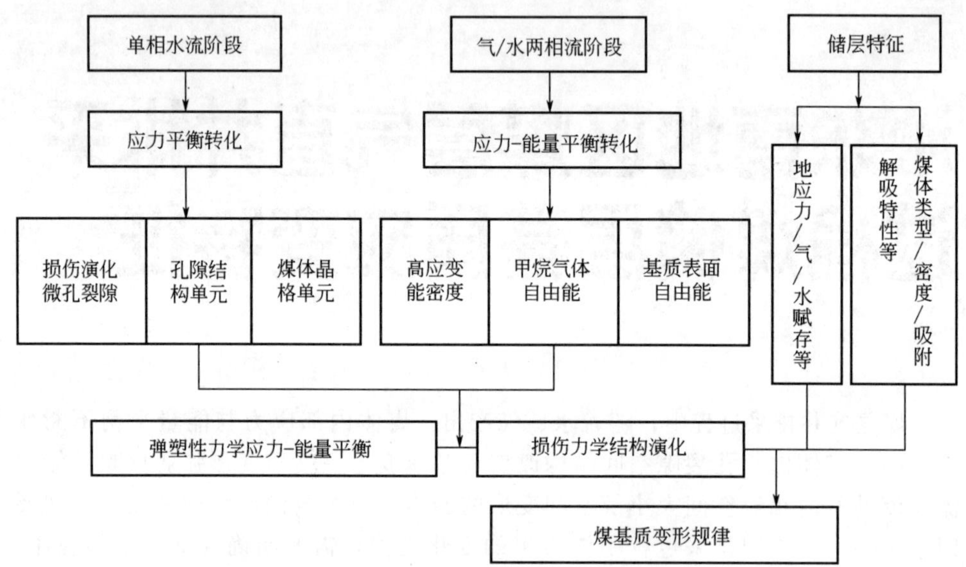

图 6-1 排采过程煤基质应变研究总体思路

第二节 排采过程中煤体力学主要参数变化规律

煤储层弹性模量的大小反映了排采过程中外力作用下煤体与基质抵抗变形能力的大小，排采阶段不同，水、气流出量不同，引起煤基质弹性模量变化不同。本节分单相水流阶段和气/水两相流两个阶段对排采过程中煤体与基质弹性模量进行研究。

一、排采过程中煤体、基质弹性模量变化的数理模型

排采时，随着水的流出，储层压力会降低，煤体中内力的相互作用发生改变，有效应力与储层压力对煤基质作用的平衡状态被打破，从而影响了煤基质抵抗外力的能力。设煤岩本身的弹性模量为 E，根据弹性力学物理方程计算得出在单孔情况下的煤基质收缩的弹性模量为[222]：

$$\left.\begin{aligned}E_{单孔}&=\frac{1}{10}\frac{q_{op}^2-q_{cp}^2}{(q_{op}D-q_{cp}G)+(q_{op}J-q_{cp}H)a+(q_{op}M-q_{cp}I)a^2+(q_{op}F-q_{cp}N)a^4}\\ \mu_{单孔}&=\frac{1}{10}\frac{(q_{cp}D-q_{op}G)+(q_{cp}J-q_{op}H)a+(q_{cp}M-q_{op}I)\ a^2+(q_{cp}F-q_{op}N)a^4}{(q_{op}D-q_{cp}G)+(q_{op}J-q_{cp}H)a+(q_{op}M-q_{cp}I)a^2+(q_{op}F-q_{cp}N)a^4}\end{aligned}\right\}\qquad(6\text{-}1)$$

其中：

$$\left.\begin{aligned}&D=\frac{q_{cp}-q_{op}\mu}{2E} && J=\frac{-3q_{cp}+q_{op}+\dfrac{q_{op}-q_{cp}}{4}\mu}{2bE}\\ &F=\frac{q_{cp}-q_{op}}{4Eb^4}-\frac{q_{cp}-q_{op}}{8Eb^4}\mu && G=\frac{q_{op}-q_{cp}\mu}{2E}\\ &H=\frac{q_{op}-3q_{cp}+\dfrac{3}{4}q_{op}\mu+\dfrac{5}{4}q_{cp}\mu}{2bE} && I=\frac{-\dfrac{3}{2}q_{op}+\dfrac{5}{2}q_{cp}-\dfrac{q_{op}+q_{cp}}{2}\mu}{2Eb^2}\\ &M=-\frac{3q_{op}}{4Eb^2}+\frac{5q_{cp}}{4Eb^2}-\frac{q_{op}+q_{cp}}{4Eb^2}\mu && N=-\frac{q_{op}-q_{cp}}{4Eb^4}-\frac{q_{op}-q_{cp}}{8Eb^4}\mu\end{aligned}\right\}\qquad(6\text{-}2)$$

根据弹性理论进行多孔效应的叠加计算，并在其孔裂隙中施加孔隙压力 q_{fp}，得出在多孔情况下煤体弹性模量为：

$$\left.\begin{aligned}E_x=&\frac{1}{10}(1-\varphi)\left[\frac{m}{g'_{(c)3}}+\frac{n}{g'_{(d)3}}+\frac{j}{g'_{(e)3}}+\frac{k}{g'_{(f)3}}\right](q_{op}^2-q_{cp}^2)\\ &-\frac{1}{10}\varphi\eta\left[\frac{m}{g'_{(c)2}}+\frac{n}{g'_{(d)2}}+\frac{j}{g'_{(e)2}}+\frac{k}{g'_{(f)2}}\right](q_{op}^2-q_{cp}^2)\\ \mu_x=&\frac{1}{10}(1-\varphi)\left[\frac{mg(c)_1}{g'(c)_1}+\frac{ng(c)_1}{g'(d)_1}+\frac{jg(c)_1}{g'(e)_1}+\frac{kg(c)_1}{g'(f)_1}\right]\\ &+\frac{1}{10}\varphi\eta\left[\frac{mg(c)_2}{g'(c)_2}+\frac{ng(d)_2}{g'(d)_2}+\frac{jg(e)_2}{g'(e)_2}+\frac{kg(c)_2}{g'(f)_2}\right]\end{aligned}\right\}\qquad(6\text{-}3)$$

式中，η 为结合水分对煤体的弱化系数，%。其中：

$$\left.\begin{aligned}g'_{(x)3}=&(q_{op}D-q_{cp}G)+(q_{op}J-q_{cp}H)x+(q_{op}M-q_{cp}I)x^2+\\ &(q_{op}F-q_{cp}N)x^4+\varepsilon'_{(x)}(q_{op}-q_{cp})\\ \varepsilon'_{(x)}=&-\frac{1}{2be}\times\frac{q_{fp}}{\dfrac{b^2}{x^2}-1}\left[(\mu-1)(b-x)+\frac{1+\mu}{x}b^2\right]-(1+\mu)b\end{aligned}\right\}\qquad(6\text{-}4)$$

由上述弹性模量数理模型，根据煤体与基质各自受力条件等，计算得出基质弹性模量 E_s 与煤体弹性模量 E_c。

二、煤储层力学性质变化验算

对于本文计算得出的弹性模量变化验算，根据文献[223]实验结果进行对比，选取的是重庆松藻煤电制成的煤样，粒径大小为 20～40 目。设瓦斯压力为 0.25MPa，模型计算参数完全依照实验，计算结果见表 6-1。

表 6-1 弹性模量计算验证

围压/MPa	弹性模量/GPa		误差率/%
	实验	计算	
1.0	1.64	1.68	2.44
1.5	1.80	1.83	1.67
2.0	1.96	1.98	1.02
2.5	2.12	2.14	0.94
3.0	2.28	2.29	0.44
3.5	2.44	2.44	0
4.0	2.59	2.60	0.39
4.5	2.75	2.76	0.36

将表 6-1 中的数据与计算结果进行对比，如图 6-2 所示。

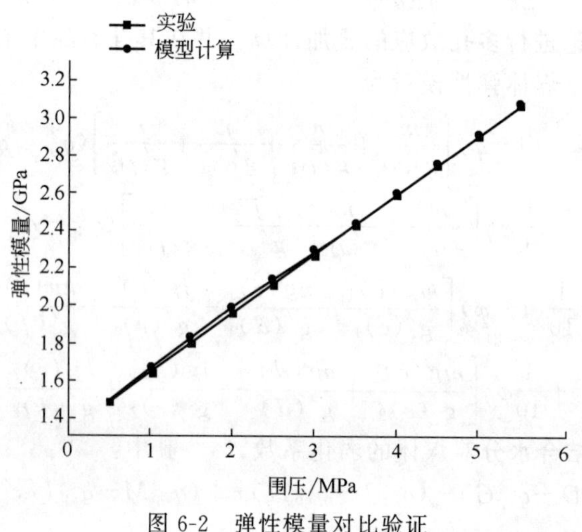

图 6-2 弹性模量对比验证

由图 6-2 可知：实验所做弹性模量与计算所得大小基本吻合，仅在围压较小时与实验所得有一些偏差。分析认为：首先，由于煤体孔裂隙结构复杂，弹性模量是反映煤体结构的重要参量，随着压力的变化煤体内部受力增加，使得原有孔裂隙闭合，增强了煤体内部结构的紧密性；其次，实验煤样融合了更多因素的影响，结构特性非均质性较强，而本文所建模型考虑因素较少，导致计算结果与实验结果稍有偏差。

三、原始状态下煤体力学主要参数变化规律

煤体与基质弹性模量是储层本身变形属性的客观反映，由煤体内部物质、结

构等参数决定。因此本小节将研究原始状态下弹性模量随孔隙度、含气/水饱和度以及不同孔径分布比例等储层本身参数的变化规律，同样根据研究区地质参数进行计算。

1. 原始状态下煤体力学性质随孔隙度的变化规律

原始状态下不同孔隙度下煤体力学性质计算结果见表 6-2。

表 6-2　孔隙度对原始状态下弹性模量的影响

孔隙度	煤体		基质	
	弹性模量/GPa	泊松比	弹性模量/GPa	泊松比
0.010	4.2150	0.3280	6.6666	0.33333
0.016	4.1780	0.3253	6.6665	0.33333
0.019	4.1601	0.3240	6.6665	0.33332
0.025	4.1252	0.3214	6.6663	0.33332
0.028	4.1083	0.3202	6.6663	0.33331
0.031	4.0916	0.3190	6.6662	0.33331
0.034	4.0752	0.3177	6.6660	0.33330
0.037	4.0592	0.3166	6.6659	0.33330
0.040	4.0433	0.3154	6.6656	0.33329

将表 6-2 中的计算结果进行数据拟合，得出变化规律，如图 6-3 和图 6-4 所示。

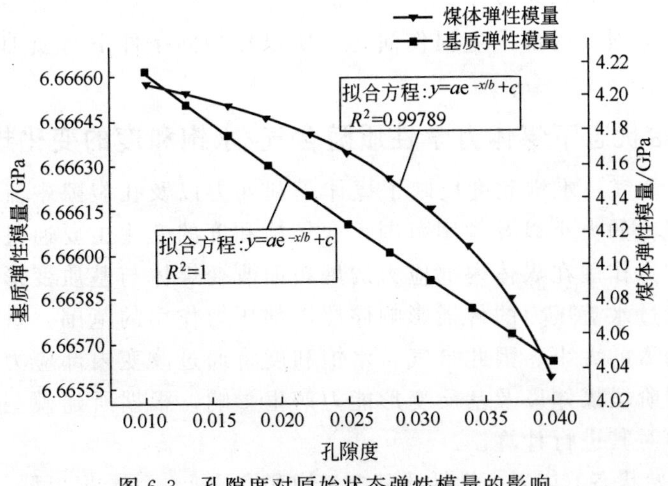

图 6-3　孔隙度对原始状态弹性模量的影响

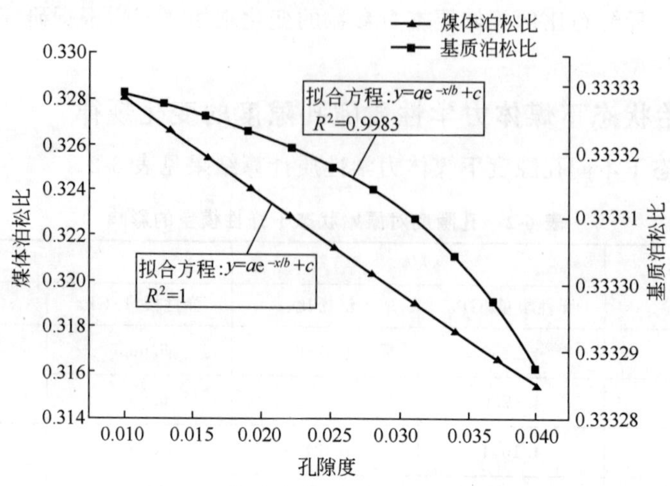

图 6-4 孔隙度对原始状态泊松比影响

由图 6-3 和图 6-4 可看出：原始状态下随着孔隙度的增大，煤体与基质的弹性模量、泊松比均呈指数形式降低。分析认为：随着孔隙度增大，煤体内部应力分配关系以及大小发生变化，作用在基质上的应力逐渐减小，基质结构单元间紧密性减弱，随着孔隙度的增大，减小趋势愈加明显，基质弹性模量降低；对于煤体本身结构单元，由于孔隙度的增大，直接使得结构单元孔裂隙增多，整体结构性松散，降低了煤体弹性模量大小，且较基质变化更加剧烈；储层泊松比的变化是由于孔隙度增大增强了气/水流体对储层变形的影响，一定程度上削弱了储层的侧向变形能力，由于基质结构单元本身较紧密，使得其受此影响较小，泊松比的总体变化较弹性模量要小；基质受力作用较煤体强烈且内部发生损伤演化，所以在相同条件下基质泊松比表征值较煤体的大。

2. 原始状态下煤体力学性质随含气/水饱和度的变化规律

煤储层含气、水饱和度反映了煤体受到外力以及孔裂隙中流体压力作用时内部作用力的大小以及作用范围，含气饱和度的变化主要通过改变储层空间中气体压力作用在煤体内部应力的展布而改变煤体与基质变形，而含水饱和度主要通过水流压力的传播影响储层内部压力作用的范围，进而改变储层煤体变形能力的大小。因此含气、水饱和度将通过改变内部应力展布对原始状态中不同阶段煤体以及基质变形能力产生影响。根据所建模型并结合研究区地质条件对其进行计算。

（1）原始状态下煤岩力学性质随含气饱和度的变化　根据模型，分别计算不同含气饱和度下煤岩力学主要参数，计算结果见表 6-3。

表 6-3　原始状态下不同含气饱和度下煤岩力学主要参数计算结果

含气饱和度	煤体		基质	
	弹性模量/GPa	泊松比	弹性模量/GPa	泊松比
0.8246	4.0408	0.31505	6.66545	0.3332819
0.7504	4.0420	0.31507	6.66545	0.3332817
0.6679	4.0433	0.31510	6.66545	0.3332816
0.5855	4.0446	0.31512	6.66544	0.3332814
0.5030	4.0459	0.31515	6.66544	0.3332812
0.4206	4.0472	0.31518	6.66543	0.3332811
0.3381	4.0485	0.31520	6.66543	0.3332809
0.2556	4.0498	0.31523	6.66542	0.3332807
0.1732	4.0511	0.31525	6.66542	0.3332806
0.0907	4.0524	0.31528	6.66541	0.3332804

将表 6-3 中的数据进行拟合得出如图 6-5 和图 6-6 所示规律变化。

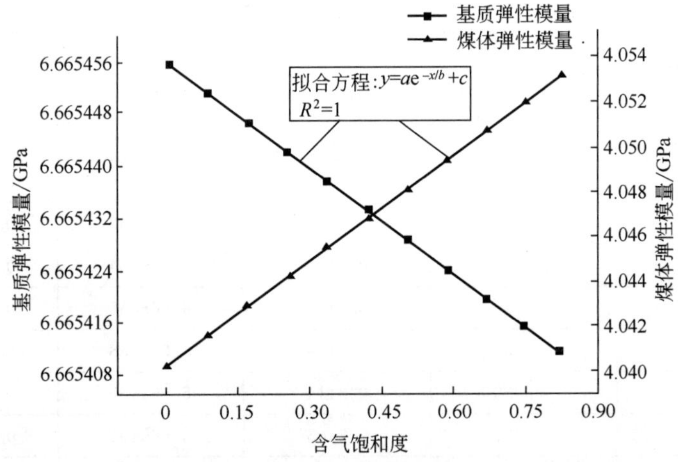

图 6-5　原始状态中弹性模量随含气饱和度的变化规律

由图 6-5 和图 6-6 可看出：原始状态下，随着含气饱和度的增加，煤体与基质弹性模量、泊松比出现了不同的变化。其中煤体弹性模量、泊松比随着含气饱和度的增加呈指数函数形式降低，但变化规律不明显；基质弹性模量、泊松比随含气饱和度增加呈指数函数形式增大，与煤体改变量相差一个数量级。分析认为：煤储层中的气/水主要赋存在煤体中的基质块体之间，因此含气饱和度对煤体变形能力影响较大。同时，与孔隙度对储层弹性模量与泊松比的影响相比，含气饱和度对煤体与基质变形的影响较弱。

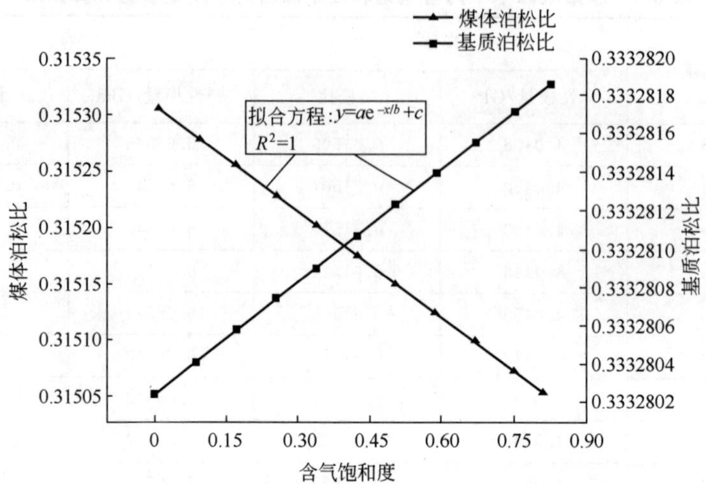

图 6-6 原始状态泊松比随含气饱和度的变化规律

(2) 原始状态下煤岩力学性质随含水饱和度的变化 根据模型，分别计算了不同含水饱和度下煤岩力学主要参数计算结果，见表 6-4。

表 6-4 原始状态下不同含水饱和度下的煤岩力学主要参数计算结果

含水饱和度	煤体		基质	
	弹性模量/GPa	泊松比	弹性模量/GPa	泊松比
0.1585	4.1457	0.3177	6.665449	0.33328171
0.2220	4.1038	0.3166	6.665451	0.33328177
0.2854	4.0618	0.3156	6.665453	0.33328183
0.3488	4.0198	0.3145	6.665454	0.33328189
0.4122	3.9779	0.3135	6.665456	0.33328195
0.4756	3.9359	0.3124	6.665458	0.33328201
0.5390	3.8939	0.3114	6.665459	0.33328207
0.6024	3.8520	0.3103	6.665461	0.33328213
0.6659	3.8100	0.3093	6.665463	0.33328220
0.7293	3.7680	0.3082	6.665464	0.33328226
0.7927	3.7261	0.3072	6.665466	0.33328232

将表 6-4 的计算结果进行拟合，可得出原始状态下储层弹性模量、泊松比随含水饱和度变化规律，如图 6-7 和图 6-8 所示。

由图 6-7 和图 6-8 可看出：在原始状态下，随着含水饱和度的增加，煤体弹性模量与泊松比均呈线性降低，且变化幅度较大；基质弹性模量与泊松比呈线性增大，但变化幅度与煤体相比小了几个数量级。分析认为：含水饱和度主要通过

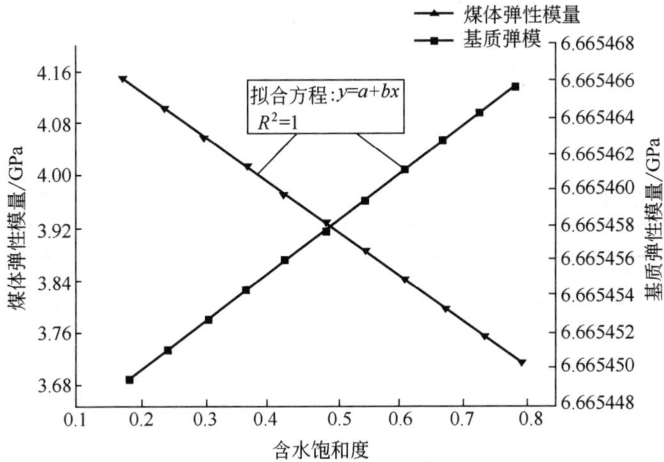

图 6-7　原始状态下煤体弹性模量随含水饱和度的变化

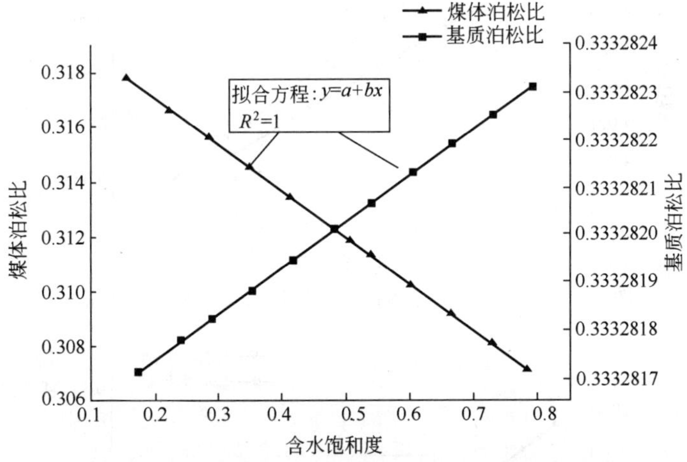

图 6-8　原始状态下泊松比随含水饱和度的变化

改变孔裂隙中流体压力作用范围来影响其内部应力展布，使得基质块之间流体作用增强，在相对较大面积上影响了整体结构的紧密性，从而使得煤体弹性模量降低幅度较大，但对基质影响则较小。

3. 原始状态下煤体性质随孔径分布的变化规律

储层由不同孔径的孔组成，根据弹塑性、损伤力学分析可知：即使储层条件相同，孔裂隙结构的差异也将导致煤体内部结构中应力传递、展布特征的不同，使弹性模量与泊松比产生变化。基于研究区沁东南地区地质开发勘探资料，以大孔分布比例的变化为基础进行计算，见表 6-5。

表 6-5 大孔分布比例对原始状态中弹性模量的影响

大孔分布比例	煤体		基质	
	弹性模量/GPa	泊松比	弹性模量/GPa	泊松比
0.1000	4.1531	0.3233	6.6664	0.33332
0.1440	4.1390	0.3223	6.6663	0.33332
0.2074	4.1186	0.3208	6.6661	0.33331
0.2986	4.0894	0.3186	6.6658	0.33330
0.4300	4.0472	0.3155	6.6655	0.33328
0.6192	3.9866	0.3111	6.6650	0.33326

由表 6-5 中的计算可拟合得出原始状态下储层弹性模量、泊松比随大孔分布变化的规律，如图 6-9 和图 6-10 所示。

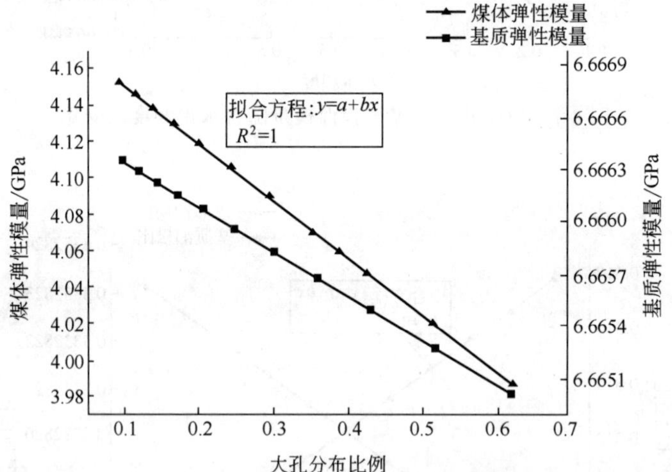

图 6-9 原始状态下煤体弹性模量随大孔分布比例的变化

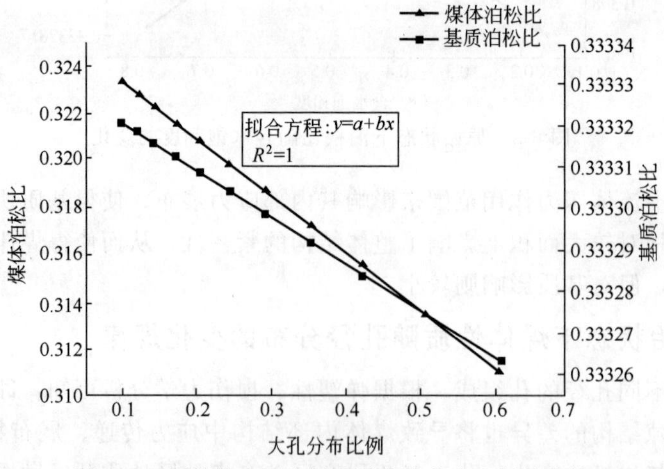

图 6-10 原始状态下泊松比随大孔分布比例的变化

由图 6-9 和图 6-10 可看出：随着大孔分布比例的增加，煤体、基质弹性模量与泊松比均呈线性减小趋势，其中基质结构参数变化较之小了几个数量级。分析认为：孔隙度不变的前提下，随着大孔比例增加，流体所占相对空间增大，流体作用应力降低，外部作用力在煤体中的应力迁移作用增强，煤体弹性模量降低。

由以上分析可知：孔隙度、含水饱和度以及大孔分布比例对煤体弹性模量影响较大，而含气饱和度对其影响较小；以上各因素对煤体弹性模量影响较基质影响大了几个数量级；对泊松比的影响相对弹性模量较小。

四、排采过程中煤体力学主要参数的变化规律

煤体与基质弹性模量是储层本身变形属性的客观反映，一方面受到外界储层条件的影响；另一方面，排采过程中煤体与基质内部应力不断迁移、集中与释放，气、水不断产出，结构不断变形，也同样引起了弹性模量大小的变化。弹性模量既决定了储层基质应变变化，又反受其控制而不断变化，查明排采过程中不同排采阶段的弹性模量变化对明确储层基质应变有着关键作用。

基于所建弹性模量数理模型，结合沁东南地区的地质条件对排采过程中的弹性模量变化规律进行计算。首先对单相水流阶段弹性模量变化进行计算。

1. 单相水流阶段弹性模量变化

计算排采过程不同储层压力下弹性模量变化，见表 6-6。

表 6-6 单相水流阶段弹性模量变化

储层压力/MPa	孔隙度	力学结构参数/GPa	
		基质弹模	煤岩弹模
4.10	0.041009	6.666359	4.0386
3.95	0.041010	6.666359	4.0395
3.80	0.041010	6.666359	4.0404
3.65	0.041010	6.666358	4.0413
3.50	0.041010	6.666358	4.0423
3.35	0.041011	6.666358	4.0432
3.20	0.041011	6.666357	4.0442
3.05	0.041011	6.666357	4.0452
2.90	0.041011	6.666357	4.0462
2.75	0.041012	6.666356	4.0472
2.60	0.041012	6.666356	4.0482

由表 6-6 可看出：在单相水流阶段，随着储层压力的降低，煤体内应力分布不断变化，同时煤体与基质结构不断演化，弹性模量将随之不断变化，将其拟合，如图 6-11 所示。

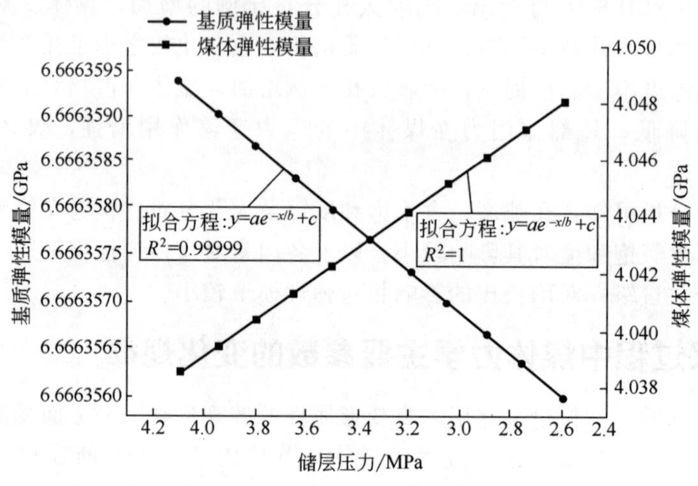

图 6-11　单相水流阶段弹性模量变化

由图 6-11 可以看出：单相水流阶段，煤体弹性模量呈指数函数形式增大，而基质弹性模量呈指数函数形式降低，两者变化幅度均较小，而煤体弹性模量变化较基质大。分析认为：首先，随着储层压力的不断降低，煤体有效应力增大，其内部损伤演化不断加剧，基质结构性减弱，弹性模量降低，而煤体由于外部作用力的压实作用，整体结构不断压实，从而呈增大趋势；其次，由于储层压力的改变以 MPa 为单位，而弹性模量则是以 GPa 为单位，相差三个数量级，从而使得煤体与基质弹性模量变化幅度均较小；再次，由于基质相对弹性模量较大，从而使得其变化幅度更小些。

2. 气/水两相流阶段弹性模量变化

计算气/水两相流阶段弹性模量变化，见表 6-7。

表 6-7　气/水两相流阶段弹性模量变化

储层压力/MPa	孔隙度	力学结构参数/GPa	
		基质弹性模量	煤岩弹性模量
2.59	0.041024	6.6663559	4.0483
2.39	0.041024	6.6663555	4.0497
2.19	0.041025	6.6663552	4.0512
1.99	0.041025	6.6663548	4.0527
1.79	0.041025	6.6663545	4.0543
1.59	0.041026	6.6663542	4.0559
1.39	0.041026	6.6663539	4.0576
1.19	0.041026	6.6663537	4.0594
0.99	0.041027	6.6663535	4.0613
0.79	0.041027	6.6663534	4.0633

对表 6-7 中的数据进行拟合，如图 6-12 所示。

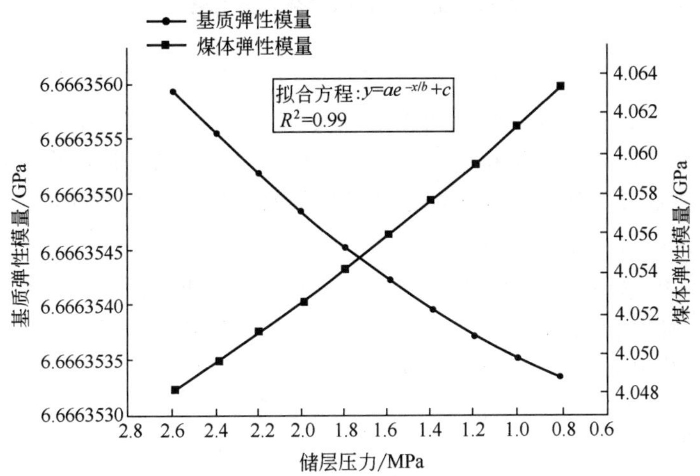

图 6-12　气/水两相流阶段弹性模量变化

由图 6-12 可以看出：气/水两相流阶段，煤体与基质弹性模量变化同单相水流阶段呈指数函数形式，但其变化幅度较单相流稍大。分析认为：气/水两相流阶段，增加了气体解吸对孔裂隙的影响，使得应力损伤演化程度加剧，基质弹性模量变化幅度将稍有增大，而煤体则因为储层压力的降低，整体进一步被压实而呈增加趋势。由于弹性模量数量级大，变化仍不明显。

对整个排采过程进行耦合，得出其弹性模量变化规律，如图 6-13 所示。

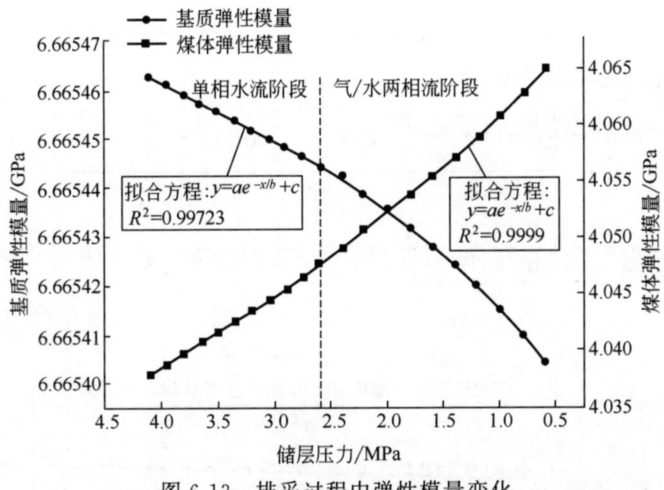

图 6-13　排采过程中弹性模量变化

由图 6-13 可以看出：排采过程中煤体弹性模量呈指数函数形式增大，而基质弹性模量呈指数函数形式降低，两者变化幅度均较小。

第三节　排采过程中煤体基质变形数理模型

单相水流阶段，煤基质变形主要受有效应力增量作用，发生了应力压缩变形，而有效应力、基质弹性模量均受到了应力、结构状态改变的影响。因此本节对煤基质应变量的研究需根据弹塑性力学对应力、变形对基质应变变化量的影响进行分析，进而建立煤基质在单相水流阶段的数理模型，并进行验算。然后根据沁东南地区勘探开发数据对其变化规律进行探讨。

气/水两相流阶段，由于气体发生解吸，在煤体内释放了表面自由能，在单相水流阶段应力与结构演化的基础上增加了甲烷气体解吸引起的储层能量转化，基质在应力-结构-能量三者共同作用下进一步的收缩变化。根据吸附/解吸平衡、表面自由能作用基质应变以及能量转化等理论可建立气/水两相流过程中煤基质收缩变形变化的数理模型，通过计算得出其变化规律。

一、单相水流阶段煤基质变形的数理模型

单相水流阶段煤基质收缩变化的数理模型由单相水流中有效应力与煤体、基质结构的损伤动态演化耦合得出。与有效应力以及弹性模量变化的研究思路相同，需分为储层压力变化和应变两部分来分析动态变化过程中基质收缩参数随有效应力的改变。

1. 储层压力降低后引起的应变量

单相水流阶段，设储层压力降低 Δp，由于模型中原有尺寸不改变，可得纵向与横向上有效应力改变后为：

$$\left.\begin{aligned}\sigma'_{ev}&=\frac{\sigma_v a^2-\left(\dfrac{2}{3}\pi r_1^2 g_1+\dfrac{2}{3}\pi r_2^2 g_2+\dfrac{2}{3}\pi r_3^2 g_3+\dfrac{2}{3}\pi r_4^2 g_4\right)\times\sigma'_{bv}}{a^2}\\\sigma'_{eh}&=\frac{\sigma_h a^2-\left(\dfrac{2}{3}\pi r_1^2 g_1+\dfrac{2}{3}\pi r_2^2 g_2+\dfrac{2}{3}\pi r_3^2 g_3+\dfrac{2}{3}\pi r_4^2 g_4\right)\times\sigma'_{lh}}{a^2}\end{aligned}\right\}\tag{6-5}$$

式中：

$$\left.\begin{aligned}\sigma'_{lv}&=-\frac{3.03\pi(q'-\Delta p)[g_1r_1^2+g_2r_2^2+g_3r_3^2+g_4r_4^2]}{a^2}\\\sigma'_{lh}&=-\frac{4.36\pi(q'-\Delta p)[g_1r_1^2+g_2r_2^2+g_3r_3^2+g_4r_4^2]}{a^2}\end{aligned}\right\}\tag{6-6}$$

储层压力的改变使得煤体弹性模量变化，变化为：

$$\left.\begin{aligned}
E'_c &= -\frac{1}{10}(1-\varphi)\left[\frac{m}{g'_{(c)3}}+\frac{n}{g'_{(d)3}}+\frac{j}{g'_{(e)3}}+\frac{k}{g'_{(f)3}}\right](q_1^2-q_2^2) \\
&\quad -\frac{1}{10}\varphi\eta\left[\frac{m}{g'_{(c)2}}+\frac{n}{g'_{(d)2}}+\frac{j}{g'_{(e)2}}+\frac{k}{g'_{(f)2}}\right](q_1^2-q_2^2) \\
g'_{(x)3} &= (q_1D-q_2G)+(q_1J-q_2H)x+(q_1M-q_2I)x^2+ \\
&\quad (q_1F-q_2N)x^4+\varepsilon'_{(x)}(q_1-q_2) \\
\varepsilon'_{(x)} &= \frac{1}{2be}\times\frac{q'-\Delta P}{\dfrac{b^2}{x^2}-1}\left[(\mu-1)(b-x)+\frac{1+\mu}{x}b^2\right]-(1+\mu)b
\end{aligned}\right\} \tag{6-7}$$

而煤基质弹性模量变化为：

$$\left.\begin{aligned}
E'_s &= -\frac{1}{10}(1-\varphi)\left[\frac{m}{g'_{(c)3}}+\frac{n}{g'_{(d)3}}+\frac{j}{g'_{(e)3}}+\frac{k}{g'_{(f)3}}\right](q_1^2-q_2^2) \\
&\quad -\frac{1}{10}\varphi\eta\left[\frac{m}{g'_{(c)2}}+\frac{n}{g'_{(d)2}}+\frac{j}{g'_{(e)2}}+\frac{k}{g'_{(f)2}}\right](q_1^2-q_2^2) \\
g'_{(x)3} &= (q_1D-q_2G)+(q_1J-q_2H)x+(q_1M-q_2I)x^2+ \\
&\quad (q_1F-q_2N)x^4+\varepsilon'_{(x)}(q_1-q_2) \\
\varepsilon'_{(x)} &= -\frac{1}{2be}\times\frac{\sigma_e-\Delta p}{\dfrac{b^2}{x^2}-1}\left[(\mu-1)(b-x)+\frac{1+\mu}{x}b^2-(1+\mu)b\right]
\end{aligned}\right\} \tag{6-8}$$

则孔裂隙结构的应变量为：

$$\begin{aligned}
\varepsilon_p = \varepsilon_{总}-\varepsilon_s &= \left[\frac{\sigma_v+\sigma_h}{E'_c}(1-\mu'_c)-\frac{\sigma_v+\sigma_h}{E_c}(1-\mu_c)\right] \\
&\quad -\left[\frac{\sigma'_{ev}+\sigma'_{eh}}{E'_s}(1-\mu'_s)-\frac{\sigma_{ev}+\sigma_{eh}}{E_s}(1-\mu_s)\right]
\end{aligned} \tag{6-9}$$

其中孔裂隙结构中孔径的应变量为 ε_p，则变化后孔径为：

$$r' = r\left(1-\frac{\varepsilon_p}{2}\right) \tag{6-10}$$

2. 结构变形改变引起的有效应力系数的变化

应力迁移范围的改变使得应变产生后影响到的单元内部作用应力的改变：

$$\left.\begin{aligned}
\sigma'_x &= q''+\frac{\left\{\begin{aligned}&g_1\left[r_1\left(1-\frac{\varepsilon_p}{2}\right)\right]^2+g_2\left[r_2\left(1-\frac{\varepsilon_p}{2}\right)\right]^2+\\&g_3\left[r_3\left(1-\frac{\varepsilon_p}{2}\right)\right]^2+g_4\left[r_4\left(1-\frac{\varepsilon_p}{2}\right)\right]^2\end{aligned}\right\}[0.439\pi q-4.36\pi(q'-\Delta p)-2.75q''\pi]}{\left[a\left(1-\frac{\varepsilon_{总}}{2}\right)\right]^2} \\
\sigma''_{eh} &= \sigma'_x+\frac{\left\{\begin{aligned}&g_1\left[r_1\left(1-\frac{\varepsilon_p}{2}\right)\right]^2+g_2\left[r_2\left(1-\frac{\varepsilon_p}{2}\right)\right]^2+\\&g_3\left[r_3\left(1-\frac{\varepsilon_p}{2}\right)\right]^2+g_4\left[r_4\left(1-\frac{\varepsilon_p}{2}\right)\right]^2\end{aligned}\right\}\times\frac{2}{3}\pi\sigma''_{lh}}{\left[a\left(1-\frac{\varepsilon_{总}}{2}\right)\right]^2}
\end{aligned}\right\}$$

$$\left.\begin{aligned}
\sigma''_{lh} &= -\frac{4.36\pi(q'-\Delta p)\left\{\begin{aligned}&g_1\left[r_1\left(1-\frac{\varepsilon_p}{2}\right)\right]^2+g_2\left[r_2\left(1-\frac{\varepsilon_p}{2}\right)\right]^2+\\&g_3\left[r_3\left(1-\frac{\varepsilon_p}{2}\right)\right]^2+g_4\left[r_4\left(1-\frac{\varepsilon_p}{2}\right)\right]^2\end{aligned}\right\}}{\left[a\left(1-\frac{\varepsilon_{总}}{2}\right)\right]^2}\\
\sigma'_y &= q''+\frac{\left\{\begin{aligned}&g_1\left[r_1\left(1-\frac{\varepsilon_p}{2}\right)\right]^2+g_2\left[r_2(1-\frac{\varepsilon_p}{2})\right]^2+\\&g_3\left[r_3\left(1-\frac{\varepsilon_p}{2}\right)\right]^2+g_4\left[r_4\left(1-\frac{\varepsilon_p}{2}\right)\right]^2\end{aligned}\right\}[5.872\pi q-3.03\pi(q'-\Delta p)-2.98q''\pi]}{\left[a\left(1-\frac{\varepsilon_{总}}{2}\right)\right]^2}\\
\sigma''_{ev} &= \sigma'_y-\frac{\left\{\begin{aligned}&g_1\left[r_1\left(1-\frac{\varepsilon_p}{2}\right)\right]^2+g_2\left[r_2\left(1-\frac{\varepsilon_p}{2}\right)\right]^2+\\&g_3\left[r_3\left(1-\frac{\varepsilon_p}{2}\right)\right]^2+g_4\left[r_4\left(1-\frac{\varepsilon_p}{2}\right)\right]^2\end{aligned}\right\}\times\frac{2}{3}\pi\sigma''_{lv}}{\left[a\left(1-\frac{\varepsilon_{总}}{2}\right)\right]^2}\\
\sigma''_{lv} &= -\frac{3.03\pi(q'-\Delta p)\left\{\begin{aligned}&g_1\left[r_1\left(1-\frac{\varepsilon_p}{2}\right)\right]^2+g_2\left[r_2\left(1-\frac{\varepsilon_p}{2}\right)\right]^2+\\&g_3\left[r_3\left(1-\frac{\varepsilon_p}{2}\right)\right]^2+g_4\left[r_4\left(1-\frac{\varepsilon_p}{2}\right)\right]^2\end{aligned}\right\}}{\left[a\left(1-\frac{\varepsilon_{总}}{2}\right)\right]^2}
\end{aligned}\right\} \tag{6-11}$$

应变改变后引起的有效应力系数的改变为：

$$a'=\frac{2\pi}{3a^2}\left\{\begin{aligned}&g_1\left[r_1\left(1-\frac{\varepsilon_p}{2}\right)\right]^2+g_2\left[r_2\left(1-\frac{\varepsilon_p}{2}\right)\right]^2+\\&g_3\left[r_3\left(1-\frac{\varepsilon_p}{2}\right)\right]^2+g_4\left[r_4\left(1-\frac{\varepsilon_p}{2}\right)\right]^2\end{aligned}\right\} \tag{6-12}$$

3. 单相水流阶段煤基质变化的数理模型

储层压力改变与单元内部的应变的改变共同影响后的有效应力为：

$$\left.\begin{aligned}\sigma'''_{ev}&=\sigma'_y-a'\sigma''_{lv}\\ \sigma'''_{eh}&=\sigma'_x-a'\sigma''_{lh}\end{aligned}\right\} \tag{6-13}$$

排采过程中，煤体的变形量由基质的变形量和煤体中孔裂隙的变形量两部分组成，即：

$$\varepsilon_{总}=\varepsilon_s+\varepsilon_p \tag{6-14}$$

式中，$\varepsilon_{总}$为煤体的总体变形量；ε_s为基质应变量，其中包括横向与纵向的，即 $\varepsilon_s=\varepsilon_h+\varepsilon_v$；$\varepsilon_p$ 为孔裂隙的变形量。

基于煤体与煤基质的变形处于弹塑性变形阶段的假设，因此煤体与基质的弹性模量受到煤体与基质应变的影响较小，综合因素影响后煤基质的收缩变化量为：

$$\varepsilon_s' = \frac{\sigma'''_{ev} + \sigma''_{eh}}{E_s'}(1-\mu_s') - \frac{\sigma_{ev} + \sigma_{eh}}{E_s}(1-\mu_s) \tag{6-15}$$

有效应力的改变反过来又影响到煤体内部单元的应变，但是应变影响有效应力产生的变化较储层压力的影响有数量级上的差别，改变的有效应力对应变的影响更加微小，可忽略不计。

二、气/水两相流阶段基质变形数理模型

气/水两相流阶段，随着水的流出和气体的不断解吸产出，有效应力进一步作用基质压缩变形并发生结构演化；而气体解吸引起基质表面自由能增加使基质收缩变形；解吸过程中孔裂隙结构变形影响了有效应力大小，使有效应力压缩过程中应力作用不断发生变化；同时应力作用过程中产生了应变能改变了基质表面自由能的大小而改变着解吸收缩过程。以上四者共同作用下可得出气/水两相流阶段煤基质收缩变形的数理模型。因气/水两相流阶段有效应力作用基质压缩变形与单相水流阶段的计算思路相同，在此不再赘述，对其他三种作用下的应变分别求解。

1. 气体解吸引起的基质收缩变形的数理模型

由煤大分子结构研究可知，煤是由周边连接多种原子基团的缩聚芳香稠环、氢化芳香稠环等通过各种桥键连接而成，其三维交联网络模型的核心是芳香核，是构成煤大分子的基本结构单元，碳原子是煤大分子的骨架。所以煤可以看成主要由碳原子构成的有机固体，煤体相内的碳原子与四周碳原子通过各种力处于力的平衡状态。当煤孔裂隙表面形成时，表面的碳原子至少有一侧是空的，因而其受力是不平衡的。表面的碳原子受到垂直指向煤体相内部的吸引力，具有向煤体内部运动的趋势，此种趋势使煤表面的碳原子获得一种额外的能量，即表面自由能。煤的吸附/解吸平衡过程可通过分子运动理论来解释，即：

$$\mu = \frac{p}{\sqrt{2\pi mkT}} \tag{6-16}$$

$$v_a = \alpha\mu(1-\theta) \tag{6-17}$$

式中，μ 为单位时间内单位表面上碰撞分子数，个/(min・m^2)；p 为储层压力，MPa；m 为分子质量，kg；k 为玻尔兹曼常数，1.3806505×10^{-23} J/K；T 为热力学温度，K；v_a 为吸附速度，个/(min・m^2)；α 为碰撞分子被吸附分数；θ 为固体表面覆盖百分数，%。

当储层压力降低至临界解吸压力时，气体发生解吸，表面能增加。基质表面能是指产生单位面积新表面必须消耗的等温可逆功。

煤是一种固体，其中的原子、分子间的相对运动比液体中的原子、分子困难得多。为了便于研究，假设煤是理想固体，忽略了从非平衡状态到平衡状态的过

程变化，即能较快地产生相对移动，达到新的平衡。

煤基质在解吸时产生了新表面，新表面上分子受力不均，有自动调节其间距达到新平衡构型的倾向，由此产生了表面应力。定义 τ 为单位长度上的表面应力，沿着新表面互相垂直的两个表面应力和的一半为固体的表面应力，即：

$$\gamma=\frac{\tau_1+\tau_2}{2} \tag{6-18}$$

设 τ_1、τ_2 方向上的面积增量为 dA_1、dA_2，则总的表面自由能增量可以表示为：

$$\left.\begin{aligned} d(A_1G^s)=\tau_1 dA_1 \\ d(A_2G^s)=\tau_2 dA_2 \end{aligned}\right\} \tag{6-19}$$

全微分可得：

$$\left.\begin{aligned} \tau_1=G^s+A_1\left(\frac{dG^s}{dA_1}\right) \\ \tau_2=G^s+A_2\left(\frac{dG^s}{dA_2}\right) \end{aligned}\right\} \tag{6-20}$$

式中，G^s 为单位面积表面自由能，J/m²；$d(AG^s)$为总的表面自由能变化，J/m²。

同时为了便于研究，假设煤基质各向同性，即 $\tau_1=\tau_2$，则：

$$\gamma=G^s+A\left(\frac{dG^s}{dA}\right) \tag{6-21}$$

假设煤是一种理想固体，即煤在发生面积变化 dA 时，始终保持着平衡的表面构型，则：

$$\gamma=G^s \tag{6-22}$$

根据吉布斯公式：

$$d\gamma=RT\Gamma d(\ln p) \tag{6-23}$$

式中，R 为普适气体常数，8.31J/(K·mol)；T 为热力学温度，K；p 为储层压力，MPa。

其中 Γ 表示表面浓度与本体浓度的关系数值：

$$\Gamma=\frac{V}{SV_0} \tag{6-24}$$

式中，V 为吸附量，m³/t；V_0 为标准状况下的摩尔体积，22.4L/mol；S 为煤基质的比表面积，m²/t。

伯克海姆（Bangham）提出的理论：

$$\varepsilon=\lambda\Delta r \tag{6-25}$$

式中，ε 为固体的相对变形量；Δr 为煤解吸气体以后煤体表面自由能的变化量，J/m²；λ 为比例系数。

由伯克海姆（Bangham）假设：

$$\lambda=\frac{\rho_c S}{E} \tag{6-26}$$

式中，ρ_c 为煤基质的密度，t/m^3；S 为煤基质的比表面积，m^2/t；E 为煤体弹性模量，GPa。

联立上式可得：

$$\varepsilon=\frac{\rho_c SRT\Gamma \mathrm{d}(\ln p)}{E} \tag{6-27}$$

由此，当压力从零到 p 变化产生的应变量 $\Delta\varepsilon$ 为：

$$\Delta\varepsilon=\frac{\rho_c RT\int_0^p \frac{V}{p}\mathrm{d}p}{V_0 E} \tag{6-28}$$

结合 Langmuir 方程：

$$V=\frac{V_L p}{p+p_L}=\frac{abp}{1+bp} \tag{6-29}$$

式中，V_L 为兰氏体积，m^3/t；p_L 为兰氏压力，MPa；p 为储层压力，MPa；a 为干燥条件下测得的最大吸附量，m^3/t；b 为 $1/p_L$，MPa^{-1}。

得出气体解吸引起的煤基质收缩量变化数学模型为：

$$\Delta\varepsilon=\frac{\rho_c RT\alpha}{V_0 E}\ln\left(\frac{1+bp}{1+bp_0}\right) \tag{6-30}$$

2. 气体解吸改变的有效应力作用基质收缩变化的数理模型

当储层压力降低到临界解吸压力以下时，气体发生解吸，基质表面自由能增加，表面张力作用使基质发生收缩变形，基质的收缩变形同时引起了孔裂隙与煤体整体的变形。

孔裂隙中的孔隙压力作用在边界上的有效作用力为：

$$\left.\begin{aligned}\sigma_{pv}&=p-\sigma_{lv1}\\ \sigma_{ph}&=p-\sigma_{lh1}\end{aligned}\right\} \tag{6-31}$$

孔裂隙作用对边界颗粒原子产生拉伸作用使得原有边界扯裂产生新的界面，其中原子之间应力峰值 σ_m 是进一步扯裂界面与停止界面扩展的临界应力值，也是产生新界面的平衡应力值，孔裂隙中有效应力的作用效果与原子间应力峰值相等才能使界面平衡，即：

$$\sigma_m=\sigma_p \tag{6-32}$$

其中：

$$\sigma_p^2=\sigma_{pv}^2+\sigma_{ph}^2 \tag{6-33}$$

当储层压力降低后，基质应变量、孔裂隙变形量与煤体整体变形量之间存在如下的理论关系。

$$\varepsilon_{煤岩}=\varepsilon_{基质}+\varepsilon_{孔隙} \tag{6-34}$$

由气体解吸引起的煤体与孔裂隙的应变可以得出气体解吸导致的孔裂隙结构变化最终对有效应力的影响。

$$\left.\begin{aligned}
\sigma'_{x1}&=q''+\frac{[0.439\pi q-4.36\pi(p_{cd}-\Delta p)-2.57q''\pi]\left(1-\dfrac{\varepsilon_{孔隙}}{2}-\dfrac{\varepsilon'_{p}}{2}\right)^{2}\sum\limits_{i=1}^{4}r_i^2g_i}{\left[a\left(1-\dfrac{\varepsilon_{煤岩}}{2}\right)\right]^{2}}\\
\sigma''_{eh1}&=\sigma'_{x}-\frac{\dfrac{2\pi\sigma''_{lh1}}{3}\left(1-\dfrac{\varepsilon_{孔隙}}{2}-\dfrac{\varepsilon'_{p}}{2}\right)^{2}\sum\limits_{i=1}^{4}r_i^2g_i}{\left[a\left(1-\dfrac{\varepsilon_{煤岩}}{2}\right)\right]^{2}}\\
\sigma''_{lh1}&=\frac{4.36\pi(p_{cd}-\Delta p)\left(1-\dfrac{\varepsilon_{孔隙}}{2}-\dfrac{\varepsilon'_{p}}{2}\right)^{2}\sum\limits_{i=1}^{4}r_i^2g_i}{\left[a\left(1-\dfrac{\varepsilon_{煤岩}}{2}\right)\right]^{2}}\\
\sigma'_{y1}&=\frac{[5.872q\pi-3.03\pi(p_{cd}-\Delta p)-2.98q''\pi]\left(1-\dfrac{\varepsilon_{孔隙}}{2}-\dfrac{\varepsilon'_{p}}{2}\right)^{2}\sum\limits_{i=1}^{4}r_i^2g_i}{\left[a\left(1-\dfrac{\varepsilon_{煤岩}}{2}\right)\right]^{2}}\\
\sigma''_{ev1}&=\sigma'_{y1}-\frac{\dfrac{2\pi\sigma''_{lv1}}{3}\left(1-\dfrac{\varepsilon_{孔隙}}{2}-\dfrac{\varepsilon'_{p}}{2}\right)^{2}\sum\limits_{i=1}^{4}r_i^2g_i}{\left[a\left(1-\dfrac{\varepsilon_{煤岩}}{2}\right)\right]^{2}}\\
\sigma''_{lv1}&=\frac{3.03\pi(p_{cd}-\Delta p)\left(1-\dfrac{\varepsilon_{孔隙}}{2}-\dfrac{\varepsilon'_{p}}{2}\right)^{2}\sum\limits_{i=1}^{4}r_i^2g_i}{\left[a\left(1-\dfrac{\varepsilon_{煤岩}}{2}\right)\right]^{2}}
\end{aligned}\right\}\tag{6-35}$$

气体解吸引起的孔裂隙变形对有效应力系数的影响为：

$$\alpha'_{1}=\frac{2\pi\left(1-\dfrac{\varepsilon_{孔隙}}{2}-\dfrac{\varepsilon'_{p}}{2}\right)^{2}\sum\limits_{i=1}^{4}r_i^2g_i}{3a^{2}}\tag{6-36}$$

气体解吸影响后有效应力变为：

$$\left.\begin{aligned}
\sigma'''_{ev1}&=\sigma'_{y1}-\alpha'_{1}\sigma''_{lv1}\\
\sigma'''_{eh1}&=\sigma'_{x1}-\alpha'_{1}\sigma''_{lh1}
\end{aligned}\right\}\tag{6-37}$$

根据应力-应变关系，最终得出气/水两相流阶段气体解吸引起的有效应力压缩量变化的数理模型为[222]：

$$\varepsilon'_{s}=\frac{\sigma'''_{ev1}+\sigma'''_{eh1}}{E''_{s}}(1-\mu''_{s})-\frac{\sigma_{ev}+\sigma_{eh}}{E_{so}}(1-\mu''_{so})\tag{6-38}$$

3. 应力压缩影响解吸作用基质收缩的数理模型

气/水两相流阶段，储层压力进一步降低，有效应力作用煤基质使得基质不断地被压缩，煤体受到边界应力的作用，其内部应力发生迁移的同时伴随着弹性能的增加，当应力传递到孔裂隙周围的时候，应力的均匀传播轨迹发生了变化，会在孔裂隙周围产生应力集中与释放。基于损伤理论，孔裂隙周围产生的应力集中与释放是一种不平衡的应力状态，导致孔裂隙周围发生一定的扩展以卸去应力集中与释放的不平衡状态达到新的应力平衡。在损伤扩展过程中，基于损伤理论、能量原理与所建煤体模型假设将损伤扩展的影响平均到模型整个截面上，则损伤扩展释放的弹性能等于扩展中产生的新界面表面自由能，这在一定程度上加剧了基质的收缩与孔裂隙的扩张。

根据所建煤体模型，外部应力作用产生的弹性能总量为：

$$E_{弹性}=\int_{\varepsilon_{11c}-\varepsilon_{21c}}^{0} q\mathrm{d}(\varepsilon_{1c}-\varepsilon_{2c})+\int_{\varepsilon'_{21c}-\varepsilon'_{11c}}^{0} q''\mathrm{d}(\varepsilon'_{2c}-\varepsilon'_{1c}) \tag{6-39}$$

式中，ε_{1c}为煤体模型中上覆岩层压力作用的纵向应变；ε_{2c}为围压在纵向上的应变；ε'_{2c}为围压作用的横向应变；ε'_{1c}为上覆岩层压力作用的横向应变。

煤体受力损伤演化后的各向变形为：

$$\left.\begin{aligned}\varepsilon_{11c}&=\frac{q}{E''_c}\\ \varepsilon_{21c}&=\frac{q''}{E''_c}\mu_{煤岩}\\ \varepsilon'_{11c}&=\frac{q}{E''_c}\mu_{煤岩}\\ \varepsilon'_{21c}&=\frac{q''}{E''_c}\end{aligned}\right\} \tag{6-40}$$

煤体变形过程中基质在损伤扩展后发生变形储存的弹性能为：

$$E_{弹性s}\int_{\varepsilon_{11s}-\varepsilon_{21s}}^{0} \sigma_{ev3}d(\varepsilon_{1s}-\varepsilon_{2s})+\int_{\varepsilon'_{21s}-\varepsilon'_{11s}}^{0} \sigma_{eh3}d(\varepsilon'_{2s}-\varepsilon'_{1s}) \tag{6-41}$$

式中，ε_{1s}为煤基质纵向有效应力作用的纵向应变；ε_{2s}为横向有效应力作用在纵向上的应变；ε'_{2s}为横向有效应力作用的横向应变；ε'_{1s}为纵向有效应力作用的横向应变。

煤基质受力损伤演化后的各向变形为：

$$\left.\begin{aligned}\varepsilon_{11s}&=\frac{\sigma_{ev3}}{E''_s}\\ \varepsilon_{21s}&=\frac{\sigma_{eh3}}{E''_s}\mu_{基质}\\ \varepsilon'_{11s}&=\frac{\sigma_{eh3}}{E''_s}\mu_{基质}\\ \varepsilon'_{21s}&=\frac{\sigma_{eh3}}{E''_s}\end{aligned}\right\} \tag{6-42}$$

孔裂隙周围损伤扩展使得基质表面自由能增量为：

$$\Delta\gamma' = E_{弹性c} - E_{弹性s} \tag{6-43}$$

新增的表面自由能引起的基质收缩量为：

$$\Delta\varepsilon' = \lambda\Delta\gamma' \tag{6-44}$$

综合基质解吸与有效应力压缩影响，气/水两相流阶段基质压缩对甲烷解吸基质收缩量的数理模型可表示为：

$$\varepsilon''_s = \Delta\varepsilon' + \Delta\varepsilon \tag{6-45}$$

通过以上三者的作用，结合有效应力压缩基质变形可得出气/水两相流阶段基质变形的数理模型。

第四节　沁东南地区煤层气井产出过程煤储层应变特征

一、煤体基质变形数理模型验算

气/水两相流阶段煤基质的收缩变形主要包括了应力压缩与气体解吸作用两个部分，对于应力压缩下的基质变形已通过排采过程有效应力以及弹性模量的变化进行了验证。对于气体解吸作用基质变形变化的验证，本节将通过结合文献[224]进行对比分析，其中实验所选煤样来自重庆松藻煤电制的煤样，其主要参数包括：孔隙度为4.03%，容重为14.77kN/m^3，弹性模量为1.18GPa，本节模型计算完全参照实验参数。根据基本参数，模型计算结果见表6-8。

表6-8　不同孔隙压力下解吸变形量计算与实验结果对比

孔隙压力/MPa	煤体应变/$\times10^{-4}$	
	实验	计算
0.2	0.4885	0.72005
0.6	1.2835	1.905036
1.0	2.0785	2.859428
1.4	2.8735	3.658516
1.8	3.6685	4.345843
2.2	4.4635	4.948867
2.6	5.2585	5.486028
3.0	6.0535	5.970307

将表6-8中的数据进行拟合，如图6-14所示。

从图6-14可看出所建模型计算结果与实验结果基本吻合。煤体应变呈指数函数形式变化规律。

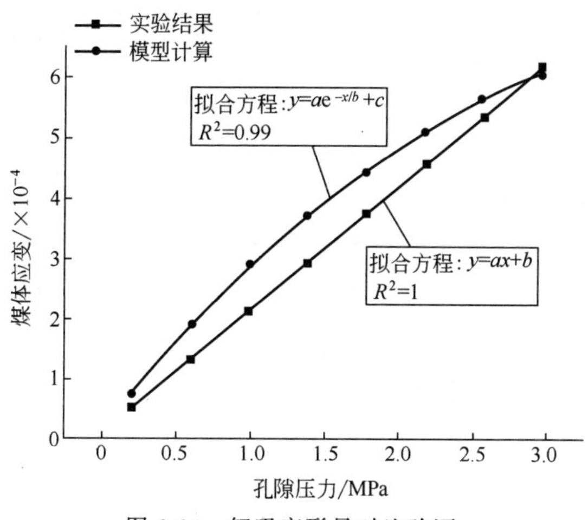

图 6-14 解吸变形量对比验证

实验结果与模型计算间的差值主要是实验煤样加载速率、煤样制作等过程的影响，同时本文所建模型基于弹塑性变形理论，煤体结构计算较实验完整，抵抗变形能力较强，另外，实验中吸附/解吸变形中部分变形量不可恢复，最终使得其结果略大。

二、不同煤储层参数下解吸变形变化规律

原始状态下，煤储层的受力变形主要由作用应力与力学性质两者共同决定，而气体解吸变形主要由储层力学性质、表面自由能等共同决定，其受力变形或解吸变形主要受煤储层本身属性影响。关于受力变形所受控的应力与力学性质在之前已进行了讨论，在此不再对受力变形变化规律进行论述，着重讨论原始状态下储层本身属性对气体解吸变形变化的影响。

1. 不同孔隙度下气体解吸引起变形变化规律

选取研究区不同孔隙度数据进行计算，得出气体解吸引起基质收缩变化，计算结果见表 6-9。

表 6-9 不同孔隙度下气体解吸引起的基质应变量计算结果

孔隙度	煤体弹模/GPa	基质应变/$\times10^{-4}$	煤体应变(膨胀)/$\times10^{-4}$
0.010	4.2271	7.9660	48.00
0.013	4.2093	7.8772	34.00
0.019	4.1745	7.6995	18.90
0.022	4.1576	7.6107	14.42
0.025	4.1410	7.5218	11.02

续表

孔隙度	煤体弹模/GPa	基质应变/×10⁻⁴	煤体应变(膨胀)/×10⁻⁴
0.031	4.1086	7.3438	6.28
0.034	4.0928	7.2547	4.58
0.037	4.0773	7.1655	3.18
0.040	4.0620	7.0761	2.01

对表 6-9 中的数据进行拟合，得出储层压力相同时，不同孔隙度下基质变形规律，如图 6-15 所示。

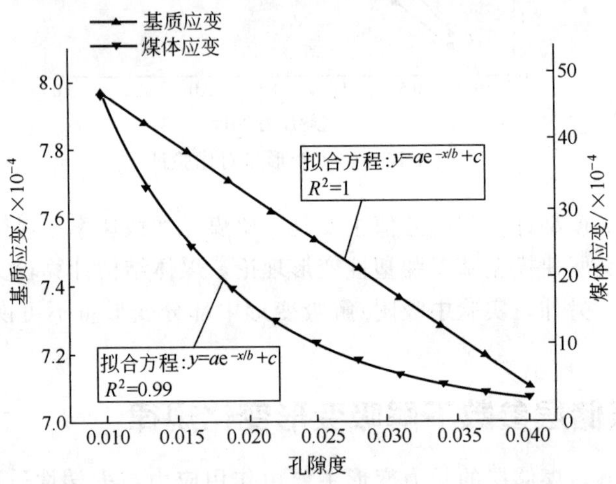

图 6-15　不同孔隙度下气体解吸引起的基质变形变化规律

由图 6-15 可以看出：随着孔隙度的增加，煤体与基质的解吸变形量均呈现指数函数形式降低。其中基质降低幅度不断增加，煤体则不断减小，但煤体总体降低量较基质大了几个数量级。分析认为：综合了应力与结构损伤演化的影响，煤体解吸变形受到孔隙度的影响较大，但随孔隙度增加逐渐平稳。孔隙度的增大对基质解吸变形影响较小，主要通过改变煤体变形而影响裂隙的导流能力。

2. 不同含气/水饱和度下气体解吸引起的基质变形变化规律

选取研究区不同含气、水饱和度数据进行计算，得出其气体解吸引起基质收缩变化，计算结果见表 6-10。

表 6-10　不同含气/水饱和度下气体解吸引起的基质变形量计算结果

含气饱和度	煤体弹模/GPa	基质应变/×10⁻⁴	煤体应变(膨胀)/×10⁻⁴	含水饱和度	煤体弹模/GPa	基质应变/×10⁻⁴	煤体应变(膨胀)/×10⁻⁴
0.91	4.0569	7.0465	8.32	0.03	4.2364	7.6008	9.07
0.83	4.0577	7.0491	7.43	0.10	4.1963	7.4812	7.95

续表

含气饱和度	煤体弹模/GPa	基质应变/×10⁻⁴	煤体应变（膨胀）/×10⁻⁴	含水饱和度	煤体弹模/GPa	基质应变/×10⁻⁴	煤体应变（膨胀）/×10⁻⁴
0.66	4.0593	7.0541	5.86	0.22	4.1162	7.2350	6.03
0.57	4.0601	7.0567	5.17	0.29	4.0762	7.1083	5.21
0.40	4.0617	7.0618	3.92	0.41	3.9961	6.8472	3.80
0.31	4.0625	7.0643	3.36	0.48	3.9560	6.7128	3.18
0.23	4.0633	7.0669	2.82	0.54	3.9160	6.5755	2.62
0.14	4.0640	7.0694	2.32	0.60	3.8759	6.4355	2.11
0.06	4.0648	7.0720	1.83	0.67	3.8359	6.2925	1.64

对表 6-10 中的数据进行拟合，得出其他储层参数不变的情况下，随着含气、水饱和度变化，气体解吸引起的基质与煤体变形量的变化规律，如图 6-16 和图 6-17 所示。

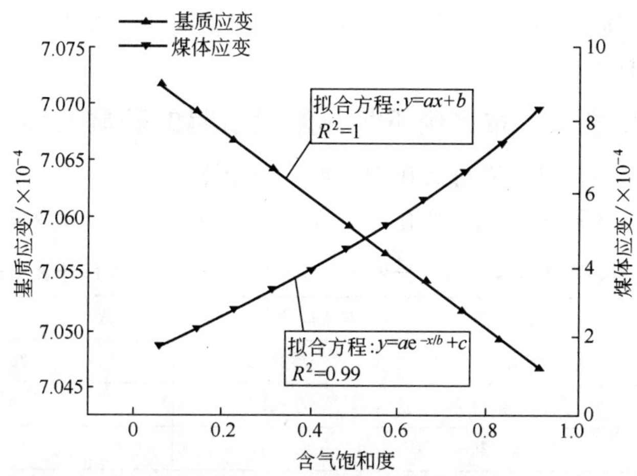

图 6-16　不同含气饱和度下气体解吸引起的基质变形变化规律

由图 6-16 可以看出：储层中若仅发生含气饱和度的变化，在其变化引起的应力-结构损伤耦合基础上，基质与煤体发生着不同变化。其中基质应变随含气饱和度的增加呈线性减小，煤体应变呈指数函数形式增加。分析认为：含气饱和度越大，同样孔隙度条件下气压越大，其对基质变形的影响比孔隙度的改变影响大。

由图 6-17 可以看出：随着含水饱和度的增加，基质与煤体应变均呈现为指数形式降低。对比发现：不同孔隙度、含气饱和度及含水饱和度下，煤体应变变化规律基本相同，但基质应变变化中含水饱和度对其影响最大，其次是含气饱和度，最后为孔隙度。分析认为：应力与结构损伤耦合后，基质变形主要受到应力

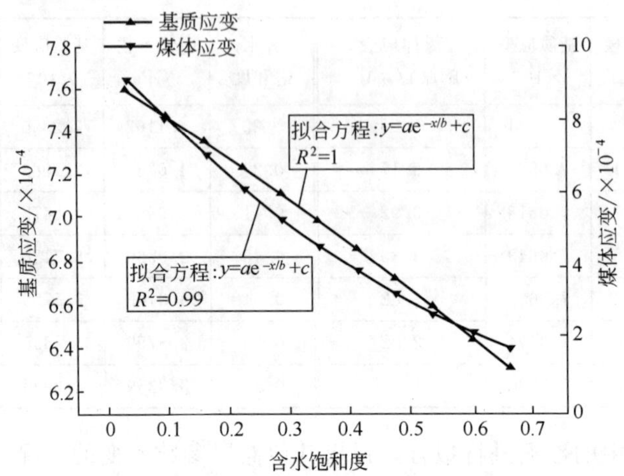

图 6-17 不同含水饱和度下气体解吸引起的基质变形变化规律

损伤作用范围的影响，其次是应力损伤作用力大小，最后为结构演化的影响，这主要是由于作用应力与弹性模量表征值间数量级上的差异以及不同地质因素作用方式的不同引起的。

3. 不同孔径孔分布比例下气体解吸引起的基质变形变化规律

选取研究区不同孔径孔分布比例数据进行计算，得出气体解吸引起基质收缩变化，这里选取大孔分布比例变化计算其基质收缩变化量。计算结果见表 6-11。

表 6-11 不同大孔分布比例下气体解吸引起的基质变形计算结果

大孔分布比例	煤体弹模/GPa	基质应变/$\times10^{-4}$	煤体应变(膨胀)$\times/10^{-4}$
0.12	4.1517	7.3450	25.44
0.14	4.1448	7.3237	20.62
0.21	4.1266	7.2673	12.89
0.25	4.1147	7.2301	9.83
0.36	4.0833	7.1308	4.99
0.43	4.0627	7.0650	3.11
0.62	4.0084	6.8881	0.20

对表 6-11 中的数据进行拟合，得出不同大孔分布比例下气体解吸引起的基质变形变化规律，如图 6-18 所示。

由图 6-18 可以看出：在其他条件不变的情况下，随着大孔分布比例的增加，煤体应变呈指数函数形式降低，基质应变则呈线性降低。分析认为：在孔隙度相同的情况下大孔分布比例主要是通过影响孔裂隙中流体应力作用范围以及大小改变应力-结构损伤演化的耦合作用，从而影响了气体解吸作用基质收缩变形。

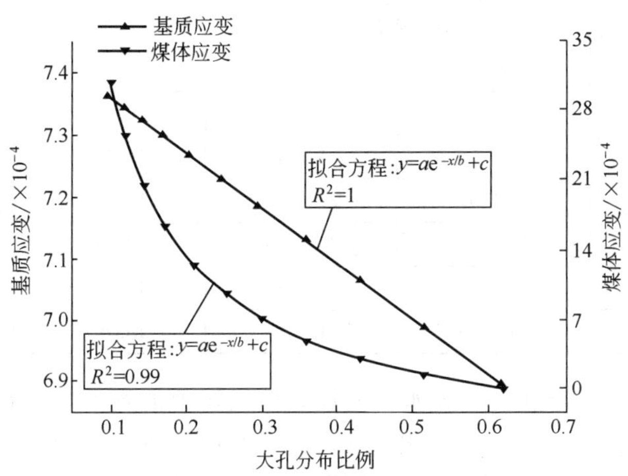

图 6-18　不同大孔分布比例下气体解吸引起的基质变形变化规律

综上可知：含水饱和度主要是通过改变孔裂隙内流体作用范围，含气饱和度主要是通过改变孔裂隙中作用的气体压力大小，孔隙度主要是通过改变内部损伤结构空间的大小，大孔分布比例主要是在孔裂隙不变的基础上改变孔裂隙流体作用范围来改变气体解吸作用基质收缩。其中：含水率的差异影响最大，其次是孔径分布比例，再次是含气饱和度，最后是孔隙度大小的差异。

三、沁东南地区煤层气井产出过程储层变形特征

1. 单相水流阶段煤基质收缩变形规律

单相水流阶段基质的收缩变形主要通过有效应力的变化和弹性模量的变化来反映。所建有效应力变化及弹性模量数理模型之前已进行了验证，在此对单相水流阶段基质受有效应力压缩变形量不再进行论证。

根据沁东南地区煤层气开发数据分别对排采过程中储层压力降低时应力影响下的变形量和应力-结构综合影响下的变形量进行计算，计算结果见表 6-12。

表 6-12　单相水流基质收缩变形量计算结果

储层压力/MPa	应力影响变形/$\times10^{-4}$		应变影响变形/$\times10^{-4}$	
	基质	煤体	基质	煤体
4.10	16.5947	31.6838	16.5978	31.6838
3.95	16.6120	31.6758	16.6151	31.6758
3.80	16.6293	31.6677	16.6324	31.6677
3.65	16.6466	31.6595	16.6496	31.6595
3.50	16.6637	31.6512	16.6667	31.6512

续表

储层压力/MPa	应力影响变形/×10⁻⁴		应变影响变形/×10⁻⁴	
	基质	煤体	基质	煤体
3.35	16.6808	31.6428	16.6838	31.6428
3.20	16.6978	31.6342	16.7008	31.6342
3.05	16.7147	31.6255	16.7176	31.6255
2.90	16.7315	31.6166	16.7344	31.6166
2.75	16.7482	31.6075	16.7511	31.6075
2.60	16.7648	31.5983	16.7676	31.5983

由表 6-12 可以看出：单相水流阶段，储层压力的降低，有效应力与弹性模量在应力-结构的影响下发生变化，进而使得基质产生变形变化，其中煤体在应力作用和应力、结构综合作用下有着相同的变形，如图 6-19 所示。

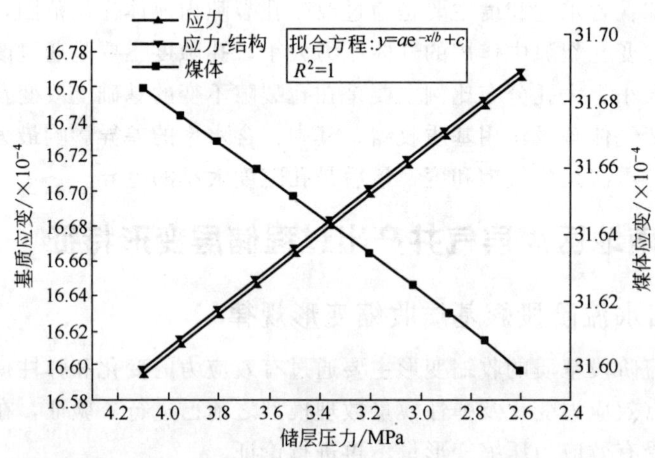

图 6-19　单相水流阶段随储层压力降低煤基质收缩变形变化规律

由图 6-19 可看出：单相水流阶段煤体变形呈指数函数形式降低；基质应变在应力作用、与应力-结构共同作用下呈指数函数形式增大，但综合应力-结构影响后均值较大。

分析认为：在外力大小不变的情况下，水的产出使煤体弹性模量增加，煤体应变逐渐减少，储层压力降低，基质所受的应力增大，基质的压缩量增加；另外，基质的变形反过来对有效应力产生影响，改变了基质收缩量，导致基质变形的影响相对储层压力的影响较小。从而可得单相水流阶段随着排采的不断进行，煤体的变形变化能力逐渐减弱，而基质应变变化逐渐加大，在压差一定的前提下，排采初期渗透率变化相对较小。

2. 气/水两相流阶段煤基质收缩变形规律

依据所建气/水两相流阶段基质收缩模型，可知气/水两相流阶段基质的变形包括了有效应力压缩基质发生变形，气体解吸后基质收缩变形，以及两者间的相互影响。因此本小节将对以上部分逐步综合，计算气/水两相流阶段最终的基质应变量。首先计算应力压缩部分。

（1）气/水两相流中应力压缩基质应变的变化规律　气/水两相流阶段应力压缩基质应变计算结果见表 6-13。

表 6-13　两相流有效应力压缩基质应变

储层压力/MPa	应力影响变形/×10^{-4}		应力压缩变形/×10^{-4}	
	基质应变	煤体应变	基质应变	煤体应变
2.59	16.7653	31.5983	16.7682	31.5983
2.39	16.7872	31.5857	16.7900	31.5857
2.19	16.8088	31.5727	16.8116	31.5727
1.99	16.8302	31.5592	16.8329	31.5592
1.79	16.8512	31.5453	16.8539	31.5453
1.59	16.8719	31.5308	16.8746	31.5308
1.39	16.8922	31.5157	16.8948	31.5157
1.19	16.9120	31.4999	16.9146	31.4999
0.99	16.9313	31.4832	16.9338	31.4832

将表 6-13 中的数据进行拟合，可得出其变化规律，如图 6-20 所示。

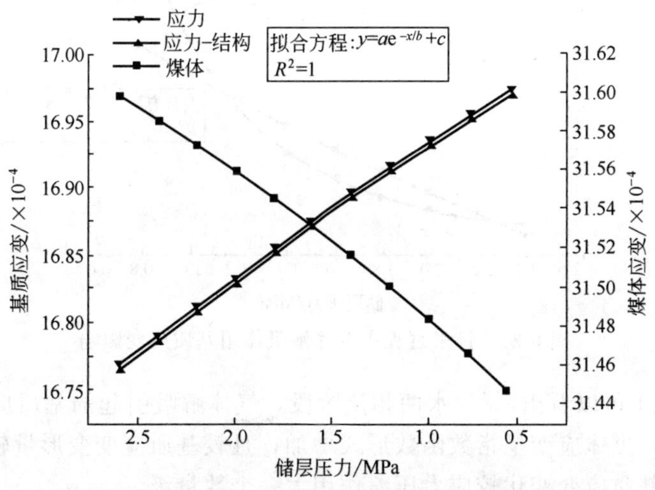

图 6-20　两相流有效应力压缩基质应变的变化规律

由图 6-20 可以看出：气/水两相流阶段，应力压缩作用下煤基质收缩变形变化规律与单相水流阶段相似，均呈指数函数形式变化，但基质应变均值大于单相流阶段的应变，煤体应变小于单相流阶段。

分析认为：两相流中孔裂隙流体压力降低幅度大，基质承担的有效应力增大，作用基质应变增强；而由气、水产出量的增多，煤体结构紧密性增强，煤体变形能力减弱。

（2）气/水两相流中气体解吸引起的基质应变变化规律　气/水两相流阶段各储层条件对气体解吸作用基质应变的计算分析中，主要基于不同地质因素对应力-结构耦合作用下的影响进行研究，计算结果见表 6-14。

表 6-14　气/水两相流阶段气体解吸引起的基质收缩变形量

储层压力/MPa	煤体弹模/GPa	基质应变/$\times10^{-4}$	煤体应变(膨胀)/$\times10^{-4}$
2.39	4.0497	1.1853	1.7593
2.19	4.0512	2.4145	2.2231
1.99	4.0527	3.6910	2.6946
1.79	4.0543	5.0187	3.3657
1.59	4.0559	6.4019	4.4054
1.39	4.0576	7.8456	6.0402
1.19	4.0594	9.3553	8.6278
0.99	4.0613	10.9374	12.7985

将表 6-14 中的数据进行拟合，得出其变化规律，如图 6-21 所示。

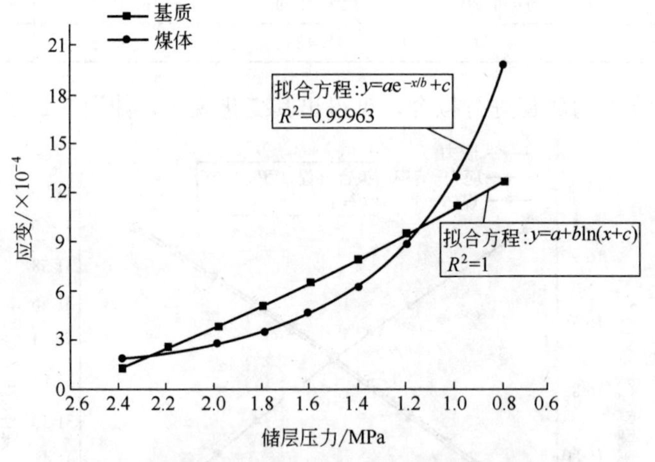

图 6-21　排采过程中气体解吸作用基质应变影响

由图 6-21 可以看出：气/水两相流阶段，气体解吸引起的基质应变呈对数函数形式增加，煤体应变呈指数函数形式增加，且较基质应变变形量较大；气体解吸作用后的基质应变变化较应力压缩作用大一个数量级。

分析认为：气体解吸作用对基质应变变形的影响较应力压缩不同，气体解吸通过能量变化影响孔裂隙结构使得基质收缩，煤体膨胀；应力压缩由于应力与弹性模量间数量级的差异，使得结果偏小，弹性模量数值较大，对应力压缩属于负作用，对气体解吸作用为正作用，从而使基质应变变化在气体解吸作用下较大。

（3）气/水两相流中气体解吸与应力压缩相互影响作用基质应变变化规律　气/水两相流阶段，随着气、水的产出，基质应变的应力压缩与气体解吸两个作用存在相互影响，根据所建模型对两者间的相互影响进行计算，首先计算气体解吸过程对有效应力压缩作用的影响。

① 气体解吸影响应力压缩过程　气体解吸作用对应力压缩影响是同步于应力-结构损伤演化作用以及解吸收缩作用的，是耦合以上三者后的基质应变量，但其应变变化反映了气体解吸对应力压缩的影响，计算结果见表 6-15。

表 6-15　气体解吸对应力压缩过程的影响

储层压力/MPa	有效应力/MPa		变形/$\times10^{-4}$	
	横向	纵向	基质	煤体
2.59	6.2967	10.4669	16.7648	31.5983
2.39	6.3065	10.4785	16.7861	31.5857
2.19	6.3161	10.4902	16.8074	31.5727
1.99	6.3256	10.5018	16.8285	31.5592
1.79	6.3348	10.5133	16.8491	31.5453
1.59	6.3438	10.5246	16.8694	31.5308
1.39	6.3524	10.5357	16.8891	31.5157
1.19	6.3607	10.5466	16.9082	31.4999
0.99	6.3685	10.5571	16.9265	31.4832
0.79	6.3757	10.5672	16.9437	31.4657

由表 6-15 可看出：随着气体的解吸，有效应力进一步发生变化，使其应力压缩变形量改变，如图 6-22 所示。

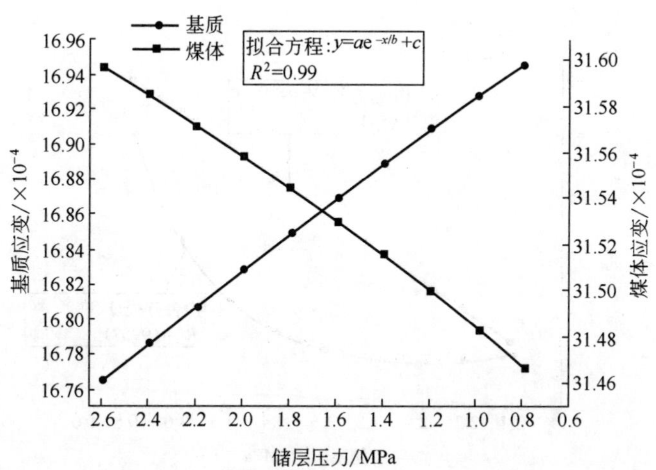

图 6-22　气体解吸影响应力压缩基质应变

由图 6-22 可以看出：气/水两相流阶段，气体解吸影响应力压缩，使基质应变呈指数函数形式增加，但在后期有减小的趋势；煤体应变则呈指数函数形式降低，与应力压缩单独作用相比，综合气体解吸以及气体解吸对其影响后，基质应变变化幅度降低。

分析认为：气体解吸通过改变孔裂隙空间影响应力压缩的大小，不会改变基质应变指数函数形式的变化规律；但气体解吸使得有效应力增幅减小，弹性模量虽呈增大趋势，但其数量级较大，从而使得气体解吸影响后基质应力压缩应变变化幅度降低。气体解吸作用对基质应变变形的影响与应力压缩对其影响不同，与此同时应力压缩作用同样会反作用于气体解吸对基质收缩的作用。

② 应力压缩影响气体解吸过程　通过综合应力压缩、气体解吸及两者相互影响，最终可得出基质应变变化，见表 6-16。

表 6-16　应力压缩对气体解吸过程的影响

储层压力/MPa	释放弹性能变化量/(J/m²)	基质应变/×10⁻⁴	煤体应变(膨胀)/×10⁻⁴
2.39	4.3590	2.7779	1.7175
2.19	8.7545	5.5790	1.4490
1.99	13.1472	8.3782	1.2106
1.79	17.5303	11.1718	1.2918
1.59	21.8977	13.9571	1.9349
1.39	26.2417	16.7313	3.4511
1.19	30.5507	19.4907	6.3217

由表 6-16 可知：气/水两相流阶段压缩作用释放弹性能，影响基质应变，将数据拟合得出变化规律，如图 6-23 所示。

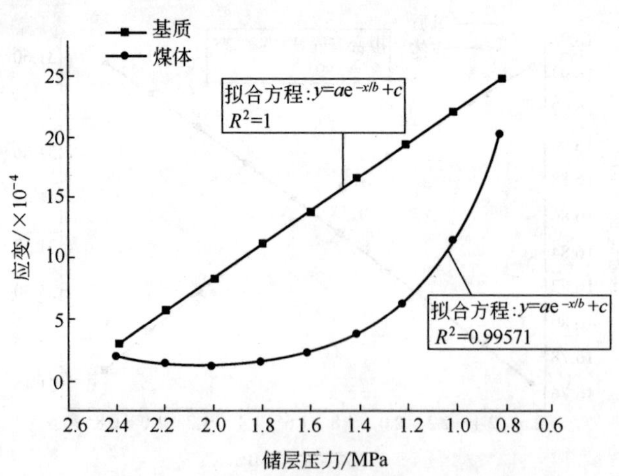

图 6-23　应力压缩影响气体解吸作用基质应变

由图 6-23 可以看出：气/水两相流阶段中综合应力-结构损伤演化作用以及此过程中解吸对孔裂隙结构的影响后，基质应变呈对数函数形式增大，煤体应变变化呈指数函数形式增大，较气体解吸作用基质与煤体体应变变化均有增大，较应力压缩应变变化幅度大。

分析认为：由于应力压缩过程中的能量释放，使得基质解吸收缩应变变化进一步增大，从而比气体解吸作用大。

为了明确整个排采中基质应变变化，可耦合单相水流以及气/水两相流阶段的基质应变变化的研究，如图 6-24 所示。

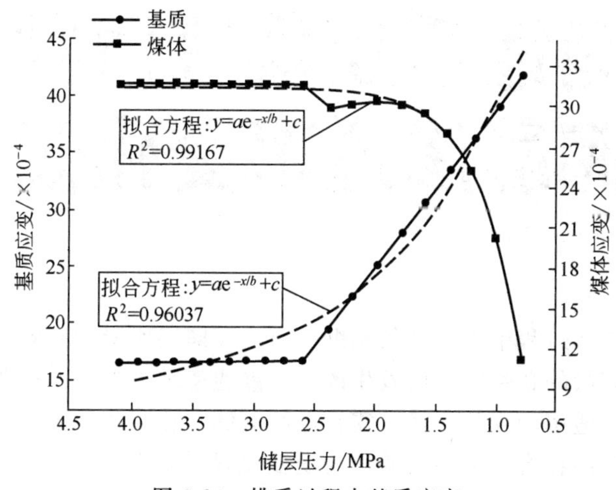

图 6-24　排采过程中基质应变

由图 6-24 可以看出：整个排采过程中煤基质应变呈指数函数形式增大，而煤体呈指数函数形式减小，其中两相流阶段基质与煤体应变变化幅度较单相水流阶段大。

分析认为：单相水流阶段，有效应力压缩使得基质与煤体发生压缩，但由于弹性模量数量级大，使得应变变化幅度小；气/水两相流阶段气体解吸引起的能量变化影响应变，使得基质继续收缩，而煤体由于孔裂隙空间的扩张发生膨胀，降低了应变变化；气/水两相流阶段，弹性模量大小对能量的改变起到了正作用，导致基质应变变化较单相水流阶段大。

综上可知：单相水流以及气/水两相流阶段中煤体弹性模量由压实作用呈指数函数增大，基质弹性模量由应力结构损伤呈指数函数降低，煤体弹性模量变化较基质大，两相流阶段，煤体与基质弹性模量变化较单相水流阶段大。

单相水流与气/水两相流阶段基质应变呈指数函数形式增大，气/水两相流阶段增幅较大，气体解吸作用基质应变变化大于应力压缩。

第七章

沁东南地区煤层气直井产出过程储层渗透率变化规律

煤层气井排采过程中水、气的相继产出，煤储层所受的有效应力与基质应变不断变化，煤储层的孔裂隙空间发生改变，渗透率随之变化。查明煤层气直井排采过程煤储层渗透率的变化规律，需首先明确储层孔裂隙相对变形量与渗透率大小间的关系，进而在有效应力与基质应变变化规律研究的基础上，计算不同排采阶段储层孔裂隙空间变形量，从而可得出不同排采阶段渗透率的变化规律。基于此，本章结合基质、孔裂隙与煤体间变形协调关系，建立了渗透率变化与煤体变形间的数理模型；然后根据单相水流阶段应力与结构变形间的关系，得出了该阶段中渗透率变化规律；根据气/水两相流阶段，应力、能量以及结构耦合关系，得出应力压缩与气体解吸共同影响后的渗透率变化规律。

第一节　排采过程中煤储层渗透率变化数理模型

根据所建煤储层几何模型，煤体单元中基质应变、孔裂隙应变以及煤体单元应变改变量符合如下关系。

$$\Delta\varepsilon_s + \Delta\varepsilon_p = \Delta\varepsilon_u \tag{7-1}$$

式中，$\Delta\varepsilon_s$ 为基质应变改变量；$\Delta\varepsilon_p$ 为孔裂隙应变改变量；$\Delta\varepsilon_u$ 为煤体单元应变改变量。

根据所建单相水流阶段以及气/水两相流阶段基质收缩数理模型可计算得出基质与煤体单元变形量，根据上式计算基质以及孔裂隙变形量，设变形参数为 S_p，即：

$$S_p=\frac{A_s}{V_p} \tag{7-2}$$

式中，A_s 为基质表面积，m^2/t；V_p 为孔裂隙体积，m^3/t。

由 Kozeny-Carman 方程可得出储层渗透率随基质与孔裂隙变形量间关系[225~227]。

$$K=\frac{\varphi}{k'S_p^2} \tag{7-3}$$

一、单相水流阶段煤储层渗透率变化数理模型

原始状态下，煤基质和储层中的流体共同承担着外部作用力。单相水流阶段，煤储层中的水不断产出，煤体及基质的应力状态和结构特性处于动态变化中，引起孔裂隙变形，最终表现为渗透率的改变。

根据所建的煤体弹性模量模型，表征了排采过程中煤体抵抗变形能力的变化，从而计算出在一定储层压力下煤体变形量的大小，即：

$$\varepsilon_{c-s}=\frac{(q_{op}+q_{cp})\left\{\begin{array}{l}1-\frac{1}{10}(1-\varphi)\left[\frac{mg(c)_1}{g'(c)_1}+\frac{ng(c)_1}{g'(d)_1}+\frac{jg(c)_1}{g'(e)_1}+\frac{kg(c)_1}{g'(f)_1}\right]\\-\frac{1}{10}\varphi\eta\left[\frac{mg(c)_2}{g'(c)_2}+\frac{ng(d)_2}{g'(d)_2}+\frac{jg(e)_2}{g'(e)_2}+\frac{kg(f)_2}{g'(f)_2}\right]\end{array}\right\}}{\begin{array}{l}-\frac{1}{10}(1-\varphi)\left[\frac{m}{g'_{(c)3}}+\frac{n}{g'_{(d)3}}+\frac{j}{g'_{(e)3}}+\frac{k}{g'_{(f)3}}\right](q_{op}^2-q_{cp}^2)\\-\frac{1}{10}\varphi\eta\left[\frac{m}{g'_{(c)2}}+\frac{n}{g'_{(d)2}}+\frac{j}{g'_{(e)2}}+\frac{k}{g'_{(f)2}}\right](q_{op}^2-q_{cp}^2)\end{array}} \tag{7-4}$$

结合所求基质应变量，可得此时孔裂隙变形量为：

$$\varepsilon_{p-s}=(q_{op}+q_{cp})\left(\frac{1-\mu'_c}{E'_c}-\frac{1-\mu_c}{E_c}\right)-\frac{\sigma'''_{ev}+\sigma'''_{eh}}{E'_s}(1-\mu'_s)+\frac{\sigma_{ev}+\sigma_{eh}}{E_s}(1-\mu_s) \tag{7-5}$$

基质表面积变化为：

$$A'_{s-s}=4\pi\sum_{i=1}^{4}[g_i(r_i-\varepsilon_{p-s})^2] \tag{7-6}$$

孔裂隙体积变化为：

$$V'_{p-s}=\frac{4}{3}\pi\sum_{i=1}^{4}[g_i(r_i-\varepsilon_{p-s})^3] \tag{7-7}$$

孔隙度变化为：

$$\varphi'_s=\frac{\frac{4}{3}\pi\sum_{i=1}^{4}[g_i(r_i-\varepsilon_{p-s})^3]}{\left[a-(q_{op}+q_{cp})\left(\frac{1-\mu'_c}{E'_c}-\frac{1-\mu_c}{E_c}\right)\right]} \tag{7-8}$$

根据渗透率计算方程，结合对有效应力、基质收缩变形的研究，可得出单相水流阶段渗透率变化的数理模型为[228]：

$$K'_{s}=\frac{\frac{4\pi}{27k'}\sum_{i=1}^{4}[g_i(r_i-\varepsilon_{p-s})^3]}{\left[a-(q_{op}+q_{cp})\left(\frac{1-\mu'_c}{E'_c}-\frac{1-\mu_c}{E_c}\right)\right]^3\left\{\sum_{i=1}^{4}[g_i(r_i-\varepsilon_{p-s})]\right\}^2} \tag{7-9}$$

二、气/水两相流阶段煤储层渗透率变化数理模型

煤储层渗透率的变化主要由煤体、基质、孔裂隙的变形来反映。由所建基质收缩变形数理模型可知：气/水两相流阶段各相变形由应力压缩、气体解吸、解吸影响应力压缩以及压缩影响气体解吸四种作用耦合组成，且各个作用中各相变形能力与机制不同引起孔裂隙的变化，最终表现为渗透率的变化。为了查明气/水两相流阶段渗透率的变化规律，首先需明确四种作用下渗透率的变化，然后进行耦合得出气/水两相流阶段渗透率的变化。

首先，计算气/水两相流阶段应力压缩作用下渗透率变化，计算思路与单相水流阶段相近，主要考虑应力与结构的损伤演化以及应力状态的改变，在此不再赘述。

其次，计算气体解吸引起的煤体变形量，即：

$$\varepsilon_{c-t_1}=\left(\frac{q_{op}}{E''_c}-\frac{q_{cp}}{E''_c}\mu''_c\right)+\left(\frac{q_{cp}}{E''_c}-\frac{q_{op}}{E''_c}\mu''_c\right) \tag{7-10}$$

结合基质变形，可得孔裂隙变形为：

$$\varepsilon_{p-t_1}=\left[\frac{q_{op}}{E''_c}-\frac{q_{cp}}{E''_c}\mu''_c-\frac{\rho_c RT\alpha}{V_0 E}\ln\left(\frac{1+bp}{1+bp_0}\right)\right]+\left[\frac{q_{cp}}{E''_c}-\frac{q_{op}}{E''_c}\mu''_c-\frac{\rho_c RT\alpha}{V_0 E}\ln\left(\frac{1+bp}{1+bp_0}\right)\right] \tag{7-11}$$

从而可求取基质表面积以及孔裂隙体积变化量，在此基础上得出气体解吸作用下的渗透率变化。

再次，计算气体解吸影响应力压缩作用下渗透率变化。此阶段煤体变形变化主要反映在抵抗变形能力的改变上，结合基质变形可得孔裂隙变化为：

$$\varepsilon_{p-t_2}=\frac{q_{op}+q_{cp}}{E'''_c}(1-\mu'''_c)-\frac{\sigma'''_{ev1}+\sigma'''_{eh1}}{E''_s}(1-\mu''_s)+\frac{\sigma_{ev}+\sigma_{eh}}{E_{so}}(1-\mu''_{so}) \tag{7-12}$$

代入渗透率计算参数即可得出气体解吸影响应力压缩作用下的渗透率变化。

最后，计算应力压缩影响气体解吸过程渗透率变化，其孔裂隙的变形可表征为：

$$\varepsilon_{p-t_3}=\frac{q_{op}+q_{cp}}{E''''_c}(1-\mu''''_c)-\lambda(E_{弹性c}-E_{弹性s}) \tag{7-13}$$

同上代入渗透率计算参数，即可得出应力压缩影响气体解吸过程渗透率变化。

通过四种作用耦合，即可得出气/水两相流阶段渗透率变化的数理模型为[228]：

$$K'_{t_x}=\frac{\dfrac{4\pi}{27k'}\sum_{i=1}^{4}\left[g_i\left(r_i-\varepsilon_{p-t_x}\right)^3\right]}{\left\{a-\left(q_{op}+q_{cp}\right)\left[\dfrac{(1-\mu'_c)}{E'_c}-\dfrac{(1-\mu_c)}{E_c}\right]_{tx}\right\}^3\left\{\sum_{i=1}^{4}\left[g_i\left(r_i-\varepsilon_{p-t_x}\right)\right]\right\}^2} \tag{7-14}$$

第二节　沁东南地区煤层气井产出过程储层渗透率变化规律

一、煤储层渗透率变化数理模型验算

为了验证所建渗透率变化数理模型的准确性，进行了一定孔隙压力下的三轴应力压缩渗透率测试实验。实验采用的是RMT-150B岩石力学试验系统，对晋城寺河矿、焦作九里山矿、鹤壁四矿煤样进行应力加载测试其渗透率变化，所选煤样照片如图7-1所示。

图7-1　煤样照片

分别采用定围压5MPa与8MPa，以0.5MPa/s速率进行加载；轴压以位移控制方式0.0050mm/s速率进行加载。渗透率实验与计算结果见表7-1。

表7-1　渗透率变化验算结果一览表（围压5MPa）

煤样	垂直应力/MPa	围压/MPa	孔隙压力/MPa	弹性模量/GPa	实验渗透率/mD	计算渗透率/mD
焦作	10.34	5	2	7.038	0.00642	0.00642
	14.31				0.00615	0.00608
	18.94				0.00566	0.00563
	24.44				0.00520	0.00506
	30.53				0.00453	0.00440
鹤壁	29.24	5	2	4.946	0.0864	0.0864
	33.84				0.0707	0.0657
	37.06				0.0528	0.0463
	39.57				0.0489	0.0305

续表

煤样	垂直应力/MPa	围压/MPa	孔隙压力/MPa	弹性模量/GPa	实验渗透率/mD	计算渗透率/mD
鹤壁	42.26	5	2	4.946	0.0153	0.0184
	47.03				0.0110	0.0091

将表 7-1 中的实验数据与计算所得渗透率变化数据进行拟合，如图 7-2 所示。

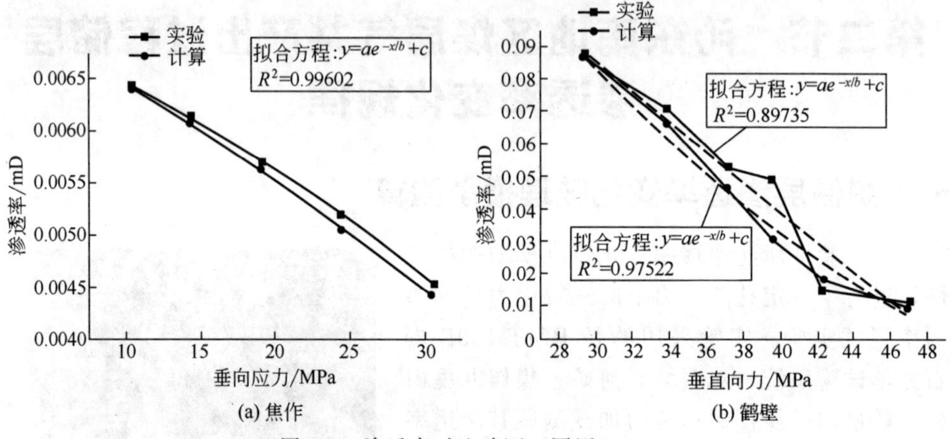

图 7-2 渗透率对比验证（围压 5MPa）

由图 7-2 可以看出：在围压一定的条件下，随着轴向压力的不断增大，实验所得以及模型计算渗透率均大致呈现出了近指数函数形式降低的变化规律。实验对象的随机性，以及实验中轴向应力与围压间较大的差值造成煤体受压时出现大量新结构面，使得结果与模型计算稍有偏差，但规律性与计算结果一致。

改变围压进行试验与计算结果的对比，渗透率的实验数据与计算结果见表 7-2。

表 7-2 渗透率变化验算（围压 8MPa）

煤样	垂直应力/MPa	围压/MPa	孔隙压力/MPa	弹性模量/GPa	实验渗透率/mD	计算渗透率/mD
寺河	20.55	8	2	3.774	1.4245	1.4245
	23.79				1.3068	1.2458
	27.28				1.2018	1.0643
	31.33				1.0137	0.8722
	34.05				0.8238	0.7551
	36.40				0.7554	0.6622
	41.54				0.6475	0.4864

续表

煤样	垂直应力/MPa	围压/MPa	孔隙压力/MPa	弹性模量/GPa	实验渗透率/mD	计算渗透率/mD
寺河	44.38	8	2	3.774	0.4317	0.4048
鹤壁	11.78	8	2	5.043	0.2200	0.2200
	17.15				0.1964	0.1914
	20.40				0.1768	0.1739
	23.95				0.1628	0.1550
	27.77				0.1471	0.1353
	31.85				0.1178	0.1155

将表 7-2 中的实验数据与计算所得渗透率变化数据进行拟合，如图 7-3 所示。

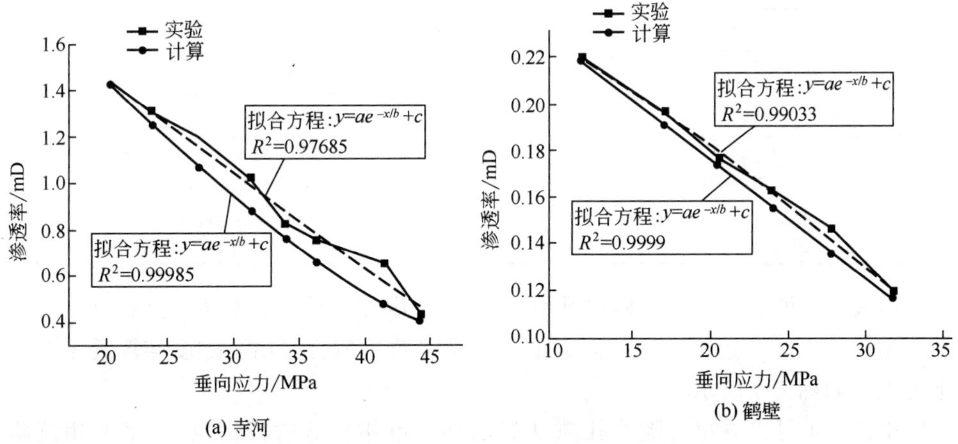

图 7-3　渗透率对比验证（围压 8MPa）

由图 7-3 可以看出：当围压为 8MPa 时，煤体渗透率呈近指数函数形式降低。通过以上各项模型计算结果与实验结果对比可知，两者较吻合，较大程度上佐证了所建模型的正确性。

二、原始状态下不同储层参数下渗透率变化规律

煤层气井排采过程中的渗透率变化不仅受到有效应力和基质收缩的影响，原始状态下的渗透率大小差异同样对其动态下的变化规律有着重要影响。基于此，本小节根据所建渗透率数理模型，探讨不同孔隙度、含气/水饱和度、大孔分布比例等情况下对渗透率大小的影响。

1. 不同孔隙度下渗透率的变化规律

煤岩孔隙度的不同决定着原始状态下煤储层中流体流通空间大小的差异，影响着排采过程中储层内部应力、结构以及变形的损伤强弱，通过改变有效应力压缩作用以及气体解吸作用改变孔裂隙与基质应变大小，影响着渗透率的大小。根据所建数理模型，可得不同孔隙度下单相水流阶段和气/水两相流阶段初始时的渗透率值，见表 7-3。

表 7-3 不同孔隙度下渗透率计算结果

孔隙度	单相水流阶段渗透率/mD	气/水两相流阶段渗透率/mD			
	应力压缩	应力压缩	气体解吸	解吸影响应力压缩	压缩影响气体解吸
0.010	0.9182	0.9145	0.9444	0.9406	0.9521
0.013	1.1923	1.1955	1.2303	1.2245	1.2410
0.016	1.4650	1.4795	1.5177	1.5096	1.5306
0.019	1.7359	1.7663	1.8072	1.7963	1.8218
0.022	2.0047	2.0558	2.0989	2.0849	2.1148
0.025	2.2709	2.3479	2.3931	2.3755	2.4100
0.028	2.5342	2.6426	2.6896	2.6681	2.7072
0.031	2.7942	2.9396	2.9884	2.9626	3.0065
0.034	3.0506	3.2389	3.2894	3.2590	3.3079
0.037	3.3029	3.5405	3.5926	3.5571	3.6112

由表 7-3 可看出：随着储层孔隙度的不断增加，单相流以及气/水两相流阶段初始时的储层渗透率呈不断增大的趋势。将数据拟合得出孔隙度与渗透率的变化关系，如图 7-4 所示。

由图 7-4 可以看出：随着孔隙度的增加，单相水流阶段以及气/水两相流阶段中渗透率的表征值均呈近指数函数形式增大。其中气/水两相流阶段较单相水流阶段大，且随着孔隙度的增大其幅度增大。分析认为：应力压缩导致孔裂隙减小，渗透率降低，气体解吸导致基质表面自由能增加，孔裂隙空间增加，渗透率增大。单相水流阶段仅存在应力压缩作用，而气/水两相流中融合应力压缩、气体解吸以及两者间的相互作用，使气/水两相流阶段渗透率的表征大于单相流阶段。而孔隙度大小是储层气、水流通空间的表征，随着孔隙度增加使得渗透率逐渐加大。

需要说明的是：本小节所进行的不同孔隙度下渗透率变化规律研究，是指静态条件下不同孔隙度煤岩在单相流以及气/水两相流阶段初始时，即瞬时渗透率大小的差异，区别于较多学者研究的同一孔隙度煤岩在排采动态变化过程中渗透率随孔隙度呈三次方变化规律的研究，其煤岩孔隙度、渗透率均为因变量，而本研究中孔隙度为自变量。

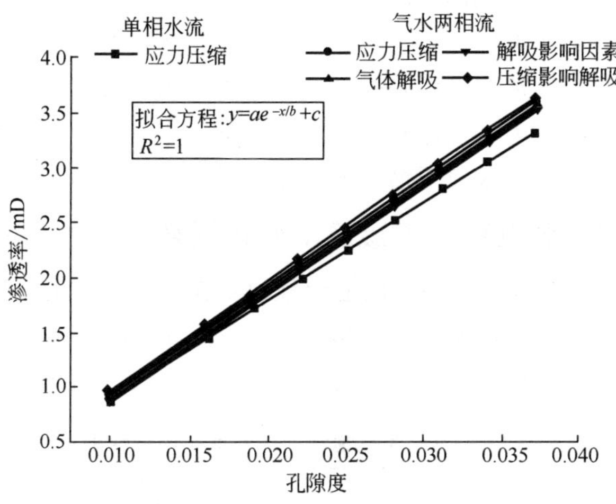

图 7-4　不同孔隙度下渗透率差异

气/水两相流阶段渗透率的计算是综合应力压缩作用、气体解吸作用、解吸影响压缩作用以及压缩影响解吸作用四个过程最终得出渗透率的表征值，由图 7-4 可看出四个过程间的差量较单相流与两相流间差量较小，对气/水两相流阶段四个过程间差值进行分析得出如图 7-5 所示的规律。

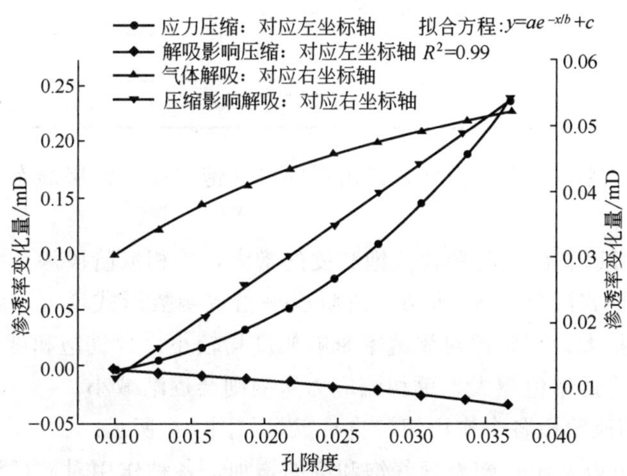

图 7-5　不同孔隙度下储层渗透率差异变化量

由图 7-5 可以看出：随着孔隙度增加，气/水两相流阶段中综合气体解吸作用后的静态渗透率表征值呈指数函数形式增大，再综合解吸对压缩作用的影响后渗透率呈指数函数形式降低，最后综合影响解吸作用后渗透率呈指数函数形式增大；与气体解吸单独作用相比，应力压缩影响下的气体解吸对渗透率的作用更大。与应力压缩单独作用相比，气体解吸影响下的应力压缩对渗透率的影响同样更大。

分析认为：气/水两相流阶段中影响渗透率变化存在着四个不同的过程，且较容易被忽略的应力压缩以及气体解吸作用间相互影响对渗透率变化量的作用较大，其中应力压缩对气体解吸影响以及气体解吸作用对渗透率影响呈正效应，且在孔隙度较大时影响更大；气体解吸作用影响下的应力压缩，对渗透率变化产生负效应。气体解吸作用与应力压缩间相互作用对渗透率的影响不可忽视。

2. 不同含气/水饱和度下渗透率变化规律

（1）不同含气饱和度下渗透率的变化规律　含气饱和度的不同影响着储层煤体内部的物质组成，从而影响着煤体结构变形特性，改变着煤体孔裂隙与基质应变量，影响渗透率大小。根据所建模型，结合研究区地质参数，计算结果见表 7-4。

表 7-4　不同含气饱和度下渗透率计算结果

含气饱和度	单相水流阶段渗透率/mD	气/水两相流阶段渗透率/mD			
	应力压缩	应力压缩	气体解吸	解吸影响压缩	压缩影响解吸
0.8246	3.7392	3.6993	3.7475	3.7074	3.7566
0.6762	3.7393	3.6995	3.7457	3.7057	3.7511
0.5278	3.7395	3.6997	3.7441	3.7043	3.7461
0.3793	3.7396	3.6999	3.7427	3.7029	3.7414
0.2309	3.7398	3.7001	3.7415	3.7018	3.7371
0.1567	3.7398	3.7002	3.7409	3.7012	3.7350

对表 7-4 中的数据进行拟合，得出不同含气饱和度下储层静态渗透率大小的差异。

由图 7-6 可以看出：随着含气饱和度的增大，单相流阶段渗透率的静态表征值呈指数函数形式降低，气/水两相流阶段呈指数函数形式增大，增大幅度较单相流阶段降低量大；但整体对渗透率影响幅度均较小；含气饱和度较大时，耦合气体解吸作用渗透率值越大，单相流应力压缩则会逐渐减小。

气/水两相流阶段各个作用间各自贡献量如图 7-7 所示。

由图 7-7 可以看出：随着含气饱和度的增加，各种作用对储层渗透率影响均呈指数函数形式增强。其中气/水两相流阶段应力压缩作用使渗透率降低的幅度较单相流有所增大。整个阶段中含气饱和度的影响程度较孔隙度小。

（2）不同含水饱和度下渗透率变化　含水饱和度的不同，储层内部结构、固相间的黏结作用会出现差异。而且水作为压力传播的载体，含量的减小影响着储层中流体作用的大小与范围，改变着应力压缩以及基质解吸作用，影响渗透率表征值的大小。根据所建模型，结合研究区地质参数，计算结果见表 7-5。

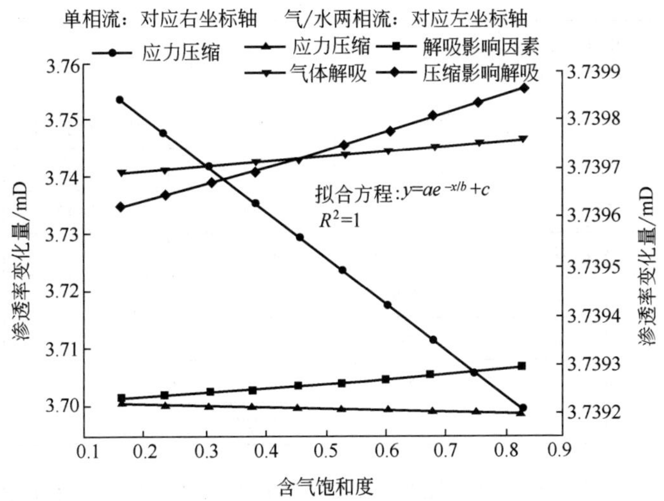

图 7-6　不同含气饱和度下储层渗透率差异

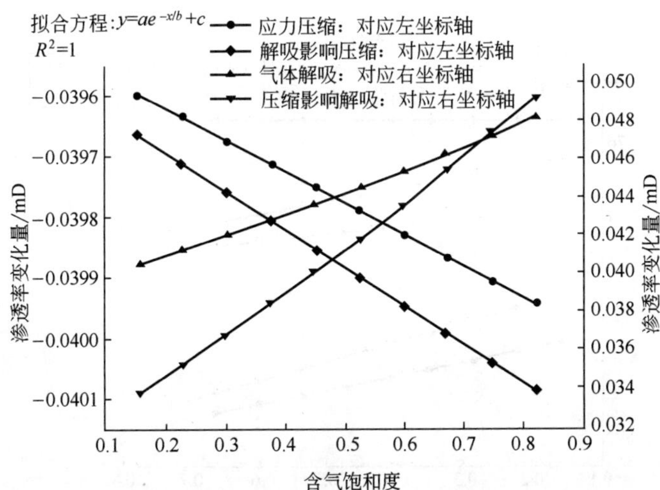

图 7-7　不同含气饱和度对储层渗透率表征变化量的影响

表 7-5　不同含水饱和度下渗透率计算结果

含水饱和度	单相水流阶段渗透率/mD	气/水两相流阶段渗透率/mD			
	应力压缩	应力压缩	气体解吸	解吸影响压缩	压缩影响解吸
0.1585	3.7422	3.7051	3.7551	3.7178	3.7671
0.2220	3.7410	3.7027	3.7530	3.7146	3.7672
0.2854	3.7397	3.7003	3.7509	3.7113	3.7672

续表

含水饱和度	单相水流阶段渗透率/mD	气/水两相流阶段渗透率/mD			
	应力压缩	应力压缩	气体解吸	解吸影响压缩	压缩影响解吸
0.3488	3.7384	3.6978	3.7488	3.7080	3.7672
0.4122	3.7371	3.6952	3.7466	3.7046	3.7672
0.4756	3.7357	3.6926	3.7444	3.7012	3.7672
0.5390	3.7343	3.6900	3.7422	3.6977	3.7671
0.6024	3.7329	3.6873	3.7399	3.6941	3.7671
0.6659	3.7314	3.6845	3.7375	3.6905	3.7670
0.7293	3.7300	3.6817	3.7351	3.6868	3.7670

由表 7-5 可以看出：随着储层含水饱和度的不断增加，单相流以及气/水两相流阶段中储层静态渗透率大小不同。将表中数据进行拟合，如图 7-8 所示。

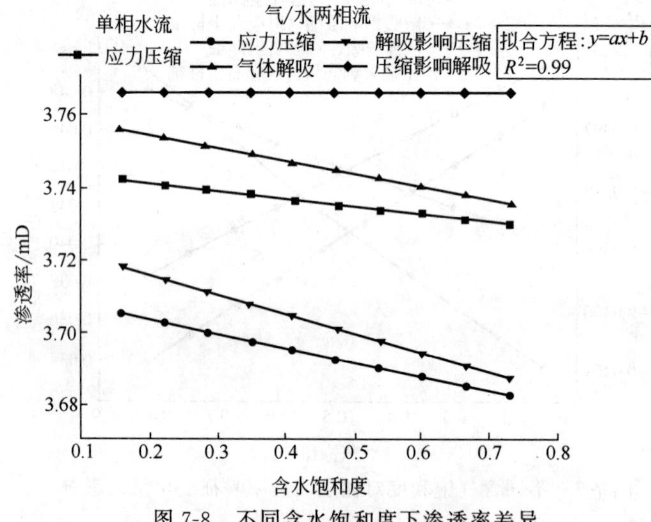

图 7-8　不同含水饱和度下渗透率差异

由图 7-8 可以看出：随着含水饱和度的增加，单相流阶段储层静态渗透率大小呈线性减小，同样，气/水两相流阶段应力压缩对渗透率负作用较单相流大，综合气体解吸正作用后渗透率依然呈线性减小趋势，再综合气体解吸影响应力压缩负作用后渗透率降低幅度增大，仍基本呈线性降低，最终综合应力压缩对气体解吸作用影响后渗透率呈现“先增加后减小”的多项式变化，但变化不明显。

由以上分析得出了不同含水饱和度下渗透率表征值。下面对各个过程间差量进行分析，得出各种作用的各自贡献量，如图 7-9 所示。

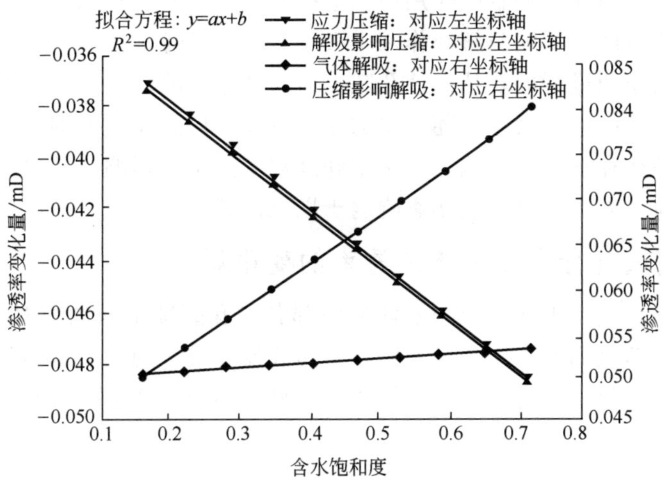

图 7-9　不同含水饱和度下储层渗透率变化量

由图 7-9 可以看出：应力压缩作用与气体解吸影响的应力压缩对渗透率大小的影响基本相同，均随含水饱和度的增大呈线性减小。气体解吸作用与应力压缩影响的气体解吸作用使渗透率随含水饱和度的增加呈线性增加，综合气体解吸作用于应力压缩影响后的解吸作用，渗透率变化较应力压缩作用小，说明了含水饱和度对应力压缩作用引起渗透率变化较大，但后期应力压缩影响下的气体解吸作用会使得渗透率增加趋势较明显，大于气体解吸本身作用。

对比孔隙度和含气饱和度对渗透率的影响可知：含水饱和度对应力压缩负效应影响程度较大，而对气体解吸负效应影响较小，但在含水饱和度较大时，应力压缩引起的气体解吸正效应影响较大，最终使得含水饱和度对渗透率影响主要表现为不断降低。可见不同含水饱和度的储层应着重考虑储层应力敏感性及控制有效应力作用，使其在产气阶段起到一定正效应，以缓解渗透率的下降。

含气饱和度中应力压缩以及气体解吸作用引起的渗透率变化程度较含水饱和度影响小，但各种作用对渗透率的影响基本相当，气体解吸作用以及有效应力影响下的气体解吸作用对渗透率影响稍大，从而使得两相流阶段渗透率有着较小的增幅。

孔隙度对渗透率的影响中，应力压缩作用、气体解吸作用以及两者间相互影响对渗透率作用程度较含水饱和度与含气饱和度小，但幅度较大；其中气体解吸作用较应力压缩作用对渗透率影响明显较大，从而使得最终渗透率随着孔隙度的增大而不断增大。

孔隙度、含气饱和度以及含水饱和度的增加对渗透率的影响存在差异，其中孔隙度对渗透率而言是正效应，含气饱和度在仅有应力压缩作用时呈降低趋势，气体开始解吸后渗透率开始增加；含水饱和度对渗透率而言主要表现为负效应，只是在最后应力压缩影响解吸作用中渗透率有些许回升。孔隙度直接改变着储层内部流体流通空间，压缩与解吸作用中又各有增减且各种作用对渗透率影响是基于原始空间大小而进行的，从而使孔隙度对渗透率影响较大。含水饱和度一方面改变着流体空间的应力大小，随着水的流动改变着应力作用范围；另一方面水的存在对煤体结构存在弱化影响，含水饱和度对渗透率的影响居其次。含气饱和度仅影响流体应力大小，对渗透率影响弱于以上两者。

3. 不同大孔分布比例下渗透率的变化规律

大孔分布比例的不同，影响着储层内部各自孔裂隙空间的相对大小，应力、结构单元损伤演化的非均质程度不同，从而改变着最终的应力压缩与气体解吸作用，导致渗透率值大小的差异。根据所建模型，结合研究区地质参数，计算结果见表 7-6。

表 7-6 不同大孔分布比例下渗透率表征值

大孔分布比例	单相水流渗透率/mD	气/水两相流渗透率/mD			
	应力压缩	应力压缩	气体解吸	解吸影响压缩	压缩影响解吸
0.10	3.6867	3.6506	3.8217	3.7842	3.8864
0.12	3.6985	3.6621	3.8057	3.7682	3.8651
0.14	3.7083	3.6716	3.7934	3.7558	3.8457
0.17	3.7163	3.6793	3.7835	3.7457	3.8285
0.21	3.7229	3.6855	3.7752	3.7372	3.8134
0.25	3.7283	3.6905	3.7682	3.7299	3.8002
0.30	3.7326	3.6942	3.7620	3.7232	3.7887
0.36	3.7360	3.6969	3.7564	3.7171	3.7785
0.43	3.7385	3.6987	3.7512	3.7111	3.7694
0.52	3.7403	3.6996	3.7461	3.7052	3.7612

由表 7-6 可以看出：随着储层大孔分布比例的增加，单相流以及气/水两相流阶段中储层静态渗透率表征值有着不同变化规律。将表 7-6 数据进行拟合，如图 7-10 所示。

由图 7-10 可以看出：随着大孔分布比例的增加，区别以上几种因素对渗透率的影响，应力压缩作用对渗透率表现为指数函数形式的正效应，且变化规律较明显，而气体解吸作用对渗透率表现为指数函数形式的负效应，最终综合各种作用后渗透率呈现指数函数形式降低，但各个大孔分布比例下渗透率的最终表征值较各种作用过程中值大。

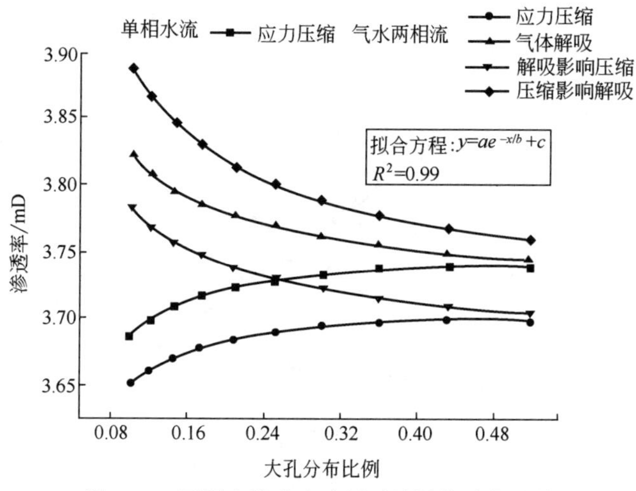

图 7-10 不同大孔分布比例下储层渗透率差异

分析认为：应力压缩作用中渗透率的表征值之所以不断增加，主要因为孔裂隙本身相对空间的不断增加，但在排采后期由于应力压缩作用不断增加使得渗透率表征值增幅降低；此后由于气体解吸使得孔裂隙空间大幅度增大，渗透率在各个大孔分布比例下均要大于应力压缩阶段，但同时气体解吸还影响了应力压缩作用，使得孔裂隙相对空间不断减小，渗透率表征值降低，但最终综合各个作用后发现气体解吸作用对渗透率的正效应明显，使得渗透率表征值增幅较大。

大孔比例分布的差异对应力压缩、气体解吸以及两者间相互作用渗透率变化差量分析更能说明其对渗透率的影响，如图 7-11 所示。

由图 7-11 可看出：随着大孔分布比例的增加，在应力压缩以及气体解吸影响的压缩作用下渗透率变化幅度呈指数函数型增加，气体解吸以及应力压缩影响的解吸作用渗透率变化幅度呈指数函数型减弱；而需要说明的是，气体解吸作用使渗透率变化逐渐减弱，但影响峰值以及幅度较大，其影响后最小值仍大于应力作用的最大值，从而使得解吸影响渗透率增加幅度较大。

综上可知，孔隙度、含气饱和度、含水饱和度以及大孔分布比例差异对排采同样时刻渗透率对静态表征有着不同的影响，主要表现在以下几点。

① 应力压缩以及气体解吸作用是使渗透率变化的主要因素，但同时两者间存在着相互影响，且各自影响对渗透率作用不可忽略，甚至可超出其单一作用本身对渗透率的影响。

② 随孔隙度增加，单相流阶段、气/水两相流阶段渗透率值呈指数函数增大；随含气饱和度增加，单相流阶段渗透率值呈指数函数降低，气/水两相流阶段渗透率值呈指数函数增大；随含水饱和度增加，单相流阶段渗透率值呈线性降低，气/水两相流阶段渗透率值呈多项式函数，先减小后增大；随大孔分布比例

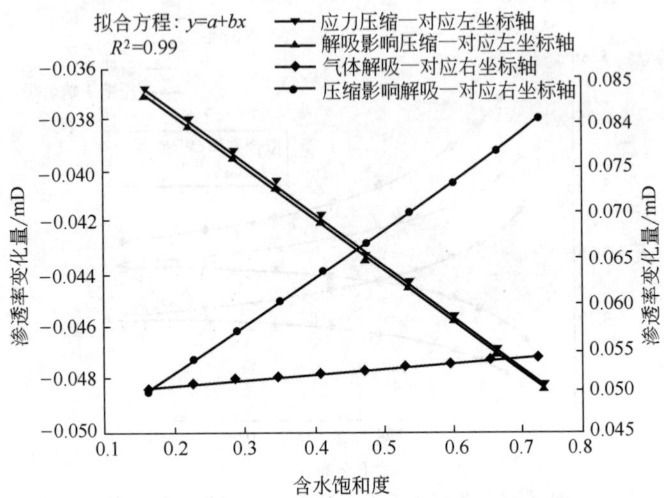

图 7-11 不同大孔分布比例下储层渗透率表征变化量

增加，单相流阶段渗透率值呈指数函数增大，气/水两相流阶段渗透率值呈指数函数降低。

③ 孔隙度差异的储层，其应力敏感性影响相对较弱，可适当增加排采过程中的产水量；含气饱和度差异的储层，应力敏感性以及解吸效应影响基本相当；含水饱和度差异较大的储层，其应力敏感性较强，但后期解吸效应突出，会使渗透率的值增大；大孔分布比例差异较大的储层，其值较小时，气体解吸效应十分明显，但随着分布比例的增加有所降低。

三、排采过程中煤储层渗透率的动态变化规律

在上一小节中分析了不同地质参数前提下煤储层渗透率在不同排采阶段初始时静态大小差异，这一小节中则研究同一地质条件下排采过程中渗透率的动态变化规律，量化应力压缩以及气体解吸作用对渗透率变化的影响。

根据所建排采过程渗透率动态变化数理模型，结合沁东南地区地质参数分别计算单相水流阶段、气/水两相流阶段不同因素影响下渗透率动态变化规律。模型所需基本地质参数见表 7-7。

表 7-7 渗透率变化模型所需基本地质参数

上覆岩层压力/MPa	水平向围压/MPa	储层压力/MPa	临界解吸压力/MPa	弹性模量/GPa	密度/(kg/m³)	p_L/MPa	V_L/(m³/t)	R/[J/(mol·K)]
11.75	6.93	4.1	2.59	4.04	1300	3	42	8.31

计算结果见表 7-8。

表 7-8　排采过程渗透率变化计算结果

单相水流阶段		气/水两相流阶段(渗透率)				
储层压力/MPa	渗透率/mD	储层压力/MPa	应力压缩/mD	气体解吸/mD	解吸影响压缩/mD	压缩影响解吸/mD
3.95	3.6981	2.59	3.3518	3.3518	3.3155	3.3155
3.80	3.6576	2.39	3.3156	3.3348	3.2988	3.3198
3.65	3.6176	2.19	3.2799	3.3069	3.2712	3.3008
3.50	3.5781	1.99	3.2446	3.2836	3.2482	3.2909
3.35	3.5391	1.79	3.2097	3.2640	3.2289	3.2879
3.20	3.5005	1.59	3.1753	3.2499	3.2150	3.2952
3.05	3.4624	1.39	3.1414	3.2444	3.2096	3.3188
2.90	3.4248	1.19	3.1079	3.2532	3.2185	3.3684
2.75	3.3877	0.99	3.0748	3.2880	3.2530	3.4614
2.60	3.3510	0.79	3.0422	3.3753	3.3394	3.6246

由表 7-8 可以看出：单相水流阶段中储层渗透率逐渐降低，气/水两相流阶段，由有效应力压缩、气体解吸以及两者共同作用使得渗透率有着不同的变化。

对整个排采过程中渗透率的变化作图，如图 7-12 所示。

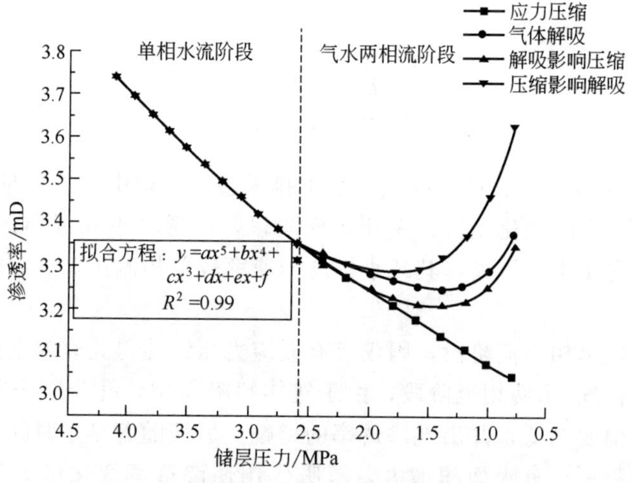

图 7-12　排采过程渗透率随四种作用变化

由图 7-12 可以看出：排采过程中渗透率的动态变化同样受到四种作用的影响。其中，单相水流阶段主要由有效应力压缩作用，渗透率呈减小趋势；气/水两相流阶段，渗透率在有效应力继续压缩下减小，但幅度稍有降低；综合气体解吸作用，渗透率降低趋势减缓后出现增幅，综合解吸对应力压缩影响后，渗透率增幅降低；最终综合四种作用后，渗透率在气/水两相流阶段有着大幅的增加，气体解吸作用较有效应力压缩作用大。

分析认为：对于应力压缩作用，单相流基质变形较两相流小，但煤体变形大，从而使得两相流阶段应力压缩渗透率幅度减小；而且应力压缩对渗透率变化为负效应，气体解吸则为正效应，所以综合解吸对应力压缩影响后，较气体解吸单独作用下渗透率值降低，而综合应力压缩对气体解吸影响后，渗透率增大。

综上可知，有效应力作用、气体解吸作用以及两者间相互影响，都可改变有效应力、基质变形，而影响渗透率变化，但对渗透率变化影响幅度不同，对排采过程中渗透率变化的研究需要综合考虑，缺一不可。

对整个排采过程中渗透率的变化进行拟合，如图 7-13 所示。

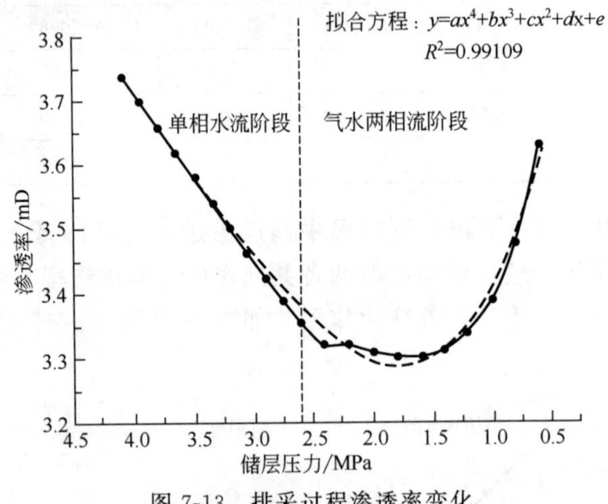

图 7-13　排采过程渗透率变化

由图 7-13 可以看出：同一地质参数下排采整体过程中渗透率呈多项式形式，呈现先减小后增大的变化规律；单相水流阶段，渗透率不断减小；气/水两相流阶段渗透率呈先减小后增大，其减小幅度与速率较单相流小，后急剧增大，且增大速率较快。

分析认为：单相水流阶段，因仅有有效应力压缩使得孔裂隙空间减小，渗透率呈减小趋势；气/水两相流阶段，由于气体解吸作用，孔裂隙空间增大，使得渗透率的减小幅度降低，并出现渗透率的增幅。后期随着排采时间、空间范围的增大，气体解吸量、解吸面积增大，解吸作用使渗透率变化可大于有效应力压缩，从而使得渗透率的变化最终呈不断回升，由于有效应力压缩作用于整个排采过程，所以渗透率的回升幅度不同，取决于气体解吸以及有效应力两者的正负效应的综合，可能出现渗透率大幅回升并超出初始值，也可出现渗透率稍有回升但小于初始值，还可出现渗透率不断降低并趋于稳定，不再回升几种情况。并且同种情况也可出现渗透率降低、回升大小值的不同。

综合来说，排采过程渗透率的变化可分为以下几个阶段。

第一阶段：单相水流阶段

储层煤体受到应力压缩作用，孔裂隙空间减小，降低了流体流通的有效空间而使得储层渗透率降低。

第二阶段：气/水两相流初期阶段

气/水两相流初期，气体开始解吸，产气量较小，释放表面自由能小，使得气体解吸对渗透率正效应不明显，而应力压缩作用将进一步压缩孔裂隙空间，最终使得气/水两相流初期渗透率进一步降低。

第三阶段：气/水两相流气体继续产出阶段

随着气体解吸量的不断增加，在气体解吸作用下渗透率正效应增大，使其降低速度放缓而逐渐趋于平衡，并达到了排采过程中渗透率的最小值。

第四阶段：气/水两相流气体大量产出阶段

当储层压力降低比较多时，气体大量解吸，同时应力压缩过程所释放能量共同作用基质使表面自由能大量增加，孔裂隙空间快速增加，渗透率增加速度及幅度较大。在此需说明的是在排采后期由于压力传递能量的衰减，以及气/水运动黏度、阻力的增加使得储层孔裂隙空间增幅趋于稳定或有一定的降低，最终会使得储层压力降低至一定值而无法再进一步传递，即枯竭压力点，最终使得储层渗透率趋于恒定。

四、不同储层条件下渗透率变化规律的差异

近年来国内外学者主要通过改进实验设备，进行岩石力学与渗透率测试的物理模拟实验，研究排采过程中煤储层渗透率的动态变化，取得了“单相水流阶段渗透率不断降低，气/水两相流阶段有所回升”的共识，但在不同储层地质条件下、不同排采阶段中渗透率的降低速率与幅度，回升能力与大小，却未能给出确定的回答。基于此，本小节充分考虑储层地质因素的差异，基于所建渗透率动态变化数理模型，量化不同储层条件下，排采过程中渗透率变化大小的差异。

排采过程中渗透率变化大小之所以存在差异，主要是因为应力压缩与气体解吸的共同作用强度不同，储层应力状态、结构特性、能量系统等的差异而引起的。据此本小节基于所建渗透率数学模型，系统分析应力状态、弹性模量、临储比三个重要参数对排采过程渗透率的影响，并量化其差异。

为了便于研究各个地质条件对排采过程中储层渗透率变化规律的影响，在此定义排采过程中储层渗透率的回升系数，以量化各因素对规律变化的影响，即：

$$R_K=\frac{K_f-K_{min}}{K_i-K_{min}} \tag{7-15}$$

式中，R_K 为排采过程中渗透率回升系数；K_i 为初始渗透率，mD；K_{min} 为最小渗透率，mD；K_f 为最终渗透率，mD。

1. 弹性模量对排采过程渗透率的影响

煤储层弹性模量可以用来表征煤体抵抗变形的能力，其值大小不仅能影响煤体在应力压缩作用下变形量大小，同时也影响了气体解吸作用后煤体的变形能力，是煤体变形能力的关键影响参数之一。结合本章所建煤体渗透率与煤体变形量间的关系，可得出弹性模量的差异对排采过程中储层渗透率变化的影响。首先选取沁东南地区地质参数，见表 7-9。

表 7-9　弹性模量对渗透率影响地质参数

上覆岩层压力/MPa	围压/MPa	储层压力/MPa	临界解吸压力/MPa	孔隙度
11.75	6.93	4.1	2.59	0.041

根据所建渗透率数理模型，分别对不同弹性模量所对应排采不同阶段渗透率变化进行计算，结果见表 7-10。

表 7-10　弹性模量对排采过程中渗透率影响

储层压力/MPa		渗透率/mD			
		E=2.02GPa	E=4.04GPa	E=6.06GPa	E=8.08GPa
单相水流阶段	4.1	3.6980	3.7390	3.7528	3.7597
	3.8	3.5386	3.6576	3.6981	3.7185
	3.5	3.3865	3.5781	3.6443	3.6779
	3.2	3.2413	3.5005	3.5915	3.6378
	2.9	3.1026	3.4248	3.5395	3.5983
	2.6	2.9703	3.3510	3.4884	3.5593
气/水两相流	2.4	2.9062	3.3147	3.4632	3.5399
	2.0	2.8577	3.3070	3.4788	3.5706
	1.6	2.8134	3.3005	3.4948	3.6015
	1.2	2.8023	3.3366	3.5601	3.6867
	0.8	2.8603	3.4751	3.7453	3.9035

由表 7-10 可以看出：在其他储层条件相近的情况下，不同弹性模量煤储层排采过程中各储层压力对应渗透率表征大小不同，其总体变化规律如图 7-14 所示。

由图 7-14 可以看出：不同弹性模量下，排采过程中动态渗透率有着不同的变化规律。弹性模量较小时，出现了排采过程中渗透率持续降低并趋于稳定的现象；随着弹性模量的增大，单相水流阶段渗透率的降低幅度逐渐减小，气/水两相流阶段渗透率的增幅逐渐增大，弹性模量增加到一定程度，排采后期出现了渗透率超过初始值的现象，但相同弹性模量差值对渗透率的影响逐渐减小。同时，在排采后期由于储层能量的枯竭，不同弹性模量下的渗透率变化均将出现恒定。

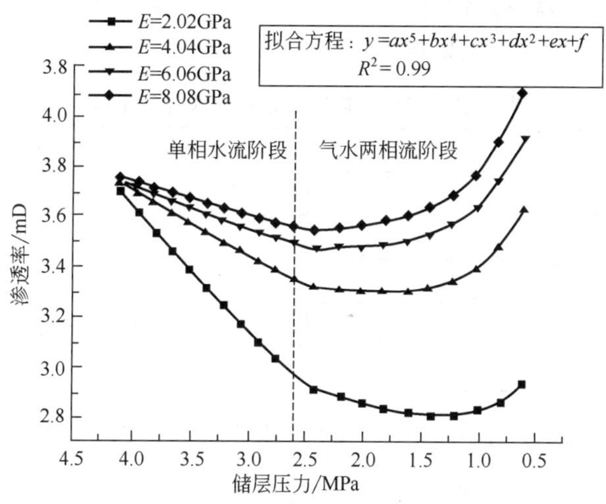

图 7-14　弹性模量对排采过程储层渗透率变化的影响

分析认为：弹性模量的增大对有效应力压缩呈负作用，而对气体解吸呈正作用，从而使得渗透率变化规律随弹性模量增加呈降幅减小、增幅增大。

弹性模量对排采过程中渗透率变化规律的影响，特别是回升能力的变化，可通过回升系数来反映。根据研究区开发资料选取枯竭压力为 0.6MPa 进行讨论，计算结果见表 7-11。

表 7-11　弹性模量影响下排采过程渗透率回升系数

弹性模量/GPa	K_i/mD	K_f/mD	K_{min}/mD	储层压力(K_{min})/MPa	K_f/K_i	R_K
8.08	3.7597	3.9952	3.5533	2.09	1.06	2.14
6.06	3.7528	3.8296	3.4623	1.95	1.02	1.26
4.04	3.7390	3.5441	3.2777	1.76	0.95	0.58
2.02	3.6980	2.8963	2.7989	1.44	0.78	0.11

需要说明的是回升系数反映了储层压力由初始值降低至最小后的回升能力，当回升系数大于 0.5 时，说明渗透率回归后超出了初始值；当回升系数小于 0.5 时，说明渗透率不能恢复至初始值。由表 7-11 可看出随着弹性模量增加，排采过程中储层渗透率回升能力逐渐增强。

2. 应力状态对排采过程渗透率的影响

储层应力状态是煤体受力变形的基础，决定着应力、结构与变形的大小，是储层渗透率变化的重要影响参数之一。根据所建模型对不同应力状态下应力压缩、气体解吸作用渗透率变化进行计算。本次选择临储比和弹性模量相同，不同的埋深下对应的应力状态对其渗透率进行计算，临储比的值选 0.45，弹性模量取 2.66GPa，所选其他数据见表 7-12。

表 7-12 应力状态对渗透率影响地质参数

埋深/m	上覆岩层压力/MPa	围压/MPa	储层压力/MPa
400	8.8	7.2	3.2
460	10.12	8.28	3.68
520	11.44	9.36	4.16
605	13.31	10.89	4.84
680	14.96	12.24	5.44

根据所建渗透率数理模型，可对不同应力状态渗透率变化进行计算分析（表 7-13）。

表 7-13 应力状态对渗透率影响

项目	储层压力/MPa					渗透率/mD				
	400m	460m	520m	605m	680m	400m	460m	520m	605m	680m
单相水流阶段	3.20	3.68	4.16	4.84	5.44	3.7109	3.7109	3.7109	3.7109	3.7109
	3.02	3.48	3.93	4.57	5.14	3.6926	3.6866	3.6799	3.6690	3.6581
	2.85	3.28	3.70	4.31	4.84	3.6743	3.6626	3.6492	3.6276	3.6061
	2.67	3.07	3.47	4.04	4.54	3.6562	3.6386	3.6188	3.5867	3.5548
	2.50	2.87	3.24	3.78	4.24	3.6381	3.6149	3.5886	3.5463	3.5042
	2.32	2.67	3.02	3.51	3.94	3.6202	3.5914	3.5588	3.5064	3.4545
	2.14	2.47	2.79	3.24	3.64	3.6024	3.5680	3.5291	3.4669	3.4054
	1.97	2.26	2.56	2.98	3.35	3.5847	3.5448	3.4998	3.4279	3.3570
	1.79	2.06	2.33	2.71	3.05	3.5671	3.5217	3.4707	3.3894	3.3094
	1.62	1.86	2.10	2.44	2.75	3.5496	3.4988	3.4419	3.3513	3.2625
	1.44	1.66	1.87	2.18	2.45	3.5322	3.4761	3.4134	3.3137	3.2162
气/水两相流阶段	1.35	1.54	1.73	2.00	2.24	3.5380	3.4749	3.4039	3.2911	3.1810
	1.25	1.42	1.59	1.83	2.04	3.5346	3.4648	3.3862	3.2610	3.1390
	1.16	1.30	1.45	1.65	1.83	3.5308	3.4548	3.3688	3.2318	3.0984
	1.07	1.19	1.31	1.48	1.63	3.5279	3.4460	3.3530	3.2047	3.0604
	0.97	1.07	1.17	1.30	1.42	3.5265	3.4393	3.3398	3.1809	3.0261
	0.88	0.95	1.02	1.13	1.22	3.5273	3.4357	3.3305	3.1618	2.9975
	0.79	0.83	0.88	0.95	1.01	3.5313	3.4365	3.3268	3.1500	2.9773
	0.69	0.72	0.74	0.78	0.81	3.5398	3.4438	3.3318	3.1499	2.9714
	0.60	0.60	0.60	0.60	0.60	3.5547	3.4613	3.3511	3.1708	2.9927

通过拟合得出图 7-15。

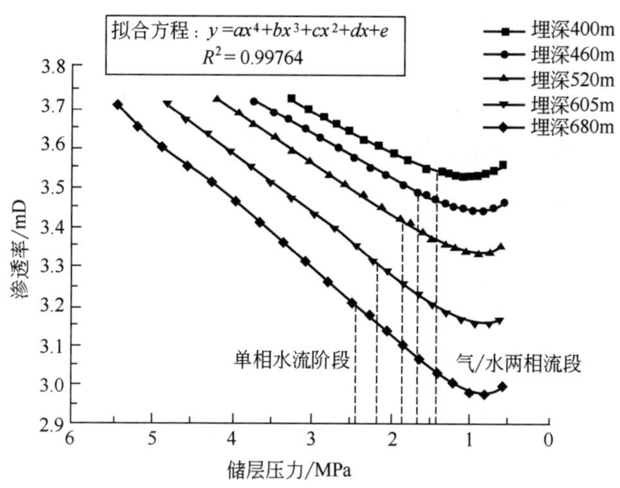

图 7-15　应力状态对排采过程储层渗透率的影响

从图 7-15 可以看出：随着应力状态的加剧，单相水流阶段渗透率降幅增大，气/水两相流阶段增幅减小，由此推测，当应力状态较大时渗透率可能直接由降低趋于稳定，不再增加。需要说明的是，本次所选参数中弹性模量取值较小，使得有效应力负效应整体较剧烈，解吸作用下的增幅变化不甚明显。

分析认为：随着应力状态的加剧，有效应力压缩作用增大，同时气体解吸受到抑制，降低了气体解吸作用，使得渗透率降低幅度增大，回升能力减小。但应力状态的改变对弹性模量影响较小，使得有效应力作用变化速率改变较小。

根据图中不同应力状态影响下的渗透率变化规律得出拟合公式，并对不同埋深情况的排采过程中渗透率回升系数进行计算，结果见表 7-14。

表 7-14　应力状态影响下储层渗透率回升系数

埋深/m	K_{min}/mD	K_f/mD	K_i/mD	储层压力(K_{min})/MPa	K_f/K_i	R_k
400	3.7002	3.55471	3.7109	1.0497	0.9579	0.1536
460	3.5833	3.4613	3.7109	0.9515	0.9327	0.0793
520	3.4548	3.35114	3.7109	0.8657	0.9031	0.0471
605	3.2518	3.17081	3.7109	0.7703	0.8545	0.0284
680	3.0557	2.99266	3.7109	0.7030	0.8065	0.0218

由表 7-14 可以看出：随着埋深的增加，储层应力状态的加大，渗透率回升能力逐渐降低。较弹性模量对渗透率回升能力的影响，埋深使得应力状态增加而出现的压缩负效应较大，使得渗透率回升能力减弱。

3. 临储比对排采过程渗透率的影响

煤层气井排采过程中储层渗透率受到了应力压缩、气体解吸以及两者间相互作用的影响，是由应力、结构及能量状态的差异导致的，临储比决定着储层能量转化的大小，反映了气体解吸作用开始的早晚，分配着应力压缩与气体解吸作用的时间。临储比的不同对排采过程中渗透率的变化规律有着重要的影响。根据所建模型，选取数据见表 7-15。计算结果见表 7-16。

表 7-15 临储比对排采过程中渗透率影响地质参数

上覆岩层压力/MPa	水平向围压/MPa	储层压力/MPa	弹性模量/GPa
10.4	7.83	4.68	2.69

表 7-16 临储比对排采过程中渗透率影响

项目	储层压力/MPa					渗透率/mD				
	0.3	0.45	0.5	0.6	0.7	0.3	0.45	0.5	0.6	0.7
单相水流阶段	4.68	4.68	4.68	4.68	4.68	3.7109	3.7109	3.7109	3.7109	3.7109
	4.38	4.38	4.38	4.38	4.53	3.5756	3.5756	3.5756	3.5756	3.6426
	4.08	4.08	4.08	4.08	4.38	3.4455	3.4455	3.4455	3.4455	3.5756
	3.78	3.78	3.78	3.78	4.23	3.3204	3.3204	3.3204	3.3204	3.5100
	3.48	3.48	3.48	3.63	4.08	3.2001	3.2001	3.2001	3.2597	3.4455
	3.18	3.18	3.18	3.48	3.93	3.0844	3.0844	3.0844	3.2001	3.3824
	2.88	2.88	2.88	3.33	3.78	2.9731	2.9731	2.9731	3.1417	3.3204
	2.58	2.58	2.73	3.18	3.63	2.8660	2.8660	2.9190	3.0844	3.2597
	2.28	2.28	2.58	3.03	3.48	2.7631	2.7631	2.8660	3.0282	3.2001
	1.98	2.13	2.43	2.88	3.33	2.6641	2.7131	2.8140	2.9731	3.1417
气/水两相流阶段	1.40	2.11	2.34	2.81	3.28	2.4773	2.6640	2.7630	2.9190	3.0843
	1.10	1.81	2.04	2.51	2.68	2.4722	2.6226	2.7137	2.8567	2.9341
	0.95	1.51	1.74	2.21	2.08	2.4700	2.5794	2.6610	2.7902	2.8058
	0.80	1.21	1.44	1.91	1.48	2.4835	2.5602	2.6261	2.7346	2.6981
	0.65	0.91	1.14	1.61	0.88	2.5182	2.5873	2.6225	2.6954	2.7131
	0.50	0.76	0.99	1.31	0.58	2.5737	2.6306	2.6406	2.6631	2.8802

由表 7-16 中的数据进行拟合可得出不同临储比下排采过程中渗透率变化规律的差异，如图 7-16 所示。

由图 7-16 可以看出：随着临储比增大，单相水流阶段渗透率降低幅度增大，但速率不变；气/水两相流阶段，渗透率增幅与速率增大。

分析认为：临储比主要是通过改变有效应力压缩以及气体解吸作用的时间分

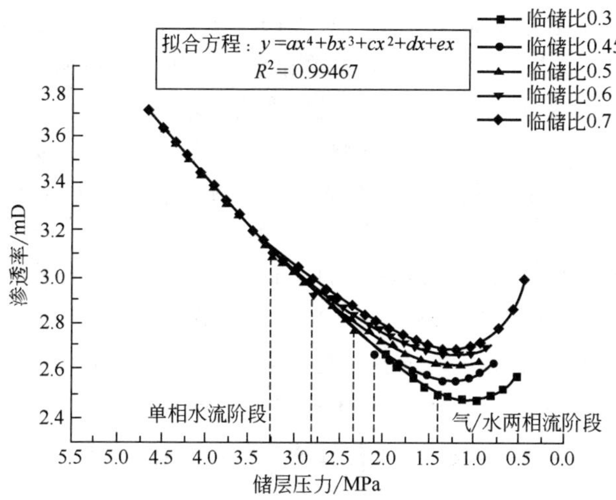

图 7-16　临储比对排采过程储层渗透率的影响

配影响渗透率规律的变化。单相水流阶段，应力状态不变，有效应力压缩作用使渗透率变化速率相同，而幅度改变；气/水两相流阶段，随着临储比的增大，气体解吸范围增大，作用增强，使得渗透率增幅与速率增大。

对不同临储比下的排采过程中渗透率进行回升能力及始末渗透率比值计算，结果见表 7-17。

表 7-17　临储比对排采过程中渗透率回升能力影响

临储比	K_i/mD	K_f/mD	K_{min}/mD	K_{min}储层压力/MPa	K_f/K_i	R
0.3	3.7109	2.5066	2.4697	1.04	0.68	0.03
0.45	3.7109	2.6523	2.5566	1.26	0.71	0.08
0.5	3.7109	2.7038	2.6202	1.30	0.73	0.08
0.6	3.7109	2.7050	2.6688	1.21	0.73	0.03
0.7	3.7109	2.8137	2.6885	1.35	0.76	0.12

由表 7-17 可以看出：临储比越大，排采过程中渗透率回升能力越强，渗透率始末比值变化越小。

综上，不同储层条件对排采过程中渗透率的变化规律如下。

① 弹性模量主要通过减弱应力压缩对渗透率的负作用，同时一定程度上增大着气体解吸对渗透率的正作用；随着弹性模量的增大，单相水流阶段渗透率降低幅度与速率降低，气/水两相流阶段渗透率增大幅度与速率稍有增加。

② 应力状态主要随着埋深的不同而变化，其主要通过应力压缩作用对渗透率负作用的幅度，同时气体解吸对渗透率正作用有着一定程度的抑制作用；随着应力状态的加大，单相水流阶段渗透率降低幅度加大，但速率基本不变，气/水两相流阶段渗透率增大趋势稍有减弱。

③ 临储比主要是通过加大应力压缩渗透率负作用速率，增加了气体解吸对渗透率的正作用；随着临储比的增大，单相水流阶段渗透率降低速率增大，而幅度基本不变，气/水两相流阶段气体解吸幅度逐渐增大。

不同储层条件对渗透率变化的影响也存在差异，主要表现如下。

① 弹性模量对排采过程中渗透率的变化影响较大，且随着弹性模量的增大渗透率的回升能力增强，但最终有趋于稳定的趋势。

② 应力状态对排采过程中渗透率的变化影响较小，且随着应力状态的加大渗透率的回升能力降低，但最终有趋于稳定的趋势。

③ 临储比对排采过程中渗透率的变化影响较小，但随着临储比的增加渗透率的回升能力增大，但最终表现为趋于稳定的趋势。

4. 不同储层参数下排采过程中渗透率变化差异

通过前面的分析可知：排采过程中渗透率的变化规律会因弹性模量、应力状态以及临储比的不同而变现出不同的降幅、增幅，那么对于研究区而言，排采过程中渗透率究竟在什么样的储层条件下会出现较大的降幅、什么条件下会出现降低后不再回升、什么条件下会出现降低后稍有回升、什么条件下会出现大幅增加并超出初始值？这些不同变化均是由弹性模量、应力状态以及临储比三者共同作用的结果，据此，本小节综合考虑三者对渗透率变化的影响，对研究区渗透率变化临界条件进行计算研究。

基于对研究区储层概况的统计，本次研究拟选取埋深变化在 400～800m 之间，弹性模量在 2～8GPa 之间，临储比在 0.4～0.8 之间。根据前面研究可知：弹性模量对渗透率回升系数的影响较应力状态以及临储比大。因此本次将弹性模量作为最终的临界表征条件进行计算，结果见表 7-18[228]。

表 7-18 排采过程中回升系数变化

<table>
<tr><th>埋深/m</th><th>临储比</th><th>弹性模量/GPa</th><th>最终渗透率/mD</th><th>最小渗透率/mD</th><th>回升系数</th><th>临界弹性模量/GPa</th><th>备注</th></tr>
<tr><td rowspan="10">400</td><td rowspan="5">0.4</td><td>2.59</td><td>2.87</td><td>2.57</td><td>0.16</td><td rowspan="5">4.91
2.05</td><td rowspan="5">回升系数为 1
回升系数为 0</td></tr>
<tr><td>3.45</td><td>2.94</td><td>2.69</td><td>0.41</td></tr>
<tr><td>4.32</td><td>2.98</td><td>2.77</td><td>0.74</td></tr>
<tr><td>5.18</td><td>3.01</td><td>2.81</td><td>1.13</td></tr>
<tr><td>6.04</td><td>3.03</td><td>2.84</td><td>1.55</td></tr>
<tr><td rowspan="5">0.6</td><td>2.59</td><td>2.88</td><td>2.85</td><td>0.17</td><td rowspan="5">4.36
2.07</td><td rowspan="5">回升系数为 1
回升系数为 0</td></tr>
<tr><td>3.45</td><td>2.95</td><td>2.90</td><td>0.50</td></tr>
<tr><td>4.31</td><td>3.00</td><td>2.93</td><td>0.98</td></tr>
<tr><td>5.18</td><td>3.04</td><td>2.95</td><td>1.69</td></tr>
<tr><td>6.04</td><td>3.06</td><td>2.96</td><td>2.58</td></tr>
</table>

续表

埋深/m	临储比	弹性模量/GPa	最终渗透率/mD	最小渗透率/mD	回升系数	临界弹性模量/GPa	备注
400	0.8	2.59	2.88	2.83	0.27	4.06 1.35	回升系数为1 回升系数为0
		3.45	2.96	2.89	0.62		
		4.31	3.02	2.93	1.21		
		5.17	3.06	2.95	2.18		
		6.04	3.09	2.97	3.84		
600	0.4	2.59	2.57	2.57	0.01	无 2.53	回升系数为1 回升系数为0
		3.45	2.71	2.69	0.06		
		4.32	2.81	2.77	0.16		
		5.18	2.87	2.81	0.31		
		6.04	2.89	2.84	0.35		
	0.6	2.59	2.54	2.53	0.03	7.23 2.14	回升系数为1 回升系数为0
		3.45	2.69	2.66	0.10		
		4.32	2.80	2.74	0.21		
		5.18	2.87	2.80	0.36		
		6.04	2.93	2.84	0.56		
	0.8	2.59	2.50	2.48	0.05	6.94 2.02	回升系数为1 回升系数为0
		3.45	2.67	2.62	0.14		
		4.31	2.79	2.71	0.28		
		5.18	2.87	2.77	0.45		
		6.04	2.94	2.81	0.68		
800	0.4	2.59	1.94	1.95	0.00	无 3	回升系数为1 回升系数为0
		3.45	2.20	2.19	0.01		
		4.32	2.37	2.35	0.03		
		5.18	2.50	2.46	0.07		
		6.05	2.60	2.55	0.11		
	0.6	2.59	2.10	2.09	0.01	无 2.25	回升系数为1 回升系数为0
		3.45	2.34	2.31	0.03		
		4.32	2.50	2.46	0.07		
		5.18	2.62	2.56	0.13		
		6.04	2.71	2.64	0.20		
	0.8	2.59	2.00	2.00	0.00	无 2.59	回升系数为1 回升系数为0

续表

埋深/m	临储比	弹性模量/GPa	最终渗透率/mD	最小渗透率/mD	回升系数	临界弹性模量/GPa	备注
800	0.8	3.45	2.25	2.23	0.02	无 2.59	回升系数为1 回升系数为0
		4.32	2.43	2.39	0.06		
		5.18	2.56	2.50	0.12		
		6.04	2.66	2.58	0.19		

注：表中回升系数为1所对应的临界弹性模量，“无”表示回升系数达不到1。

由表7-18计算结果可看出：当煤储层埋深较浅，在400m左右时，排采过程中渗透率在较一般力学结构下即可出现较大回升，在很小的弹性模量，如2GPa左右或以下时才会出现渗透率不断降低并趋于稳定的情况；埋深较深时，即在600m左右，渗透率在较小临储比已不可回升至初始值，在较大临储比情况下也需较好的力学结构才可回升至初始值；当煤储层埋深增加至800m时，排采时的渗透率已基本不能回升至初始值，并且较好力学结构才可稳定渗透率降低的趋势。

第八章

沁东南地区煤层气直井的排采控制

合理的排采工作制度是煤层气井获得高产、稳产的重要保障之一。煤储层结构的多样性、储层属性的非均质性、赋存环境的差异性及排采过程中储层物性参数主控因素的多变性，导致煤层气井的排采需要根据这些差异制定出相应的排采工作制度，向有利于煤层气井产气的方向发展。本章首先阐述煤层气直井的排采特点及排采系统，分析了排采效果的主要影响因素和需要控制的参数，根据不同排采储层类型、不同排采阶段渗透率变化的主控因素，提出了不同情况下合理的排采工作制度，以四种典型煤层气直井排采曲线为例说明了排采工作制度的重要性。

第一节　煤层气直井的排采特点

煤层气主要以吸附状态赋存在煤储层孔裂隙中，目前地面煤层气直井主要通过排采煤层中的水使储层压力降低进而让煤层气解吸产出。煤储层与常规砂岩储层相比，有其本身的特殊性。因此，煤层气直井的排采有其自身的特点。

1. 排采是集煤层气储集运移和气井举升与地面集输、分离于一体的系统工程

煤层气主要赋存在煤层中，要实现商业性开发，一定的含气量是必要保障。煤层埋藏深度只有超过一定深度才能使煤层气保存量达到商业性开发的量。因此，要把埋藏在地下的煤层气开发出来，需要在煤层与地面之间建立联系，即钻

完井工程；而要把煤层气从吸附状态转变为游离状态，需要通过改变煤层气的赋存环境，在煤层与井筒之间建立联系，并把煤层气从井底采集到地面，即采气工程；要把采集的气体收集并加以利用，则属于集输工程的范畴。因此，煤层气井的排采是集煤层气储集运移和气井举升与地面集输、分离于一体的系统工程。

2. 排采需要充分考虑地质、储层的特殊性和前期工程的附加影响

排采是在煤层气地质资源评价、钻井工程、测井及固井工程和储层改造工程后进行的。地质条件的差异性、储层属性的特殊性及前期工艺技术的多样性，必然引起排采时储层相应的差异，进而导致排采工作制度的制定存在区别。因此，排采制度需要反映地质储层的差异性，同时要照顾到前期工程的附加影响，在此基础上通过合理的设备配置和控制体系实现对产量的引导。

3. 煤层气井的排采实质上是改变了压力-应力对煤层气的控制而使其产出的

煤层气井的排采实质上是通过改变煤层气赋存的环境使煤层气产出的。排采改变了煤储层的应力系统、压力系统及力学性质等，这些条件的改变会引起煤储层导流能力的变化，最终影响煤层气井的产气量。通过排采，应力系统的改变，主要引起煤储层导流能力的变化；压力系统的改变主要引起煤层气赋存状态的变化；压力系统、应力系统、煤的力学性质及流体的耦合叠加共同决定着煤层气解吸-运移的难易。煤层气井的排采就是因势而导，调整着压力系统和应力系统，从而控制着煤层气的产出。

4. 排采需要考虑阶段性

煤层气井主要是通过排水降压使煤层气解吸产出的。排采是煤层气开发所有工程项目中时间最长的工作。煤层气井排采时，先进行的是排水任务，当储层中的水产出一定量后，气体开始解吸产出，气体与水共用同一裂隙通道。相态发生改变，流体流动难易程度的主控因素也随之发生改变。排采时，需要根据流体流动难易主控因素的变化，及时调整排采工作制度，使其向有利于流体流动的方向发展。排采阶段不同，排采过程中引起煤储层导流能力变化的主控因素不同，排采时需要根据排采的不同阶段和不同过程，及时调整排采工作制度，适应其变化。

第二节　煤层气直井的排采系统及施工

本节主要介绍煤层气直井的排采系统及现场施工流程。

1. 排采系统

煤层气直井的排采系统主要包括井下设备、动力系统和地面排采流程三大部分。

（1）井下设备

① 主要排采设备及特点　井下设备主要是指排采设备。目前，煤层气直井的排采设备主要有梁式泵（抽油机）、螺杆泵、电潜泵等。

不同的排采设备，具有不同的特点。常用的几种排采设备的特点见表 8-1。

表 8-1　目前几种常用的排采设备的特点

排采设备	工作原理	特点
梁式泵	柱塞在泵筒中往复运动	由泵管和柱塞组成，排水量较低、价格便宜、维护量大
螺杆泵	转子在定子中转动	由转子和定子组成，价格较贵、维护少，防砂、煤粉能力强，占地面积小
电潜泵	电机带动叶轮转动	排量大、扬程高、占地面积小、维护少、价格较高，防砂、煤粉能力强

② 井下管柱组合　煤层气直井的排采管柱是根据排采井的产液能力、泵类型、型号、煤层的埋深、排采目的层数等参数进行设计的。同时增加气锚、绕丝筛管、扶正器等设备来延长泵使用寿命，降低成本。安装井底压力计等设备来监测煤层气井排采过程中井底压力及动液面的变化。以梁式抽油机为例说明井下设备组合。

井下设备组合分抽油泵组合和抽油杆组合。以 73mm 抽油管为例，抽油泵组合为：60mm 平式丝堵＋60mm×3m 筛管＋60～73mm 平式变扣接头＋73mm 平式油管 1 根＋73mm 固定凡尔＋38mm 或 44mm 或 56mm 管式泵＋73mm 平式油管 1 根＋73mm 加大传感器固定短节＋73mm 加大双公头接头＋悬挂器＋油补距。

抽油杆组合为：柱塞＋防脱短节＋抽油杆＋光杆＋抽油机悬挂系统。井下设备组合示意图如图 8-1 所示。

（2）动力系统　煤层气勘探评价阶段，单井排采时选择与排采设备相匹配的两套柴油发电机组作为动力供应，一般为 35～50kW；井组排采时可考虑使用电力供应。煤层气开发阶段，储层连续产气后，可采用燃气发电机组，逐步形成以气养气的良性循环。

（3）地面排采流程　地面排采流程设备主要包括：气/水分离器、分气缸、管线、阀门、水计量表和气流量计等。气/水分离器主要用以分离从地下排出的水中所携带的游离气和微量的固体颗粒；分气缸主要用以缓冲套管压力对产气系统的直接影响，确保产气系统保持稳定的流动工作压力；管线用以连接排采的产气系统和排液系统，并配备弯头、三通、四通等配件；气、水管线分别安装气、水阀门，气/水分离器，分气缸需安装安全阀门；水计量表用来读取水流量和产水量；气流量计用来读取气流量和产气量。

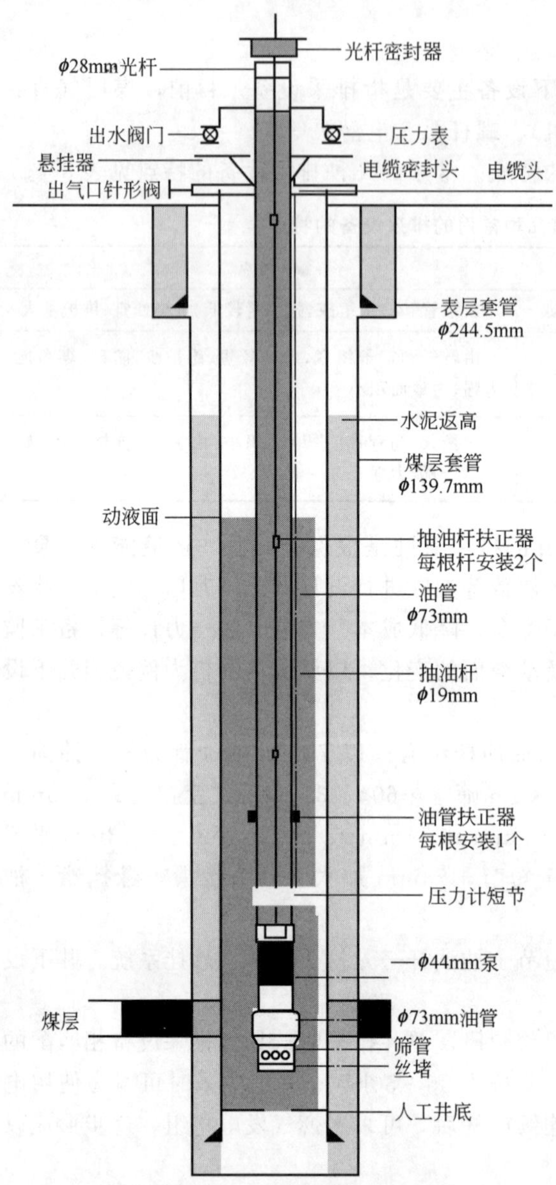

图 8-1 梁式抽油机泵挂示意图

地面单井分为采气系统和排液系统。煤层气直井排采时，气体从油管环空出口出来，经过套管压力表到达支管线，经过气流量计与管汇和火把管线相连接；排出的水由油管出口经过气/水分离器、水计量表与排水管线相连接，最后排到排污池中。

同时还有自动数据采集和设备自动控制系统：探头、传输电缆。CNG 站的自动控制系统通过安装于井口的探头和传输电缆来采集各井的产水量和套管压力等数据，并实时监控梁式抽油机和电机的运行。

2. 排采系统的施工步骤

排采设备的安装是在压裂之后进行的，包括压裂后的放溢流-冲砂洗井-设备安装调试等一系列工作。以螺杆泵为例说明排采设备安装步骤。

(1) 放压　在作业前放溢流，逐步放压至 0MPa。

(2) 搬迁设备　按标准摆立井架及作业设备，例行设备和工具的检查与保养，由作业监督对作业队进行技术交底，待验收合格签字后方可开工。

(3) 拆卸井口装置　拆卸井口上法兰。

(4) 丈排油管　把油管按顺序依次摆放，十根一组，丈量记录。

(5) 冲砂洗井　下油管，遇阻后记录其深度，加压 20kN 确定砂面，并记录。用清水进行冲砂洗井操作，冲至人工井底，直至出砂量非常少，至少再循环

20min，待稳定后继续探砂面，记录与人工井底对比，确定已冲至井底。起出冲砂管柱。

（6）套管刮削　下套管刮削器一支，在煤层段反复刮削 3 次以上。取出油管及刮削器。

（7）拆、装井口　拆 KY35/65 型井口，装 250 型井口，录取油补距。

（8）压力传感器及数据电缆检测　在压力传感器及数据传输电缆下井之前，必须对电缆及传感器进行测量，保证传感器和数据传感电缆的每一根线路参数正常，同时还要对数据传输电缆进行阻抗测试，确保其绝缘性能完好。压力传感器在放进固定架后用聚四氟乙烯压敏肢带进行捆扎固定，确保牢固可靠。

（9）下油管　根据煤层及下管柱设计，配置油管。依次下丝堵、筛管、油管（1 根）、泵体、压力计、油管等，为防止偏磨及节约成本，要求泵上每根油管安装一个扶正器（不含泵上短节）。连装三个之后，每隔一根油管安装一个，下泵速度要严格控制在 20 根/h 以内。

（10）数据传输线出井口及其密封　油管下完后，坐悬挂器之前进行数据传输电缆出井口操作，要求剩余电缆不得截断，全部由套管一侧的阀门穿出，同时穿过套管密封转换接头和电缆密封器，当电缆全部穿出井口后坐悬挂器顶紧顶丝，装悬挂器之前要认真检查密封圈是否完好。之后将电缆轻轻拉紧后先上紧套管密封转换接头，然后装好电缆密封器。将多余电缆盘好，用胶带包好，并固定于控制柜低板下面，之前要留好接控制柜的电缆长度，井口至控制柜之间的电缆要穿 PPR 管进行保护。

（11）下螺杆泵转子及抽油杆　上好井口上法兰，小钢圈槽装废钢圈进行保护，用一根完整的抽油杆直接连接螺杆泵转子，如果井架高度不够，则由人力将其托起下入井筒，在转子之上和光杆之下不得直接接抽油杆短节。抽油杆扶正器需提前用专用安装工具进行安装，其具体安装位置为每根抽油杆装两个，每个距接箍 0.5m。当探到限位器后计算长度（上提防冲距，装好井口驱动装置后，方卡子之上外余光杆在 0.3～0.6m 之间），上提三根抽油杆后选用合适的抽油杆短节进行调整，之后下一根抽油杆，再连接光杆，连好光杆之后将其全部缓慢放入井内，进行井口小法兰和小四通的安装以及地面驱动装置的安装，提完抽油杆自重后，上提防冲距 0.3～0.6m，卡好方卡子并将其坐入地面驱动装置的卡槽内。

（12）地面驱动装置的安装与试抽　在安装地面驱动装置之前，先对电机进行试转，确定旋转方向正确后再进行井口安装，进行流程对接，待控制系统全部安装完毕后进行试抽，井口出液全部引流至圬水坑内。

（13）地面流程及控制系统的安装　首先确定流程及控制系统的地面位置，然后依据设计进行地面流程的安装与对接。

第三节　煤层气直井排采对产能的影响及控制参数

煤层气直井排采时相态的变化导致排采过程中煤储层导流能力的主控因素发生改变，排采时需要根据储层导流能力主控因素的变化来调整相应的控制参数。本节首先阐述排采工作制度制定的基本原则，然后分析排采效果的主要影响因素。在此基础上，提出单相水流和气/水两相流时需要控制的主要参数。

一、排采工作制度制定的基本原则

煤储层弹性模量低、应力敏感、原始渗透性低、排采过程中发生着多相流变化、多套压力系统的变化等特点决定了煤层气直井排采时煤储层渗透率的影响因素较多，不同排采阶段渗透率的主控因素也会发生变化，最终影响着煤层气井的产气量。为了尽量提高煤层气直井的产气量，煤层气直井排采需要遵循以下基本原则。

1. 煤层气直井的排采必须适应排采储层类型及特点，制定出符合煤层气产出规律的排采工作制度。

煤储层本身的裂隙发育程度、煤岩力学性质、含水性、含气性等的差异及围岩含水量、与煤层的间距、中间隔层的岩性及封盖性等的不同，即排采储层类型不同，排采过程中储层的供液能力、应力敏感程度等的差异导致煤储层渗透率的改变量不同。同时，排采过程中液体的产出速度、气体的产出速度等的差异也会导致渗透率的改变量不同。排采时需要根据储层类型及特点，制定出符合煤层气产出规律的排采工作制度。

2. 排采过程中需要密切关注储层产水点、临界解吸压力点、放气套压点、稳定产气压力点、衰减压力点等关键点。

煤层气直井是通过控制动液面高度、产气时的套压来控制井底压力与储层压力之间的压差，实现控制储层中水的产出速度、气体的产出速度和裂隙导流能力的改变速度。排采初期，先排采的是井筒内的水，当井底压力下降到一定值后，储层中的水在一定压差作用下慢慢开始向井筒流动，储层中的水向井筒流动时的动液面高度对排采工作制度的调整具有指导意义，因此需要密切关注排采过程中储层产水点。随着井底压力的下降，当达到临界解吸压力点附近时，气体的解吸使动液面出现上下振荡，此时若排采不得当，容易造成煤储层激励，影响煤层气直井的产气量。临界解吸压力点也是需要密切关注的。同样，当套压憋到一定程度时需要放气，放气时的套压值在一定程度上反映了煤层气直井的产气潜力，放气压力点也是需要密切关注的。通过几次提产后，产气量逐渐趋于稳定，通过调整套压值来保持产气量的基本稳定。当不能稳定产气后，开始衰减的压力点也是需要密切关注的。通过关注这些关键点，基本就控制了整个煤层气直井的排采过程，容易实现煤层气直井的稳定、长周期的产气效果。

3. 排采时应尽量保持连续性、稳定性和缓慢性。

排采时如果不能保持其连续性，若处于单相水流阶段，已经降低的动液面又会有所恢复，容易引起储层的激励，对煤储层裂隙的导流通道造成一定的伤害。若处于气/水两相流阶段，已经解吸的部分气体可能会发生吸附，既影响了产气效果，同时又可能增加排采成本。煤层自身的弹性模量低、渗透率低的特点决定了对应力比较敏感。若不能保持排采的稳定性，储层容易受到较大伤害而影响产气量。排采时若压降过快，储层所受的有效应力增加过快，煤储层渗透率下降过大，对后期的产气量会造成比较大的影响，因此排采时应尽量保持缓慢性。

二、排采效果的主要影响因素

排采是通过控制动液面下降速度、套压上升速度、套压值等来控制地层产水速度、产气速度和裂隙闭合速度的。排采效果的主要影响因素有排采的连续性、排采强度、井底压力及生产套压值等。

1. 排采的连续性对排采效果的影响

煤层气直井的排采应连续进行，使动液面持续稳定下降，防止由于停抽导致动液面回升，引起储层激励或解吸的甲烷气体的再吸附。另外，长期关井，储层裂隙容易被水充填，阻碍气的产出。

目前，造成煤层气直井排采时不连续主要有三种情况：第一种情况是由于停电等造成排采间断，间断时间一般较短；第二种情况是由于排采的不合理造成排采井出现无水无气，关井停产，间断时间一般较长，对储层导流能力伤害较大；第三种情况是排采过程中由于卡泵、气锁、水锁、煤粉堵塞等需要停泵检修造成的间断停抽，或杆、管等断裂等机械故障引起的停泵修井作业，间断时间一般较短。但其作业过程中可能对储层造成激励，影响煤层气直井的产能。

2. 排采强度对排采效果的影响

我国煤储层低渗的特点决定了要开发煤层气，需经过储层改造。改造时为了防止裂缝闭合，一般加入一定量的支撑剂。若排采强度过大，井底与储层之间的瞬时压差过大，可能引起煤储层中支撑剂的移动，影响支撑效果，最终影响了煤层气直井的产气量。

煤质本身性脆、易碎、易坍塌、储层改造时容易出现煤粉等特点，决定了排采时若排采强度过大，容易引起煤粉颗粒发生运移，细小颗粒的运移可能堵塞部分煤储层裂隙通道，煤储层的导流能力降低。同时，煤粉运移到井筒，可能影响泵效，严重时可能造成卡泵等故障，修井作业次数及费用增加。我国大多数煤层属于低含水、非饱和水煤层，进行煤层气井排采时，需根据储层本身特点来控制排采强度。

3. 井底压力对排采效果的影响

煤层气直井通过控制井底压力与储层压力之间的压差来控制产液、产气速度。较低的井底压力，有利于增加单位体积气体的解吸速度，但煤层气直井的排采是一项长期的系统工程，既需要单位体积气体的解吸速度和解吸量，更要兼顾长期排采带来的整体降压，只有这样才能保证煤层气井长期的稳产。若排采过程中井底压力降低的速度过快，近井地带煤基质承受的应力过大，容易造成近井筒地带局部煤储层导流能力的急剧下降，对以后的压力传递及产气会产生重要影响。

4. 生产套压对排采效果的影响

当煤层气直井产气后，井底压力与储层压力之间的压差是受动液面高度和生产套压共同控制的。此时气压、水压和煤基质共同承担着上覆地层压力。若产气初期生产套压值比较低，近井筒地带煤层中的气体解吸量较多，远端的气体来不及补充，近井筒地带气压值下降过快，煤基质和水压力承担的上覆地层压力增加，造成局部地带裂缝的闭合，对以后的压力传递及产气均会产生重要影响。因此，产气后合理控制生产套压，是煤层气直井长期稳产的重要保障。

三、排采时需要控制的参数

煤层气直井是通过改变煤层赋存的环境而使气体产出的。排采的整个过程中，保障煤层气储层的空间——孔隙与外界环境的有效畅通是实现煤层气直井长期稳产的关键。排采煤储层孔裂隙中的水是实现孔隙与外界环境沟通的重要途径，而储层裂隙的连通性和畅通性是产气得以维系的重要保障。煤层气直井排采时经历了单相流和气/水两相流相态的变化，相态的不同导致煤储层导流能力的主控因素发生改变，其本质都是通过控制井底压力来控制产液、产气速度来保障煤储层裂隙的畅通性的。单相水流态时，需要控制的主要参数是动液面的下降速度；气/水两相流态时，需要控制的主要参数是套压和动液面的速度。下面对其分别阐述。

1. 单相水流阶段需控制动液面的下降速度

排采初期，煤储层中的水在压差作用下发生流动。随着水的产出，煤基质所受的应力增加，储层的渗透率下降。整个单相水流阶段单个质点储层的渗透率一直下降，压力在压差作用下向远处传递，若动液面下降较快，可能导致较远端的水不能及时向近端补给，引起局部地区储层渗透率降低较快，水流动的阻力增加，需要较高的压差才能让更远端的水发生流动，影响压力传递的距离，进而对后期的产气产生重要影响。

此外，动液面下降速度过快，生产压差过大，容易造成煤粉、支撑剂的运移，堵塞裂隙通道或影响支撑效果，储层的导流能力下降。因此，在此阶段，需要控制动液面的下降速度，形成相对比较平缓的压降漏斗，防止出现煤储层导流的瓶颈，影响后期的产气。

2. 气/水两相流阶段需控制套压和动液面的速度

煤层气直井产气后，煤储层裂隙中的液体、气体在各自压差下流动，存在着水压传递和气压传递两套压力系统的传递。气体的黏度系数小，在同样的裂隙宽度、压差下比水更容易流动。且气/水两相流阶段，水压传递的距离比气压传递的距离更远，流动的阻力更大，需要的压差更大。为了让更远端的水发生流动，此阶段需要控制套压及动液面来控制产气速度，以便让远端的水能发生流动。

此外，产气速度过快，煤粉、支撑剂容易连带气体一起产出，一方面容易造成卡泵等现象，增加修井概率；另一方面煤粉或支撑剂的产出，影响了裂隙的支撑效果，储层的导流能力下降，影响后期的产气。

3. 产气前尽量增加累计产水量

煤层气直井通过水压和气压两套压力系统的传递来实现其产气。煤储层中的水能否发生流动及流动的距离很大程度上决定了气体产出的路径及产出量。若煤储层中的水不能发生流动，其气体发生解吸产出的量将非常少。煤层气直井排水产气的特点决定了水压传递的距离要大于气压传递的距离。水和气体本身属性的差异，尤其是动力黏度系数的差异，决定了产气前若水的传递距离较近，产气后气体与水共用裂隙通道，必然阻碍水的流动，离井筒较远的水运移难度进一步加大。最大限度地延长产气前水传递的距离，最大限度地增加产气前的累计产水量，是后期气压传递较远的重要保障之一。

第四节　不同排采储层类型煤层气直井排采工作制度制定

排采储层类型不同，排采时压力传播变化规律不同，进而导致排采时煤储层导流能力的主控因素也不同，相应的排采工作制度制定也有所区别。本节根据不同排采储层类型特点，以煤层气直井产气特点划分的排采阶段为基础，分析不同排采阶段渗透率的主控因素，把不同排采阶段进一步细划成几个过程，分析不同阶段的排采动态变化特征，提出不同阶段的核心目标。最后以煤层埋深600m的煤层气直井为例，提出不同排采储层类型参考的排采工作制度。

一、中-高渗中硬煤层状储层排采工作制度制定

排采阶段不同，渗透率变化的主控因素不同。根据煤层气直井生产特点，分平衡产水阶段、控制井底流压不放气阶段、稳定提产阶段、稳定产气阶段和产气

衰减阶段五个阶段分别制定相应的排采工作制度。

1. 平衡产水阶段排采工作制度的制定

(1) 平衡产水阶段合理排采速率的确定　排采的平衡产水阶段，煤储层的渗透率一直下降，如何防止出现渗透率瓶颈及最大限度地延长此阶段水流传递的距离是后期气压传播距离较远的重要保障之一。

为了便于研究，基于以下假设：煤储层是煤基质和孔-裂隙组成的立方体，排采过程中水流动符合达西定律，且水流动时忽略相互间的流动干扰；不考虑排采过程中有效应力系数的变化。

① 平衡产水阶段排采半径的确定　要使单相水流阶段水流动的距离更远，只需让压力传递范围内任意一点处的压力与井底压力之间的压差稍大于该处的启动压力梯度与其传播距离的乘积，即：

$$\frac{p-p_{\mathrm{w}}}{r}\approx\lambda_{\mathrm{r}} \tag{8-1}$$

式中，r 为地层排水影响半径范围内的任意一点距井筒中心的距离，m；p 为排采影响半径范围内 r 处的地层压力，MPa；p_{w} 为排采影响半径范围内 r 处的地层压力对应时刻的井底压力，MPa；λ_{r} 为排采过程中距井筒 r 处的启动压力梯度，MPa/m。

研究表明，排采过程中距井筒 r 处的启动压力梯度与渗透率之间存在如下关系[229,230]：

$$\lambda_{\mathrm{r}}=ak_{\mathrm{wr}}^{b} \tag{8-2}$$

式中，k_{wr} 为排采过程中距井筒 r 处的渗透率，mD；a、b 为常数，可以由实验拟合得出。

当井底压力等于煤储层的临界解吸压力时，煤储层中的气体开始解吸产出，即进入控制井底流压不放气阶段。设此时排采影响范围仍处于储层改造半径范围内，根据式(8-1) 和 (8-2) 可知平衡产水阶段排采半径满足下式。

$$R_{\mathrm{e}}=\frac{p_{\mathrm{e}}-p_{1}}{ak_{\mathrm{w}}^{\mathrm{b}}} \tag{8-3}$$

式中，R_{e} 为平衡产水阶段排采半径，m；p_{e} 为原始储层压力，MPa；p_{1} 为煤储层临界解吸压力，MPa；k_{w} 为煤储层压裂改造后的渗透率，mD。

② 平衡产水阶段排采时间的确定　根据渗流原理可知，排采时压力传递的距离与排采时间的开方成正比[231]，即：

$$R_{\mathrm{e}}=3.795\sqrt{\frac{k_{\mathrm{wd}}t_{\mathrm{w}}}{\Phi C_{\mathrm{t}}\mu}} \tag{8-4}$$

式中，R_{e} 为平衡产水阶段的产水影响半径，m；k_{wd} 为平衡产水阶段煤储层变化后的渗透率，mD；t_{w} 为平衡产水阶段排采时间，d；Φ 为煤储层孔隙度，小数；μ 为流体流动时的黏度，mPa·s；C_t为地层综合压缩系数，MPa^{-1}。

单相水流阶段煤储层的渗透率一直在降低，煤层渗透率与有效应力之间有如下关系[232,233]：

$$k_{wd}=k_w e^{-\beta\sigma_e} \tag{8-5}$$

式中，β 为煤层气井排采过程中渗透率变化系数。

根据有效应力原理可知，有效应力与应力、排采过程中任意一点的压力之间满足下面的关系式[234,235]：

$$\sigma_{er}=\sigma_r-\alpha p_r \tag{8-6}$$

式中，σ_{er}为排采过程中距井筒 r 处煤基质所受的有效应力，MPa；σ_r 为煤层距井筒 r 处煤基质所受的应力，MPa；α 为有效应力系数；p_r为排采过程中距井筒 r 处的储层压力，MPa。

根据式(8-3)～式(8-6) 可以计算出平衡产水阶段的排采时间，即：

$$t_w=\frac{(p_e-p_1)^2\Phi C_t\mu e^{\beta(\sigma-\alpha p)}}{14.4a^2k_w^{2b+1}} \tag{8-7}$$

式中，σ 为平衡产水阶段结束时煤层煤基质所受的平均应力，MPa；p 为平衡产水阶段结束时的平均储层压力，MPa。

③ 平衡产水阶段压降速率的确定　煤储层在压力传播的过程中，纵向上可认为整个煤层段压力都传播，横向上认为各个方面压力传递的速度近似相等。根据渗流理论可知其压力传播的表达式为[236]：

$$p_r=p_e-\frac{p_e-p_w}{\ln\dfrac{R_e}{r_w}}\ln\frac{R_e}{r} \tag{8-8}$$

式中，r_w为井筒半径，m。

根据距井筒中心距离为 r 处的煤储层压力表达式，计算得出平衡产水阶段结束时的平均储层压力关系式为：

$$p=\frac{\displaystyle\int_{r_w}^{R_e}r\left(p_e-\frac{p_e-p_w}{\ln\dfrac{R_e}{r_w}}\ln\frac{R_e}{r}\right)dr}{R_e} \tag{8-9}$$

平衡产水阶段结束时，此时的井底压力为临界解吸压力。根据式(8-7)和式(8-9)得出平衡产水阶段压降速率的平均值为：

$$v_p=\frac{(p_e-p_1)\Phi C_t\mu}{14.4a^2k_w^{2b+1}}e^{\beta\left[\sigma-\frac{\alpha}{R_e}\int_{r_w}^{R_e}r\left(p_e-\frac{p_e-p_w}{\ln\frac{R_e}{r_w}}\ln\frac{R_e}{r}\right)dr\right]} \tag{8-10}$$

式中，v_p为平衡产水阶段合理压降速率的平均值，MPa/d。

将煤层气直井的相关参数代入式(8-3)，计算得出平衡产水阶段的解吸半径。将解吸半径和模型所需的其他参数代入式(8-10)，借助 MATLAB 软件，即可求出平衡产水阶段合理压降速率的平均值。

(2) 平衡产水阶段排采动态变化特征　此阶段煤层气直井排采实质是通过调整排采工作制度适应煤层供液能力的变化来控制动液面的下降速度的。其核心目标是确定煤储层的供液能力，保持煤储层与井筒之间渗流通道的畅通。根据排采过程中储层供液能力的明显变化及排采工作制度相应的变化，可把这一阶段分为三个过程，下面对其分别阐述。

第一过程：供液能力逐渐升高，排采工作制度不断调整过程

根据渗流原理和中-高渗中硬煤层状储层压力传播变化规律可知，单相水流阶段地层供液能力可表示为：

$$Q_{gl}=\frac{\pi(p_e-p_w)}{h_p\ln\frac{R_e}{r_w}}\left[r_w^2\ln\frac{r_w}{R_e}+\frac{1}{2}(R_e^2-r_w^2)\right] \tag{8-11}$$

式中，Q_{gl}为地层的供液量，m^3；h_p为排采过程中压力传递高度上与压差有关的数，MPa/m。

由式(8-11)结合压力传递影响半径公式可知，单相水流阶段排采时，随着压力逐渐向外传播，地层的供液能力逐渐升高。

此过程中，排采初期，压降漏斗在逐渐形成，地层供液体积变化相对较大，由于水压传播距离相对较近，水流动所需要的启动压力较小，若动液面下降过快，远端的水来不及向近井筒补充，容易造成近井地带压降漏斗过陡，近井地带渗透率下降过快。因此需要不断调整排采工作制度以适应地层供液能力的变化，使煤层气直井的实际产水量略大于地层的供液能力，使动液面的下降速度不至于太快。这一过程可称为供液能力逐渐升高，排采工作制度不断调整过程。

第二过程：供液能力趋于平稳，排采工作制度几乎稳定过程

根据试井原理可知，水压传播的距离与排采时间的开根号成正比。随着排采的继续进行，水压传播的距离越来越远，传播距离的增量逐渐减少，地层的供液能力逐渐趋于平稳，水压降落漏斗雏形基本形成，即进入供液能力平稳过程。

此过程中，因水压传播已有了一定的距离，远端水流动的启动压力开始稍有增加，此时地层供液能力已趋于平稳，因此不再需要频繁地调整排采工作制度来适应地层供液能力的变化，只需使实际产水量略大于地层的供液能力即可实现动液面较平稳的下降。但此过程中，动液面下降的速度仍然不宜过快，要防止局部地区出现渗透率下降的瓶颈而影响后期水压的传递。这一过程称为供液能力趋于平稳，排采工作制度几乎稳定过程。

第三过程：地层供液能力缓慢下降，排采工作制度相应调整过程

层状储层排采时几乎无越流补给，随着排采的继续进行，传播距离的增量进一步减少，地层供液能力开始出现缓慢下降，即进入地层供液能力缓慢下降过程。

这一过程中，在近端煤储层渗透率下降和远端水距离增加的双重作用下，远端水流动的启动压力进一步增加，针对中-高渗中硬煤层，近端储层渗透率的下降对启动压力的影响不太大。因此，动液面下降的速度不需过大就可以满足远端水的启动。排采工作制度需要根据地层供液能力的变化做出相应的调整，以实现动液面的平稳下降。为了迎接后期产气到来，此过程后半段，动液面下降速度要变慢。

中-高渗中硬煤层状储层平衡产水阶段地层供液能力变化示意图如图 8-2 所示。

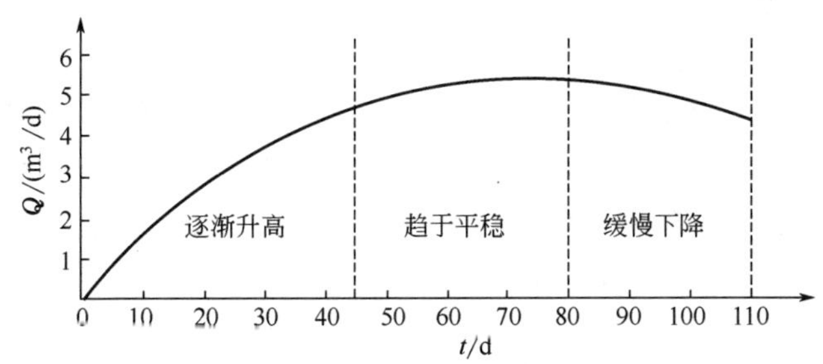

图 8-2　中-高渗中硬煤层状储层平衡产水阶段地层供液能力变化示意图

2. 控制井底流压不放气阶段排采工作制度制定

(1) 控制井底流压不放气阶段合理放气套压值的确定

① 合理放气套压值建模思路　煤层气直井排采时，当井底压力达到临界解吸压力时，气体开始解吸产出。为了防止近井地带气体的快速产出导致煤基质所受的有效应力急剧增加，煤储层导流能力急剧下降，影响远端水的流动。此时需进行憋压处理，俗称憋套压。随着套压的增加，套管里的气压、液柱及储层中解吸的气体组成了一个连通器。随着解吸气量的增加，套压持续上升，液柱高度减少，此时需保持井底压力几乎平稳来减少储层渗透率的降低，同时保持远端水向井筒流动。套压值上升到多少开始放压是这一阶段需解决的核心问题。

确定憋压阶段的合理放气套压值，就是确定当套压为该值时，若不进行放气，远端的水将几乎无法向井筒进行流动，解吸半径此时也已经达到最大。计算思路可表述为：

a. 根据启动压力梯度、井底流压、储层压力计算憋压阶段排水的最大影响半径；

b. 根据稳定渗流井底压力表达式及排水的最大影响半径，计算煤储层解吸半径；

c. 根据稳定渗流井底压力表达式、兰氏方程及气体储集空间体积，计算最大套压值。

② 煤储层几何模型的构建　要对合理的放气套压值进行计算，需要建立煤储层几何模型，并做以下假设：

a. 煤储层由立方体煤基质和孔裂隙组成，裂隙呈正交状态，且煤储层呈等厚水平展布。

b. 憋压阶段地层的水仅来自煤层，气/水流动为平面径向稳定渗流，符合达西定律，且水流动时忽略相互之间流动干扰。憋压阶段结束时，液面接近煤层，即液柱产生的压力为零。

c. 煤层中的游离气符合气体状态方程，吸附符合朗格缪尔方程。

d. 气体在储层中的流动符合线性渗流定律，忽略水、气在煤储层裂隙中共同流动时的滑脱效应。

③ 合理放气套压值的数理模型

a. 排采最大影响半径计算　煤储层中的水能否发生流动，取决于水流动的动力是否大于其阻力。大量实验研究表明，排采时储层压力与井底压力之间超过一定的压差，煤储层中的水才能发生流动，让水发生流动的压力梯度称为启动压力梯度。启动压力梯度与渗透率之间存在如下关系。

$$\lambda = ak_{w}^{b} \tag{8-12}$$

式中，λ 为启动压力梯度，MPa/m；k_w为储层渗透率，mD；a、b 为常数，可以由实验拟合得出。

设煤层气直井产气时刻储层中水流动的影响半径为 R_e。气/水两相流阶段，若要排采出更远端的水，此时的压力梯度必须大于等于水相的启动压力梯度，即：

$$\frac{p_e - p_w}{R_e} \geqslant \lambda_{wg} \tag{8-13}$$

式中，λ_{wg}为煤储层水流动的启动压力梯度，MPa/m；p_e 为煤储层压力，MPa；p_w 为井底压力，MPa；R_e为水相影响半径，m。

根据式(8-12) 和式(8-13) 可以计算出煤层气井憋压阶段排水的最大影响半径为：

$$R_e = \frac{p_e - p_w}{ak_w^b} \tag{8-14}$$

b. 储层最大解吸半径计算　根据渗流理论可知：煤层气直井流体稳定渗流时的压力分布表达式为：

$$\frac{d^2 p}{dr^2} + \frac{1}{r} \times \frac{dp}{dr} = 0 \tag{8-15}$$

通过分离变量，平面径向稳定渗流的压力分布表达通式为：

$$p = C_1 \ln R + C_2 \tag{8-16}$$

式中，R 为水传递影响范围内某处距井筒中心的距离，m；p 为距井筒中心距离为R 处的煤储层压力，MPa；C_1、C_2为通式系数。

当 $R = r_w$时，$p = p_w$；当 $R = R_e$时，$p = p_e$，代入压力分布表达通式，得

到平面径向稳定渗流状态时，地层任意一点的压力表达式为：

$$p = p_{\mathrm{e}} - \frac{p_{\mathrm{e}} - p_{\mathrm{w}}}{\ln \frac{R_{\mathrm{e}}}{r_{\mathrm{w}}}} \ln \frac{R_{\mathrm{e}}}{r} \tag{8-17}$$

式中，r_{w}为井筒半径，m；r 为地层排水影响半径范围内的任意一点距井筒中心的距离，m。

当憋压阶段排水达到最大影响半径时，边界的压力为原始储层压力。影响半径范围内某一点处的压力为临界解吸压力，此处距井筒中心的距离即为最大解吸半径，即：

$$r_{\mathrm{g}} = \frac{R_{\mathrm{e}}}{\left(\frac{R_{\mathrm{e}}}{r_{\mathrm{w}}}\right)^{\frac{p_{\mathrm{e}} - p_{\mathrm{g}}}{p_{\mathrm{e}} - p_{\mathrm{w}}}}} \tag{8-18}$$

式中，r_{g} 为煤储层的最大解吸半径，m；p_{g} 为煤储层的临界解吸压力，MPa。

c. 最大套压值计算　排水影响半径范围内的煤储层含气量，可以由兰氏方程计算得出：

$$V = \frac{V_{\mathrm{L}} p}{p + p_{\mathrm{L}}} = V_{\mathrm{L}} - \frac{V_{\mathrm{L}} p_{\mathrm{L}}}{p + p_{\mathrm{L}}} \tag{8-19}$$

式中，V 为煤储层排水解吸半径范围内任意一点的含气量，$\mathrm{m^3/t}$；V_{L}为兰氏体积，$\mathrm{m^3/t}$；p_{L}为兰氏压力，MPa。

将排水影响半径范围内任意一点的地层压力的表达式代入兰氏方程得：

$$V = V_{\mathrm{L}} - \frac{V_{\mathrm{L}} P_{\mathrm{L}}}{p_{\mathrm{e}} - \frac{p_{\mathrm{e}} - p_{\mathrm{w}}}{\ln \frac{R_{\mathrm{e}}}{r_{\mathrm{w}}}} \ln \frac{R_{\mathrm{e}}}{r} + p_{\mathrm{L}}} \tag{8-20}$$

煤储层最大解吸半径影响范围内产气量随解吸半径的变化可表示为：

$$Q_{\mathrm{g}} = \int_{r_{\mathrm{w}}}^{r_{\mathrm{g}}} 2\pi \rho h (V_0 - V) r \mathrm{d}r \tag{8-21}$$

式中，Q_{g}为解吸半径影响范围内产气量，$\mathrm{m^3}$；ρ 为煤储层的密度，$\mathrm{t/m^3}$；h 为煤层的有效厚度，m；V_0为煤储层原始含气量，$\mathrm{m^3/t}$。

根据地层任意一点的压力、最大解吸半径及兰氏方程，可以计算出憋压阶段煤储层的解吸气量，即：

$$Q_{\mathrm{g}} = \pi \rho h (V_0 - V_{\mathrm{L}})(r_{\mathrm{g}}^2 - r_{\mathrm{w}}^2) \int_{r_{\mathrm{w}}}^{r_{\mathrm{g}}} \frac{2\pi \rho h V_{\mathrm{L}} p_{\mathrm{L}} r}{p_{\mathrm{e}} + p_{\mathrm{L}} - \frac{p_{\mathrm{e}} - p_{\mathrm{w}}}{\ln \frac{R_{\mathrm{e}}}{r_{\mathrm{w}}}} \ln \frac{R_{\mathrm{e}}}{r}} \mathrm{d}r \tag{8-22}$$

煤储层解吸的气体储存于井筒环空空间以及煤储层孔裂隙通道的部分空间

中，其气体储存体积可表示为：

$$Q_{\mathrm{H}}=\pi(r_2^2-r_1^2)H+\pi r_{\mathrm{g}}^2 h\Phi S_{\mathrm{g}} \tag{8-23}$$

式中，Q 为井筒环空空间体积，m^3；H 为井筒液面至井口的距离，m；r_1 为油管外半径，m；r_2 为生产套管内半径，m；Φ 为煤储层孔隙度，小数；S_{g} 为气/水两相流阶段孔裂隙中的含气饱和度，小数。

根据理想气体状态方程、解吸气量及井筒环空空间体积，可以计算出最大套压值，即：

$$p_{\mathrm{T}}=\frac{Q_{\mathrm{g}}}{Q_{\mathrm{H}}}p_{\mathrm{D}}=\frac{\rho h(V-V_{\mathrm{L}})(r_{\mathrm{g}}^2-r_{\mathrm{w}}^2)}{(r_1^2-r_2^2)H+r_{\mathrm{g}}^2 h\Phi S_{\mathrm{g}}}p_{\mathrm{D}}+\frac{\displaystyle\int_{r_{\mathrm{w}}}^{r_{\mathrm{g}}}\frac{2\rho h V_{\mathrm{L}} p_{\mathrm{L}} r}{p_{\mathrm{e}}+p_{\mathrm{L}}-\dfrac{p_{\mathrm{e}}-p_{\mathrm{w}}}{\ln\dfrac{R_{\mathrm{e}}}{r_{\mathrm{w}}}}\ln\dfrac{R_{\mathrm{e}}}{r}}\mathrm{d}r}{(r_1^2-r_2^2)H+r_{\mathrm{g}}^2 h\Phi S_{\mathrm{g}}}p_{\mathrm{D}} \tag{8-24}$$

式中，p_{T} 为计算的最大套压值，MPa；p_{D} 为标准状态大气压值，MPa。

将煤层气直井的基本参数及排采过程中的参数代入式(8-14)、式(8-18)、式(8-24)，运用 MATLAB 软件进行积分，可求得对应状态下的最大套压值，即合理的放气套压值。

(2) 控制井底流压不放气阶段排采动态变化特征　此阶段排采实质是通过控制井口套压上升速度来控制井底流压，进而控制产气速度，达到远端水向近井筒地带流动的目的。其核心目标是通过控制井底流压，尽可能地延伸水压传递面积。根据排采过程中井口套压的明显变化，把这一阶段分为三个过程。下面对其分别阐述。

第一过程：井口套压逐渐升高，控制井底流压几乎不变过程

当井底压力达到临界解吸压力时，煤储层中的气体开始解吸产出，井口出现套压，煤储层中出现水压和气压两套压力系统的传播。产气初期，气压传播距井筒较近，水压传播距井筒较远。此时若继续降低井底流压，近井筒地带的气体在压差作用下会大量解吸产出，一方面将阻碍远端水的流动；另一方面气体的大量解吸产出，使近井地带煤基质所受的有效应力急剧增加，将引起近井地带煤储层渗透率的急剧下降。因此，当煤层气直井开始产气时，应控制井底流压几乎保持在临界解吸压力附近，通过井口套压的上升来调整井底流压和动液面高度，控制气压传播的速度，使解吸气体的压降漏斗尽量平缓地向远端延伸。

此过程中，由于解吸出来的气体离井筒较近，气体流动所需要的压力梯度非常小。为了防止近井地带解吸出来的气体量过多，对远端水的流动造成较大的影响，需要控制井底流压的下降速度来控制近井地带气体的解吸速度。此时气压、水压和煤基质共同承担上覆地层应力，通过增加近井地带的气压来降低近井地带储层渗透率的减少。同时，为了防止解吸出来的气体再发生吸附，需要密切观察井口套压的变化，使其保持逐渐上升的趋势。因此，这一过程可称为井口套压逐渐升高，控制井底流压几乎不变过程。

这一过程中，解吸出来的气体占据了煤储层中部分裂隙通道，导致地层的供液能力与平衡产水阶段相比，稍有下降。这一过程中需要及时调整排采工作制度，适应地层供液能力的变化。且随着排采的进行，水压传递距离越来越远，需要更大的压差才能让更远端的水流动，这一过程中又限制井底流压的降低，所以地层的供液能力会逐渐降低。这一过程也可称为排采工作制度不断调整适应地层供液能力变化的过程。

第二过程：井口套压逐渐趋于平稳，井底流压稍有下降过程

随着排采时间的延长，气压向远处传播的距离逐渐增加，井底压力与储层压力之间的压差改变量比较小，气压传播的距离虽然在增加，但增加的速度减慢，解吸出来的气体量引起的套压值增量在减少，并逐渐趋于平稳。此时，为了让更远端的水流动，通过适当降低井底流压，在井底与相对较远端形成一定的气压梯度，伴随着较远端气体的解吸，让更远端的水在压差下能继续发生流动。这一过程称为井口套压逐渐趋于平稳，井底流压稍有下降过程。

这一过程中，气体解吸范围进一步扩大，水压传播的距离也进一步扩大。气体解吸范围的扩大，对水的影响也在增加。但由于井底流压稍有下降，使储层压力与井底流压之间的压差稍有增加，远端的水得以继续向近井地带流动，但流动的速度更慢，地层的供液能力进一步降低。这一过程中不需频繁地调整排采工作制度，只需间断式调整排采工作制度适应地层供液能力变化，同时保持井底流压相对平稳的下降。

第三过程：井口套压平稳，尽量延伸水压传播距离过程

排采继续进行，气压传递的压降漏斗非常平缓。在井底压力不变或稍有下降的情况下，已经不能维系远端气体的解吸及远端水向近井筒地带流动。此时，需要适当降低井底压力，使气体解吸范围进一步增加，以便使更远端的水发生流动。当套压作用下动液面几乎趋于煤层后，井口套压达到最大值，此时稳定一段时间井口套压，尽可能地使更远端的水发生流动，直到井口套压出现下降的趋势，这一过程即结束。

这一过程中，地层的供液能力进一步下降，需要调整排采工作制度来适应地层供液能力的下降，尽量使井底流压在平稳中略有下降。

这一阶段井口套压变化示意图如图 8-3 所示。地层供液能力变化示意图如图 8-4 所示。

3. 稳定提产阶段排采工作制度制定

(1) 稳定提产阶段合理压降速率的确定

① 稳定提产阶段合理排采工作制度的计算思路　煤层气直井排采过程中，

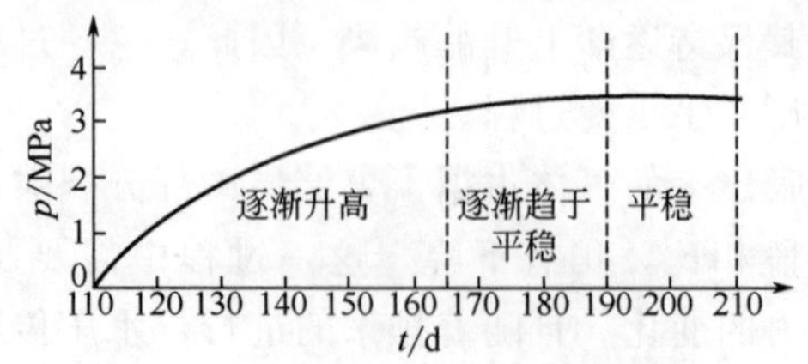

图 8-3 控制井底流压不放气阶段井口套压变化示意图

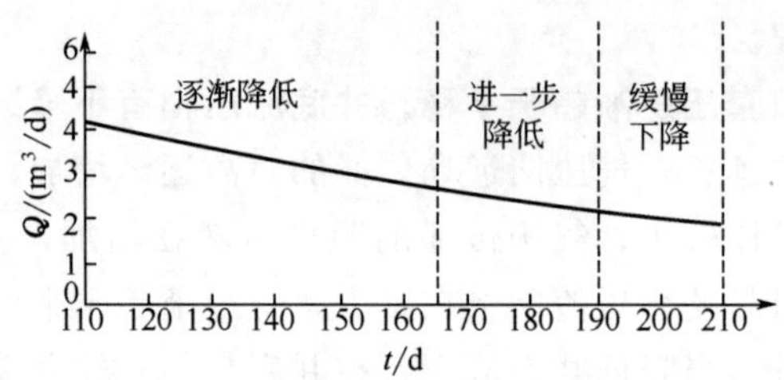

图 8-4 控制井底流压不放气阶段地层供液能力变化示意图

流体的产出导致储层导流能力发生变化。孙粉锦等[237,238]对现场大量煤层气直井产气规律进行了总结，认为：解吸产气时，降压速率接近解吸速率时，煤储层处于畅通型解吸，煤层气直井的排采是合理的。在此思想的指导下，本书进行了提产阶段合理排采工作制度的确定。求取解吸半径范围内的解吸速率是确定合理压降速率的关键，即确定单位时间解吸影响半径范围内平均煤储层压力的降低值。计算思路表述如下。

a. 根据气体试井理论，得出提产阶段气体有效解吸半径的数理模型。

b. 根据渗流理论和解吸半径数理模型，构建煤储层解吸半径范围内储层平均压力变化的模型。

c. 根据等温吸附曲线和压力变化的数学模型，得出提产阶段解吸半径范围内的解吸速率，即为提产阶段的压降速率。

② 稳定提产阶段压降速率数学模型的构建　根据气体试井理论得知，煤层气直井提产后压力传递解吸有效半径可表示为：

$$R_g=\sqrt{\frac{kp_1t}{74.2\Phi\bar{\mu}S_g}} \tag{8-25}$$

式中，R_g为煤层气直井提产后的解吸半径，m；k 为煤储层渗透率，mD；p_1为煤储层的临界解吸压力，MPa；t 为产气时刻到某一天的排采时间，d；Φ 为煤储层孔隙度，小数；$\bar{\mu}$为煤层气流动时的黏度，mPa·s；S_g为气/水两相流中的含气饱和度，小数。

根据渗流理论可知煤层气直井流体稳定渗流时的压力分布表达式为：

$$\frac{d^2p}{dr^2}+\frac{1}{r}\times\frac{dp}{dr}=0 \tag{8-26}$$

通过分离变量，平面径向稳定渗流的压力分布表达通式为：

$$p=C_1\ln r+C_2 \tag{8-27}$$

式中，r 为排水影响范围内某处距井筒中心的距离，m；p 为距井筒中心距离为 r 处的储层压力，MPa。

根据压力通解表达式及兰氏方程可知，临界解吸压力影响范围内含气量与解吸半径之间符合指数函数关系，可表示为：

$$V_r=a\ln r+b \qquad (r\geqslant r_w) \tag{8-28}$$

式中，V_r为气体解吸半径范围内距井筒为 r 处的含气量，m^3/t。

当 $r=r_w$时，$V_r=V_w$；当 $r=R_g$时，$V_r=V_0$，代入式(8-28) 中，得出 a、b 值，即：

$$a=\frac{V_0-V_w}{\ln\left(\frac{R_g}{r_w}\right)}$$

$$b=V_0-\frac{V_0-V_w}{\ln\left(\frac{R_g}{r_w}\right)}\ln R_g \tag{8-29}$$

将式(8-29) 代入式(8-28) 中得到含气量随气体解吸半径的变化关系为：

$$V=\frac{V_0-V_w}{\ln\left(\frac{R_g}{r_w}\right)}\ln r+V_0-\frac{V_0-V_w}{\ln\left(\frac{R_g}{r_w}\right)}\ln R_g \qquad (r\geqslant r_w) \tag{8-30}$$

式中，V 为解吸半径为R_g时，距井筒中心距离为 r 处的煤层含气量，m^3/t；V_0为煤储层原始含气量，m^3/t；V_w为井筒处煤储层残余含气量，m^3/t；r_w为井筒半径，m。

解吸影响范围内产气量随解吸半径的变化可表示为：

$$Q_g=\int_{r_w}^{R_g}2\pi\rho h(V_0-V)r\,dr \tag{8-31}$$

式中，Q_g为解吸半径影响范围内煤储层的解吸产气量，m^3；ρ 为煤储层的密度，t/m^3；h 为煤层的有效厚度，m。

式(8-30) 和式(8-31) 联立，井筒半径 r_w相对较小，井筒半径范围内解吸气体少，可以忽略，则煤层气井排采过程的产气量可表示为：

$$Q_g=\pi\rho h\frac{0.5(V_0-V_w)R_g^2}{\ln\left(\frac{R_g}{r_w}\right)} \tag{8-32}$$

解吸半径范围内含气量平均降低值表示为：

$$V_g=\frac{Q_g}{\pi R_g^2\rho h}=\frac{0.5(V_0-V_w)}{\ln\left(\frac{R_g}{r_w}\right)} \tag{8-33}$$

式中，V_g为解吸半径范围内含气量平均降低值，m^3/t。

产气后解吸半径范围内煤储层的平均含气量为：

$$\overline{V}=V_0-\frac{0.5(V_0-V_w)}{\ln\left(\frac{R_g}{r_w}\right)} \tag{8-34}$$

式中，$\overline{V}$ 为煤储层解吸半径范围内的平均含气量，m^3/t。

根据煤储层的平均含气量和兰氏方程，解吸范围内煤储层平均压力可表示为：

$$\overline{p}=\frac{V_L p_L}{V_L-V_0+\frac{0.5(V_0-V_w)}{\ln\left(\frac{R_g}{r_w}\right)}}-p_L \tag{8-35}$$

式中，$\overline{p}$ 为解吸半径范围内平均储层压力，MPa；V_L为兰氏体积，m^3/t；p_L为兰氏压力，MPa；兰氏体积和兰氏压力可以通过等温吸附实验测得。

平均压力对排采解吸时间进行求导，与解吸半径相乘得到解吸半径范围内的解吸速率，用V_p表示。

$$V_p=\frac{p_L V_L\sqrt{\frac{kp_1 t}{74.2\Phi\overline{\mu}S_g}}}{4t(V_0-V_w)\left(0.5+\ln\frac{\sqrt{\frac{kp_1 t}{74.2\Phi\overline{\mu}S_g}}}{r_w}\right)} \tag{8-36}$$

式中，V_p为提产阶段气体的解吸速率，MPa/d。

即得出提产阶段合理的压降速率。

（2）稳定提产阶段排采动态变化特征　此阶段的排采实质上通过控制放气套压速度来控制提产速度，进而实现煤储层裂隙中以水压传播为主向以气压传播为主的平稳过渡。其核心目标是稳定井筒流动状态，实现煤储层裂隙内从水压传播为主向气压传播为主的平稳过渡。根据排采过程中产气量的明显变化，可分为三个过程，下面对其分别阐述。

第一过程：产气量逐渐升高，控制套压缓慢下降过程

当井口套压开始出现下降趋势时，意味着较远端的气体在气压梯度下已经不能流动，此时若不放气，解吸出来的气体可能发生再吸附。因此，需要通过放套压的方式使煤层气直井的井底流压下降，近井地带及相对较远处的气体在压差作用下向井筒运移，产气量逐渐升高，同时有效防止了解吸出来的气体发生再吸附。根据气体渗流理论可知：气压平方与传播距离的对数成正比。此时若放气套压速度较快，容易造成近井地带气压差过大，导致近井地带的气体大量解吸产出，但较远端的气体不能维持，较远端的水也不能快速补充到近井筒地带，造成局部渗透率下降过快，影响了远端气压的传播和水压的传播，煤层气井相对的高

产不能维持。因此，在放气初期，要避免近井地带气压下降过快，近井地带气体解吸过多，较远端的水和气体不能及时补充，造成局部地带渗透率下降过快。通过控制井口套压的下降速度来控制动液面的上升速度，实现控制井底流压的下降速度。这样实现了控制近井地带气体的解吸速度，使较远端甚至更远端的气体也能够解吸，使近井地带、较远端及远端解吸气体都能对煤层气井的产气量有所贡献，为以后的稳产奠定基础。

在此过程中，随着井口套压的逐渐降低，井筒内的液气比开始增加，近井地带及相对较远端气体的流动，为近井地带及相对较远处水的流动提供了一定的空间，地层的供液能力稍有增加。此时应调整排采工作制度，使井底压力在平稳中保持着缓慢的下降。这一过程可称为产气量逐渐升高，控制套压缓慢下降过程。

第二过程：井口套压趋于平稳，尽量保持通道畅通过程

随着井底压力的下降，解吸出来的气量增多，煤层气直井的产气量增加。气压传播的特点决定了近井地带的压差比较大，若井口套压下降过快，近井地带气体解吸量较多，较远端的气体和水来不及补充，近井地带煤基质承受的应力过大，容易引起近井地带裂缝的部分闭合。此过程中，为了让较远端解吸的气体向近井筒地带运移，需要控制井口套压和井底压力的下降速度，以便使气压的降落漏斗变得相对平缓。

此过程中，气体解吸量的增加，可能引起煤储层裂隙中水流动的空间减少，地层的供液能力开始下降。若不能及时调整排采工作制度，容易造成局部煤层段气体解吸量过大，较远端的水来不及补充，局部煤层段渗透率急剧下降，影响煤层气井长期的稳产。尽量保持煤储层裂隙通道的畅通是这一过程的核心任务。

第三过程：控制井口套压，产气量基本稳定过程

随着井底压力的继续下降，气压传播距离进一步增加，单位时间内解吸出来的气体体积基本维持稳定，产气量进入基本稳定期。此过程中，通过控制井口套压来实现对井底压力下降速度的控制，最终实现单位时间内解吸体积的基本稳定。水传递的距离进一步增加，所受的阻力更大，地层供液能力进一步减少，需要进一步调整排采工作制度适应供液能力的变化。这一过程可称为控制井口套压，产气量基本稳定过程。

稳定提产阶段产气量变化示意图如图 8-5 所示。

4. 稳定产气阶段排采工作制度制定

进入稳定生产阶段，中-高渗中硬煤层状储层在弹性自调节正、负效应作用下，能基本实现产气的自我调节，此阶段地层供液能力进一步减少，甚至不产水或出现间断性的产水。排采工作已不是工作的重点，这时，若井口套压能维持一个定值来维持其产气量，则继续保持现有的排采工作制度。当井口套压值不能维

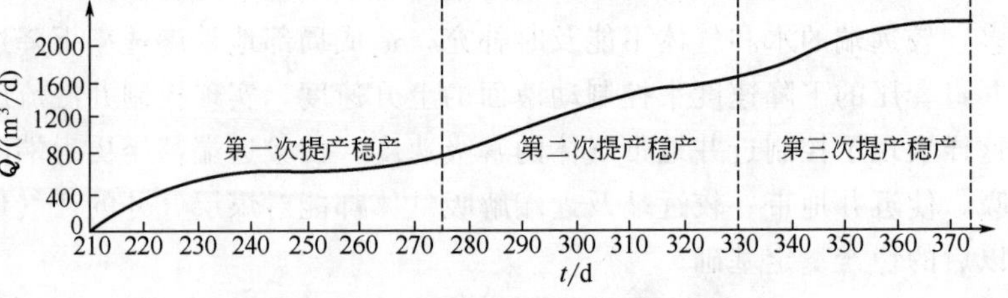

图 8-5　稳定提产阶段产气量变化示意图

持其产气量时，通过缓慢降低井口套压实现稳产。这一阶段井口套压经历了“稳定-缓慢降低-稳定-缓慢降低”等多个过程实现煤层气井的稳定高产。当井口套压降低到一定值，动液面几乎到煤层段，再降低井口套压也无法维持产气量稳定时，即进入了产气量衰减阶段。

5. 产气衰减阶段排采工作制度制定

进入产气衰减阶段，需要分析衰减的原因。根据具体原因，制定相应的措施，来尽量延长煤层气井的产气时间，提高煤层气井的产气量。

中-高渗中硬煤层状储层煤层埋深 600m 的直井参考排采工作制度见表 8-2。

表 8-2　中-高渗中硬煤层状储层煤层气直井排采工作制度（600m 为例）

排采阶段		天数/d	排采工作制度	排采工作重点
平衡产水阶段	供液能力逐渐升高过程	45	选择 2～4m³/d 的强度开始排水，并以 0.8～1.2m/d 动液面降低速度进行排采	落实煤层供水能力，形成平缓压降漏斗
	供液能力趋于平稳过程	35	控制动液面降低速度在 1～2m/d，选择 3～6m³/d 的强度排水	控制动液面稳定下降，避免液面降低速度过快，注意是否有煤粉产出
	供液能力开始缓慢下降过程	30	控制动液面降低速度在 1～1.5m/d，选择 2～5m³/d 的强度排水	控制动液面下降速度，观察排出水的颜色变化及煤粉，注意是否有套压出现
憋压阶段	井口套压逐渐升高，控制井底流压几乎不变过程	55	控制套压上升速度≤0.08MPa/d，2～4m³/d 的强度开始排水	控制井底压力几乎不变，观察排出水的颜色变化，注意套压的上升速度
	井口套压逐渐趋于平稳，井底流压稍有下降过程	25	控制套压上升速度≤0.05MPa/d，1～4m³/d 的强度开始排水	控制井底压力下降速度，观察排出水的颜色变化，注意供液能力的变化
	井口套压平稳，尽量延伸水压传播距离过程	20	保持套压几乎稳定，1～3m³/d 的强度开始排水	控制井底压力下降速度，观察排出水的颜色变化，注意套压变化情况，判断煤储层产气潜力

续表

排采阶段		天数/d	排采工作制度	排采工作重点
提产阶段	一次提产过程	45	逐渐稳定排采强度，控制井底压力下降速度≤0.015MPa/d，平均日产气增加量≤30m³/d，达到600m³/d	保证产气量基本稳定，避免增、降幅度过大
	一次稳产过程	20	保持井底压力基本稳定，平均日产气量600m³/d，控制产气量波动幅度不超过5%	观察排出水中煤粉含量，若煤粉量过大，立即停止提产，判断日产气量是否有提升空间
	二次提产过程	35	稳定排采强度，控制井底压力下降速度≤0.02MPa/d，平均日产气增加量≤40m³/d，达到1200m³/d	保证井底压力基本稳定
	二次稳产过程	20	保持动液面降低速度≤1m/d，平均日产气量1200m³/d，产气量波动≤5%，井底压力波动≤10%	观察排出水中煤粉含量，若煤粉含量过大，立即停止提产，判断日产气量是否有提升空间
	三次提产过程	30	逐渐稳定排采强度，控制井底压力下降速度≤0.025MPa/d，平均日产气增加量≤50m³/d，达到2000m³/d	保证井底压力基本稳定
	三次稳产过程	15	保持井底压力基本稳定，平均日产气量2000m³/d，产气量波动≤10%，井底压力波动≤10%	观察排出水中煤粉含量，若煤粉量过大，立即停止提产
稳产阶段	控制产气量，优先产水的过程	50	稳定排采强度，控制井底压力下降速度≤0.01MPa/d，日产气量波动≤5%	稳定产气量，调节冲次，优先产水
	保持通道畅通，调整产水与产气间的平衡过程	30	控制井底压力下降速度≤0.01MPa/d，调整产水与产气间的平衡关系	调整产水与产气间的平衡关系
	稳定生产过程		保持井底压力下降速度≤0.01MPa/d	保证一定的动液面高度（不低于10m）

二、低渗软煤层状储层排采动态变化特征

针对这种储层，其排采工作制度计算思路与中-高渗中硬煤层状储层计算思路相同。由于储层参数的差异性，导致排采工作制度制定有所区别。在此不再对其计算过程赘述，仅对五个排采阶段的排采动态变化特征进行分析和阐述。

1. 平衡产水阶段排采动态变化特征

与中-高渗中硬煤层状储层相比，低渗软煤层状储层也几乎是无越流补给，但低渗软煤的渗透率低，排采过程中对应力更加敏感。这种储层中平衡产水阶段的排采动态变化与中-高渗中硬煤层状储层相比，既有相似地方，又有一些不同。

这一阶段根据地层供液能力的明显变化，又可分为以下几个过程。

第一过程：供液能力逐渐升高，排采工作制度不断调整过程

这一过程与中-高渗中硬煤层状储层排采工作制度基本思路相同，不同的是这类储层中煤层的渗透率较低，水流时需要的启动压力较大。排采初期，水压传播距离相对较近，水流动所需的启动压力相对较小，但由于煤层的渗透率低，地层供液上升的速度相对较慢，排采工作制度调整的频度相对减小。同时，该类储层煤层比较软，应力更敏感，通过降低动液面的下降速度，尽量延长近井地带储层压力下降引起的同等渗透率降低值的时间。地层供液体积的增加导致地层的供液能力在逐渐升高，由于压力传递速度慢，供液能力上升慢，但仍需要不断调整排采工作制度适应供液能力的变化。

第二过程：供液能力趋于平稳，排采工作制度几乎稳定过程

随着排采的进行，水压传递的距离增加，但增加的速度变慢，地层供液体积逐渐趋于平稳，水压降落漏斗雏形基本形成。随着水压传播距离的增加，水流动的启动压力与排采时间之间关系趋于定值，即动液面的下降速度逐渐趋于平稳，排采工作制度逐渐趋于平稳。

第三过程：地层供液能力开始缓慢下降，排采工作制度相应调整过程

排采继续进行，水压传播的距离进一步增加，较远端的水向近井地带补充所需要的时间增加，地层供液能力开始缓慢下降，排采工作制度需要根据地层供液能力的变化做出调整，以保持动液面较稳定的下降速度，尽量让较远端的水向近井地带流动。

第四过程：地层供液能力开始急剧下降，排采工作制度及时调整过程

排采继续进行，较远端的水向近井地带补充所需的时间进一步增加，而且随着排采距离的增加，煤储层的非均质性表现的比较突出，纵向上某些煤层段较远端几乎不再有水压的传递，地层供液能力开始急剧下降。为了防止动液面下降速度太快造成近井地带煤层渗透率下降过快，需要及时调整排采工作制度适应供液能力的变化，使动液面保持相对的平稳下降。

第五过程：地层供液能力趋于平稳，排采工作制度几乎平稳过程

排采继续进行，地层供液能力进一步下降，远端水向近端补充所需时间进一步延长，地层供液能力逐渐趋于平稳，为保持产水的连续性，排采工作制度也趋于平稳来满足动液面的平稳下降。

这一阶段地层供液能力变化示意图如图 8-6 所示。

2. 控制井底流压不放气阶段排采动态变化特征

低渗软煤层的特性决定了当煤层气直井产气时，需要从“平衡产水到产气”的平稳过渡。因煤层渗透率低，若此阶段不能尽量延长远端水向近井地带流动，产气后气体和水共用煤储层裂隙通道，裂隙中气体的流动将进一步阻碍水的流

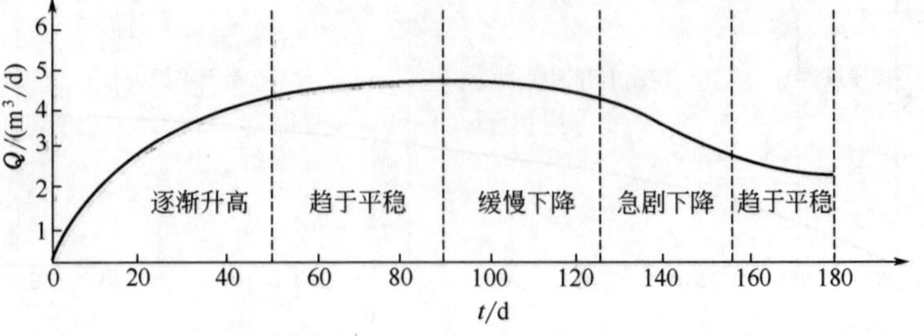

图 8-6 平衡产水阶段地层供液能力变化示意图

动，使远端水的流动更加困难。因此，这一阶段的核心目标是控制井底流压，保持产水的连续性。根据排采过程中井口套压的明显变化，可把这一阶段分为以下几个过程，分别进行阐述。

第一过程：控制降液速度，缓慢过渡到有套压的过程

当井底压力值快达到临界解吸压力时，为防止进入解吸压力后近井筒地带解吸的气体较多，气压降落漏斗太陡，较远端的水来不及向近井筒地带补充，造成局部段渗透率下降过快，影响后期的产气量。因此，当动液面快接近临界解吸点时，需及时调整排采工作制度，控制降液速度，减少地层的产水量，使近井地带单位距离内的压差不至于过大，产气时套压上升速度不至于过快，实现从单相水到气/水两相流的平稳过渡。

第二过程：控制套压上升速度，尽量保持井底流压为定值过程

当煤层开始解吸产气后，因煤层渗透率较低，为了尽量使较远端的水流动，应尽量使近井筒地带的气压差小一些，使气体解吸距离尽量延长，单位时间的解吸量尽量少一些，以便使较远端的水能够尽量向井筒运移。这一过程称为控制套压上升速度，尽量保持井底流压为定值过程。

第三过程：套压值趋于稳定，井底流压稍有下降过程

因煤储层渗透率较低，水流动需要的启动压力梯度较大，随着套压的上升，解吸气体的距离在增加，当不降低井底流压已无法维持套压上升时，需要降低井底流压以使气体解吸的距离进一步扩大，让更远端的水流向井筒。但井底流压降低速度不宜过快，因气压传播距离相对较近，且流动所需要的阻力小，井底流压降低过快，容易造成近井地带气体的大量解吸产出，套压值上升较快，动液面下降较快，影响远端水的产出。因此，这一过程中需控制井底流压下降速度，使近井地带的解吸气压降落漏斗尽量平缓。

这一阶段套压变化示意图见图 8-7。

3. 稳定提产阶段排采动态变化特征

当井底流压略微下降已不足以维持套压值的相对稳定时，为了防止解吸出来的气体发生再吸附，同时又尽量使远端的水向井筒流动，需要进行放气处理，即

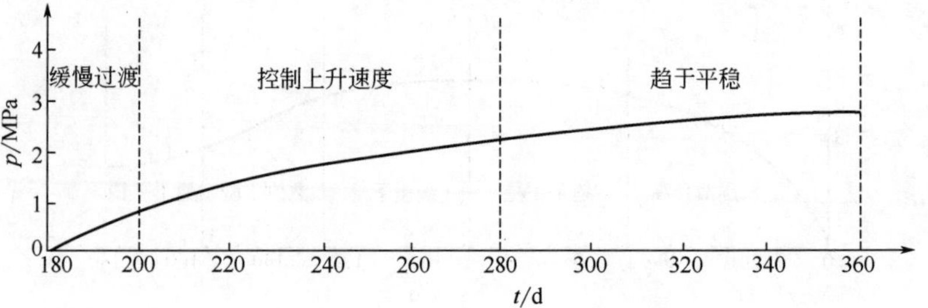

图 8-7 控制井底流压不放气阶段套压变化示意图

进入稳定提产阶段。但因煤储层渗透率比较低，尽量延长远端水的流动距离，需要逐步提高煤层气直井的产气量，其核心目标是稳定井筒的气/水流动状态，尽量让更多的水产出。根据排采过程中产气量的明显变化，分为以下几个过程，分别阐述。

第一过程：控制井底流压缓慢下降，以较稳定的低产气量排采过程

因煤层的渗透率比较低，为了保持井筒远端水相对稳定的流动状态，近井筒地带的气压降落漏斗相对平稳，开始放气时，应该以相对稳定低产气量进行排采，这样可以保持储层内的水处于较畅通的流动状态。通过控制井底流压的下降速度，既能保证气压的传递，又能保证较远端水压的传递。这一过程称为控制井底流压缓慢下降，以较稳定的低产气量排采过程。

第二过程：保持井底流压基本稳定，平均日产气量缓慢上升过程

随着井底压力的下降，煤层气井的解吸半径扩大。若再继续降低井底压力，可能造成解吸出来的气体量太多，煤层气井产气量增加过快，近井地带气体产出多，阻碍了近井地带水的流动。为了保持储层内的水处于较畅通的流动状态，此时需要保持井底流压基本稳定，使产气量的上升速度变缓。这一过程称为保持井底流压基本稳定，平均日产气量缓慢上升过程。

第三过程：控制井底流压缓慢下降，以较稳定的低-中产气量排采过程

当井底流压稳定一段时间后，产气量逐渐趋于平稳，储层内的气压与井底压力之间的压差减少，此时若仍保持井底流压的稳定，气体流动的速度变慢，解吸出来的气体可能发生再吸附。为了防止解吸出来的气体发生再吸附，通过缓慢地降低井底流压，使储层中的气体在压差作用下向井筒运移，保持煤层气井相对稳定的低-中产气量。

第四过程：重复第二和第三过程，直到产气量达到稳定的预期产气量

通过几次提产和稳产，使这类储层的煤层气井达到稳定的预期产气量，即进入稳定产气阶段。

稳定提产阶段产气量变化示意图如图 8-8 所示。

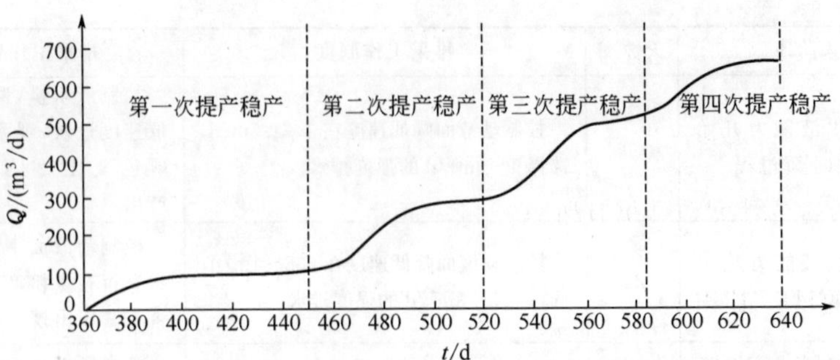

图 8-8 稳定提产阶段产气量变化示意图

4. 稳定产气阶段排采动态变化特征

进入稳定生产阶段后，由于煤储层渗透率比较低，气压传递的距离不断增加，但增加的速度逐渐变慢，气压传递影响范围内低于临界解吸压力的煤储层内的气体开始解吸并运移到井筒。这类煤储层弹性自调节正效应相对较弱，导致稳产一段时间后，需要通过降低井底压力来实现气体的进一步解吸。而且稳产时这类煤储层井口套压值不会太大，缓慢降低井口套压可维持一定时间的稳产。与中-高渗中硬煤层状储层相比，稳定生产阶段维持的时间相对较短。通过缓慢降低井口套压或井底流压的方式无法继续维持相对稳定的产气后，即进入产气衰减阶段。

5. 产气衰减阶段排采动态变化特征

进入产气衰减阶段后，井底流压经过了“缓慢降低-稳定-缓慢降低-稳定”等几个过程实现该类储层煤层气井产气的逐渐衰减。低渗软煤层状储层煤层埋深600m 的直井参考排采工作制度见表 8-3。

表 8-3 低渗软煤层状储层煤层气直井排采工作制度（600m 为例）

排采阶段		天数/d	排采工作制度	排采工作重点
平衡产水阶段	供液能力逐渐升高过程	50	选择 1～3m^3/d 的强度开始排水，并以 0.5～1m/d 的动液面降低速度进行排采	落实煤层供水能力，形成平缓压降漏斗
	供液能力趋于平稳过程	40	控制动液面降低速度在 0.8～1.5m/d，选择 1.5～5m^3/d 的强度排水	控制动液面稳定下降，避免液面降低速度过快，观察排出水的颜色变化及是否有煤粉产出
	供液能力开始缓慢下降过程	35	控制动液面降低速度在 1～1.8m/d，选择 1～4m^3/d 的强度排水	控制产水量，避免液面降低速度过快，观察排出水的颜色变化及是否有煤粉产出

续表

排采阶段		天数/d	排采工作制度	排采工作重点
平衡产水阶段	供液能力开始急剧下降过程	30	控制动液面降低速度在1～1.5m/d，选择1～$3m^3/d$的强度排水	控制产水量，避免液面降低速度过快，观察排出水的颜色变化及是否有煤粉产出
	供液能力趋于平稳过程	25	控制动液面降低速度在0.5～1m/d，选择0.5～$3m^3/d$的强度排水	控制动液面下降速度，注意是否有煤粉产出，注意是否有套压出现
憋压阶段	控制动液面降低速度，缓慢过渡到有套压过程	20	保持动液面基本稳定，动液面波动≤0.03MPa/d	观察排出水的颜色变化，注意动液面波动情况，注意套压变化速度
	控制套压上升速度，尽量保持井底流压为定值过程	80	控制套压上升速度≤0.05MPa/d，选择0.5～$2m^3/d$的强度开始排水	控制套压上升速度，观察排出水的颜色变化，注意井底压力变化情况
	套压值趋于稳定，井底流压稍有下降过程	80	控制井底压力下降速度≤0.02MPa/d，选择0.5～$1.5m^3/d$的强度排水	控制井底压力下降速度，观察排出水的颜色变化，判断煤储层产气潜力
提产阶段	一次提产过程	35	逐渐稳定排采强度，控制井底压力降低速度≤0.008MPa/d，平均日产气增加量≤$10m^3/d$，达到$100m^3/d$	保证产气量基本稳定，避免增、降幅度过大。观察排出水中煤粉含量，若煤粉量过大，立即停止提产
	较稳定低产生产过程	55	保持井底压力降低速度≤0.005MPa/d，平均日产气量$100m^3/d$，控制产气量波动幅度不超过5%	判断日产气量是否有提升空间
	二次提产过程	30	逐渐稳定排采强度，控制井底压力降低速度≤0.01MPa/d，/d，平均日产气增加量≤$15m^3/d$，达到$300m^3/d$	保证井底压力平稳下降，观察排出水中煤粉含量，若煤粉量过大，立即停止提产
	较稳定低-中产生产过程	40	保持井底压力降低速度≤0.005MPa/d，平均日产气量$300m^3/d$，产气量波动≤5%，井底压力波动≤5%	判断日产气量是否有提升空间
	三次提产过程	30	逐渐稳定排采强度，控制井底压力降低速度≤0.012MPa/d，平均日产气增加量≤$25m^3/d$，达到$500m^3/d$	保证井底压力平稳下降，观察排出水中煤粉含量，若煤粉量过大，立即停止提产
	较稳定低-中产生产过程	35	保持井底压力降低速度≤0.008MPa/d，平均日产气量$500m^3/d$，产气量波动≤8%，井底压力波动≤8%	判断日产气量是否有提升空间
	四次提产过程	25	逐渐稳定排采强度，控制井底压力降低速度≤0.015MPa/d，平均日产气增加量≤$40m^3/d$，达到$650m^3/d$	保证井底压力平稳下降，观察排出水中煤粉含量，若煤粉量过大，立即停止提产

续表

排采阶段		天数/d	排采工作制度	排采工作重点
提产阶段	四次稳产过程	30	保持井底压力降低速度≤0.008MPa/d,平均日产气量 650m³/d,产气量波动≤10%,井底压力波动≤10%	稳定生产
稳产阶段	控制产气量,优先产水的过程	80	稳定排采强度,平均日产气量波动≤8%	稳定产气量,调节冲次,优先产水
	保持通道畅通,调整产水与产气间的平衡过程	50	调整产水与产气间的平衡关系	调整产水与产气间的平衡关系
	稳定生产过程		保持井底压力降低速度≤0.003MPa/d	保证一定的动液面高度(不低于 10m)

三、中-高渗中硬块状储层排采动态变化特征

煤层气井在中-高渗中硬块状储层中排采时，围岩的补给增加了此类储层排水的任务。根据围岩补给量的多少，此类储层分为两种情况：第一种情况是围岩含水量是有限的，且几乎无外来水的补给或补给量是有限的；第二种情况是围岩含水量很大或补给量很大造成排采过程中对煤层的补给量很大，围岩的水很难被排完。下面分别对这两种情况排采过程的动态变化特征进行阐述。

第一种情况：围岩含水量有限，且几乎无外来水的补给或补给量有限

这种情况下仍分五个阶段分别阐述排采动态变化特征。

1. 平衡产水阶段排采动态变化特征

排采过程中围岩含水层向煤层进行补给使压力传播的路径变得相对复杂，但其实质仍是通过调整动液面的下降速度来控制煤层中水的流动速度，进而控制着煤储层导流能力的变化。围岩含水层的厚度、含水量、与煤层的间距、中间隔层的岩性与厚度等的差异导致了排采过程中对煤层补给量大小的差异，决定了排采工作制度的不同。因此，针对这类储层，平衡产水阶段的核心目标是确定围岩供液能力，判断是否具有封闭边界。根据排采过程中地层供液能力的明显变化，可把这一阶段分为三个过程，分别阐述。

第一过程：供液能力逐渐升高，排采工作制度不断调整过程

排采初期，井底压力与煤储层压力之间的压差比较小，压力主要在煤层内进行传递，地层的供液能力相对较小。随着排采的进行，井底压力的下降，与储层压力之间的压差增大，煤层内压力传递的距离增加，围岩中的水开始向煤层补给，地层供液能力开始升高，为了防止动液面下降过快造成煤层近井筒地带压力下降过快，导致近井筒地带煤储层的渗透率下降过快，此时需要不断地调整排采

工作制度适应地层供液能力的变化。排采继续进行，压力在煤层和围岩中都发生着传递，围岩中的水对煤层的补给量进一步增加。当排采一段时间后，围岩中压力传递的距离增量减小，对煤层的供液量逐渐趋于平稳。这一过程中，为了防止煤层局部地带压降过大导致渗透率降低过多，需要不断调整排采工作制度适应地层供液能力的变化。

第二过程：供液能力趋于平稳，主要排采围岩含水层中水的过程

围岩中压力传递一段距离后，围岩中压力传递的速度变慢，单位时间内围岩供液能力逐渐趋于平稳，此时不再需要频繁的调整排采工作制度适应地层供液能力的变化，排采工作制度处于相对稳定状态。因煤层为中-高渗中硬煤层，在煤层中也发生着压力传递，但煤层中的水相对较少，排出的水主要是围岩中的水。因此，这一过程可称为供液能力趋于平稳，主要排采围岩含水层中水的过程。

第三过程：供液能力维持在比较高的水平并开始有所下降过程

排采继续进行，围岩中压力传递的速度进一步变缓，其对煤层的补给量稍微有所减少，但仍维持在一个比较高的产水量。随着井底压力的下降，煤层中的水压也在向远处传播，逐渐接近临界解吸压力，排采工作制度需根据地层供液能力的变化做出相应调整，直到井底压力达到临界解吸压力。

中-高渗中硬煤块状储层平衡产水阶段地层供液能力变化示意图如图 8-9 所示。

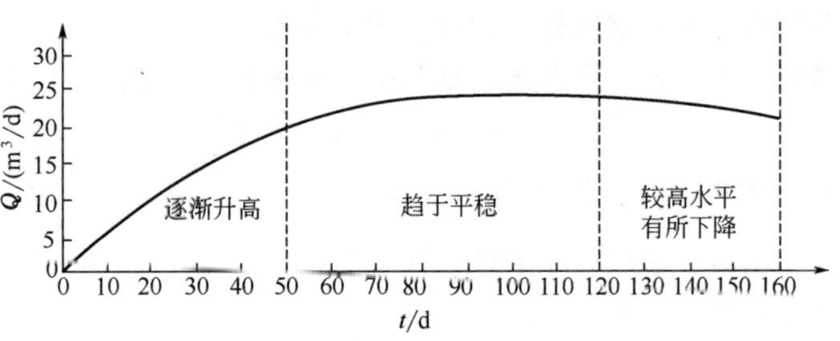

图 8-9 平衡产水阶段地层供液能力变化示意图

2. 控制井底流压不放气阶段排采动态变化特征

此阶段通过控制井口套压上升速度和井底流压来控制煤层的产气速度，以实现煤层中远端水向近井筒地带的流动，同时让围岩中的水继续产出，使储层类型从块状储层向层状储层转变。核心目标是：控制产气量，尽量让煤层中的水压向更远处传播。这一阶段排采的指导思想与中-高渗中硬煤层状储层控制井底流压不放气阶段的指导思想相似，不同的是，排采时既需要照顾煤储层中压力的传递速度，同时又要保证围岩含水层中的水向煤层的补给。排采时需根据地层供液能力的变化对井底流压做出适当的调整。当井口套压上升到一定值稳定后有下降趋势时，需要进行放气处理，排采进入稳定提产阶段。

3. 稳定提产阶段排采动态变化特征

进入稳定提产阶段后，围岩含水层中的水对煤层的补给量已经相对比较少，排采工作制度制定的指导思想与中-高渗中硬煤层状储层排采工作制度制定的指导思想相同，在此不再赘述。稳定产气阶段和产气衰减阶段的排采工作制度制定可参照中-高渗中硬煤层状储层相应的排采阶段的排采工作制度制定的方法和原则。中-高渗中硬煤块状储层煤层埋深600m的直井参考排采工作制度见表8-4。

表8-4　中-高渗中硬煤块状储层煤层气直井排采工作制度（600m为例）

排采阶段		天数/d	排采工作制度	排采工作重点
平衡产水阶段	供液能力逐渐升高过程	50	选择3～5m³/d的强度开始排水，不断调整排采强度适应供液能力变化，并以0.8～1.2m/d动液面降低速度进行排采	落实围岩供水能力，不断调整排采工作制度
	供液能力趋于平稳过程	70	控制动液面降低速度在0.5～1m/d，选择15～25m³/d的强度排水	控制动液面稳定下降，避免液面降低速度过快，注意是否有煤粉产出
	供液能力维持在比较高的水平并开始有所下降过程	40	控制动液面降低速度在1～1.5m/d，选择10～20m³/d的强度排水	控制动液面下降速度，观察排出水的颜色变化及煤粉，注意是否有套压出现
憋压阶段	井口套压逐渐升高，控制井底流压几乎不变过程	70	控制套压上升速度≤0.08MPa/d，5～15m³/d的强度开始排水	控制井底压力几乎不变，观察排出水的颜色变化，注意套压的上升速度
	井口套压逐渐趋于平稳，井底流压稍有下降过程	40	控制套压上升速度≤0.05MPa/d，5～10m³/d的强度开始排水	控制井底压力下降速度，观察排出水的颜色变化，注意套压的变化
	井口套压平稳，尽量延伸水压传播距离过程	30	保持套压几乎稳定，3～8m³/d的强度开始排水	控制井底压力下降速度，观察排出水颜色变化，注意套压变化情况，判断煤储层产气潜力
提产阶段	一次提产过程	55	逐渐稳定排采强度，控制井底压力下降速度≤0.012MPa/d，平均日产气增加量≤25m³/d，达到500m³/d	保证产气量基本稳定，避免增、降幅度过大
	一次稳产过程	35	保持井底压力基本稳定，平均日产气量500m³/d，控制产气量波动幅度不超过5%	观察排出水中煤粉含量，若煤粉量过大，立即停止提产，判断日产气量是否有提升空间
	二次提产过程	45	稳定排采强度，控制井底压力下降速度≤0.015MPa/d，平均日产气增加量≤35m³/d，达到1000m³/d	保证井底压力基本稳定

续表

排采阶段		天数/d	排采工作制度	排采工作重点
提产阶段	二次稳产过程	30	保持动液面降低速度≤1m/d，平均日产气量 $1000m^3/d$，产气量波动≤5%，井底压力波动≤10%	观察排出水中煤粉含量，若煤粉量过大，立即停止提产，判断日产气量是否有提升空间
	三次提产过程	35	逐渐稳定排采强度，控制井底压力下降速度≤0.02MPa/d，平均日产气增加量≤$40m^3/d$，达到 $1500m^3/d$	保证井底压力基本稳定
	三次稳产过程	25	保持井底压力基本稳定，平均日产气量 $1500m^3/d$，产气量波动≤10%，井底压力波动≤10%	观察排出水中煤粉含量，若煤粉量过大，立即停止提产
稳产阶段	控制产气量，优先产水的过程	70	稳定排采强度，控制井底压力下降速度≤0.01MPa/d，平均日产气量波动≤5%	稳定产气量，调节冲次，优先产水
	保持通道畅通，调整产水与产气间的平衡过程	40	控制井底压力下降速度≤0.01MPa/d，调整产水与产气间的平衡关系	调整产水与产气间的平衡关系
	稳定生产过程		保持井底压力下降速度≤0.01MPa/d	保证一定动液面高度(≥10m)

第二种情况：围岩含水量很大或补给量很大造成排采过程中对煤层的补给量很大，围岩中的水很难被排完时的排采动态变化特征

这种情况下，排采时储层类型不存在从块状到层状的转变，压力传递在煤层和围岩中同时进行。仍分五个阶段分别阐述。

1. 平衡产水阶段排采动态变化

平衡产水阶段，通过控制井底流压下降速度，尽量使水压在煤层中传递距离更远一些。与第一种情况不同的是，这一阶段地层供液能力呈现“先上升后趋于平稳”的变化规律，没有地层供液能力下降的过程。进行排采时，需根据地层供液能力的变化及时调整排采工作制度与其相适应。这一阶段的基本指导思想与第一种情况相同，在此不再赘述。

2. 控制流压不放气阶段排采动态变化

这一阶段中排采的指导思想与第一种情况对应阶段相同。不同的是由于围岩含水层对煤层的补给量比较大，排采工作制度需满足地层供液能力变化，尽量保持井底流压的平稳下降。

其他三个阶段，排采指导思想与第一种情况对应阶段相同，不同的是需根据地层供液能力的变化及时调整排采工作制度，在此也不再赘述。

四、低渗软煤块状储层排采动态变化特征

针对这类储层，同样分两种情况分别阐述。

第一种情况：围岩含水量有限，且几乎无外来水的补给或补给量有限下的排采动态变化特征

这种情况可分为两种类型。一种类型是围岩含水层对煤层的补给量在煤层气直井产气前通过合理的排采工作制度能使储层类型从块状储层转变为层状储层。针对这种情况，平衡产水阶段，尽量控制动液面的下降速度，一方面减少围岩含水层对煤层单位时间的补给量；另一方面，尽量使煤层中的压力下降平缓，延长此阶段的排采时间，尽可能地使煤层中的水压传递得更远。当平衡产水阶段储层类型从块状转变为层状后，参照低渗软煤层状储层对应阶段的排采工作制度进行。

另一种类型是在排采工作制度相对合理的情况下围岩补给量在稳定提产阶段仍对煤层有补给，但补给量已经开始减少。针对这种情况，稳定提产初期，煤层气井以低产气量进行排采并维持较长时间，一方面减少围岩含水层对煤层的补给；另一方面让煤层中气压降落漏斗尽量平缓。通过延长煤层气井低产气量的产气时间，防止煤层局部地带渗透率出现急剧下降现象，影响后期的产气量，直到储层类型从块状储层转变为层状储层。参照低渗软煤层状储层对应阶段的排采工作制度进行排采。

第二种情况：围岩含水量很大或补给量很大造成排采时对煤层的补给量很大，围岩中的水很难被排完的排采动态变化特征

针对这种情况，围岩含水层的渗透率一般较大，煤层的渗透率较小，排采时因围岩的补给比较多，同样井底压力下围岩中水压传播距离远，煤层中水压传播距离较近。当井底压力达到临界解吸压力时，因煤层内水压传递距离较近，气压解吸范围有限，不能维持持续的稳产，产气量有限。这类储层的煤层气直井几乎为水井，没有进行排采开发煤层气的必要。

综上可见，在块状储层中进行排采时，块状储层能否转变成层状储层以及转变的时间长短、围岩及隔层的综合渗透率与煤层的渗透率的差值大小等决定了是否能对这类储层进行排采。排采时，块状储层无法转变成层状储层且围岩及隔层的综合渗透率远大于煤层的渗透率时，这类储层没有排采的必要。其他情况下，既要保证围岩中水压的传递，更要保证煤层中水压和气压传递的距离，两者兼顾下制定出相对合理的排采工作制度，是实现煤层气直井稳定、长周期产气的重要保障。

第五节　不同排采储层类型煤层气直井典型排采曲线

实际排采工作中，由于对地层供液能力把握不准确，排采工作制度响应不及时，排采过程中压力传递的主控因素变化不清晰，渗透率变化的主控因素不明确等，这些都可能造成排采工作制度不合理，进而对煤层气直井的产气量产生影响。本节以四种排采储层类型的实际排采曲线为例，根据排采曲线对其排采阶段进行划分，在此基础上对不同排采阶段排采工作制度的合理性进行评价，以期为不同储层类型下合理的排采工作制度制定提供借鉴。

一、中-高渗中硬煤层状储层典型排采曲线分析

根据对现有煤层气勘探开发资料和中-高渗中硬煤层状储层特征的认识，以研究区内某区块的煤层气直井勘探开发资料对中-高渗中硬煤层状储层排采曲线进行分析。

1. 中-高渗中硬煤层状储层煤层气井概况

该煤层气直井位于研究区中部，目标煤层为 3# 煤层，煤层中部埋深 655.8m，煤层厚度 5.68m，煤体结构主要为碎裂煤，含气量为 $22.1m^3/t$，储层压力为 4.366MPa，孔隙度为 2.7%。根据注入/压降测试，煤储层渗透率为 1.491mD，围岩对煤层的补给量少，可认为该井的排采储层类型为中-高渗中硬煤层状煤层。排采过程中日产水量、日产气量、套压和动液面高度的变化趋势如图 8-10 所示。

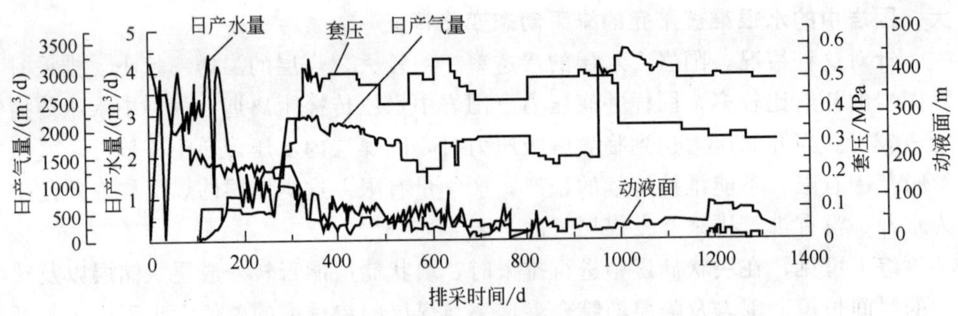

图 8-10　研究区中-高渗中硬煤层状煤储层某煤层气直井排采曲线

2. 基于排采曲线的排采阶段划分

根据该井的排采数据，排采 1330d 累计产水量为 $983.5m^3$，平均产水量为 $0.74m^3/d$；累计产气 $233.4\times10^4m^3$，平均日产气量为 $1937m^3/d$。根据该井的排采曲线，划分为以下几个排采阶段。

（1）平衡产水阶段：开始排采至 102d　初始动液面高度为 445.46m，即储层压力为 4.366MPa。动液面以 2.17m/d 左右的下降速度进行排采控制。当液面降低到 215.46m 时，井口出现套压，煤层中的气体开始解吸产出，进入控制井底压力不放气阶段。

（2）稳定提产阶段：排采 103～295d　控制井筒套压基本稳定，动液面下降缓慢，平均以 0.1m/d 的降速缓慢下降。产气量在 $500m^3/d$ 稳定一段时间后，平均日产气量以 $30m^3/d$ 的速度稳步提升高，最后产气量稳定在 $2000m^3/d$ 左右。

（3）稳定产气阶段：排采 295d 以后　这一阶段中，排采 296～959d，套压基本保持稳定，动液面以 0.1m/d 的降速缓慢下降，产气量稳定在 $2000m^3/d$ 左右。960d 以后，井口套压稍有下降，煤层几乎不产水，煤层气井在自调节效应下产气，产气量出现突然增加后稳定在 $3000m^3/d$ 左右，套压稳定在 0.3MPa 左右。煤层不产水一段时候后出现了间断流。

3. 不同排采阶段排采工作制度合理性评价

根据所构建的不同排采阶段合理排采工作制度的数学模型，代入所需的基本参数，得出不同排采阶段合理的压降速率，与实际排采数据进行对比，分析各个排采阶段排采控制的合理性。

（1）平衡产水阶段的合理性评价　根据平衡产水阶段的数学模型，计算出平衡产水阶段合理的压降速率为 0.0238MPa/d，即平均的液面降速为 2.43m/d。实际排采过程中，该井的平衡产水阶段的液面降速控制在 2.165m/d 左右，计算结果与实际排采结果接近。根据该井的日产水量和液面降速，该阶段又可以分为以下几个过程，下面对这几个过程的合理性分别进行评价。

第一过程：从开始排采至 58d，供液能力逐渐提高，排采工作制度不断调整过程

这一排采过程中，该井的日产水量从初始的 $0.3m^3/d$ 逐渐上升至 $4m^3/d$，日产水量增速维持在 $0.142m^3/d$ 左右，说明该井的地层供液能力在逐步升高，压降漏斗开始形成。排采 28d 时，由于抽油机的油太稠，发生故障停机 5d，动液面从 307m 上升至 358m，上升速度平均为 10.2m/d。开机后，先以 $2m^3/d$ 的速度开始排采，通过不断调整排采工作制度，使井筒的动液面降速控制在 2.17m/d 左右。从这一过程动液面下降速度可看出，排采初期动液面下降速度稍快，产水量上升速度稍快，排采工作制度不太合理。加之中间停抽，对储层造成了一定的伤害。但总体来说液面降速比较平稳，而且是中-高渗中硬煤层，对后期产气有影响，但影响不太大。

第二过程：排采 59～102d，地层供液能力趋于平稳，排采工作制度几乎稳定过程

排采 58d 后，压降传递速度变慢，供液体积的增量基本保持稳定，该井的日产水量也趋于稳定，产水量基本稳定在 $3\sim4m^3/d$。排采工作制度适应地层供液能力的变化，也几乎稳定，使液面降速控制在 2m/d 左右。从日产水量和动液面下降曲线可看出，这一过程工作制度基本合理。

该井平衡产水阶段不同过程日产水量变化如图 8-11 所示。

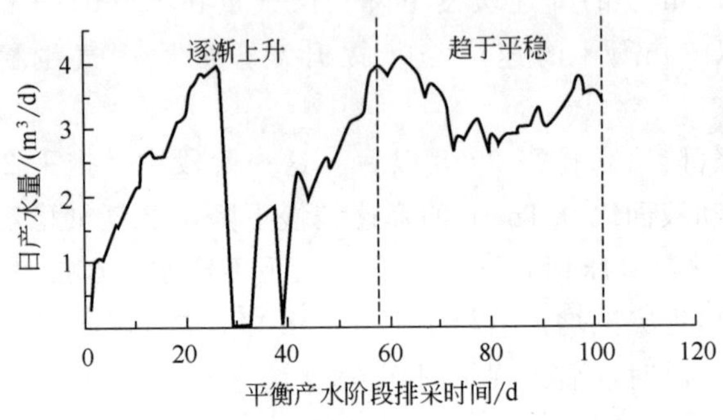

图 8-11 平衡产水阶段不同过程日产水量变化

(2) 稳定提产阶段的合理性评价 该煤层气直井没有经过憋压过程，直接进入到稳定提产阶段。根据这一阶段压降数理模型，计算出这一阶段合理的压降速率为 0.0052MPa/d，即平均的液面降低速度为 0.53m/d，实际排采过程中，动液面呈缓慢下降趋势，液面降速维持在 0.27m/d 左右，实际排采更好地控制了液面降速。该井虽没有经过憋压阶段，但经过了较长时间的稳定低产，确保了远端水向近端流动，同时实现了煤储层裂隙内从水压传播为主向气压传播为主的平稳过渡。根据该井的排采控制和日产气量变化，该阶段的排采控制可以分为以下几个过程，分别对其不同过程的合理性进行评价。

第一过程：排采 103～162d，控制井底流压缓慢下降，产气量缓慢上升过程

实际排采过程中，产气量缓慢提升至 $500m^3/d$ 左右，产气量提升速度较慢，避免提升速度过快导致的井筒近端的局部渗透率下降过快而影响产气量，有效保证了气压降落漏斗半径的稳步扩展，同时又保证了远端水压的传递和井筒产气量的稳定。较好地弥补了未经憋压处理带来的水压传递的损失。

第二过程：排采 163～247d，控制套压基本稳定，井底流压缓慢下降，以较低产气量稳定排采的过程

该过程之前，通过放气将产气量缓慢提升至 $500m^3/d$ 左右。进入该过程之后，控制针形阀以较低的产气量——$500m^3/d$ 进行生产，有效保证了套压的基本稳定和井底流压缓慢下降。同时，通过井底压力的缓慢下降，使煤储层气压压降漏斗变得平缓，保证了气压降落漏斗半径的稳步扩展；同时又保证了远端水向近井筒流动，较稳定的日产水量在一定程度上说明了此过程排采的合理性。

第三过程：排采 248～295d，控制井底流压下降速度，产气量缓慢上升过程

该过程的主要目的是通过控制井筒流压的下降速度，促进煤储层裂隙内从水压传播为主向气压传播为主的平稳过渡，缓慢提高产气量。实际排采的过程中，通过 48d 的时间，将产气量从 500m^3/d 左右提升至 2000m^3/d 左右，产气量平均提升速度为 31.25m^3/d，日产水量保持相对的平稳，未因为产气的提升影响地层供液能力，说明提产是比较合理的。有效实现了煤层气井从水压传播为主向气压传播为主的平稳过渡，既保证了远端水向井筒的有效运移，又实现了近端气的大量产出，避免了产气高峰时间短，产气量不稳定的局面出现。

该井稳定提产阶段不同过程产气量变化如图 8-12 所示。

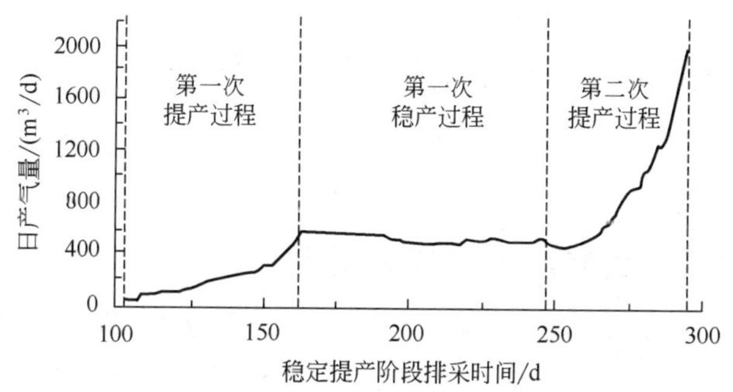

图 8-12　稳定提产阶段对应过程划分及产气量变化

（3）稳定产气阶段的合理性评价　进入稳定产气阶段后，根据该井的排采控制和日产气量变化，该阶段的排采工作制度可以分为以下几个过程。

第一过程：排采 296～959d，控制套压及液面高度基本不变，产气量基本稳定过程

经过提产阶段后，产气量提高到了 2000m^3/d 左右。该过程的主要目的是通过控制煤层气井的产水量和产气量，保持动液面和套压基本不变，尽量让更多的水产出。在此过程中，套压基本维持在 0.4～0.6MPa 之间，且套压有上升的趋势。产水量在保持基本平稳的情况下稍有下降，说明该过程的排采控制是比较合理的。

第二过程：959d 以后，控制动液面基本不变及套压缓慢下降，产气量基本稳定的过程

当煤层气井几乎不产水后，井口还保持有 0.5MPa 左右的套压，该井几乎完全为气压传播。为了让更多的气体产出，该过程调节针形阀，将产气量提升至 3000m^3/d 左右，同时控制套压缓慢下降，使液面高度基本不变。此后，该煤层气井在自调节效应下，产气量基本稳定在 3000m^3/d 左右，且套压未出现明显下降的趋势，说明该井能维持该产气量，该过程的排采控制是较合理的。

该井稳定产气阶段的产气量变化如图 8-13 所示。

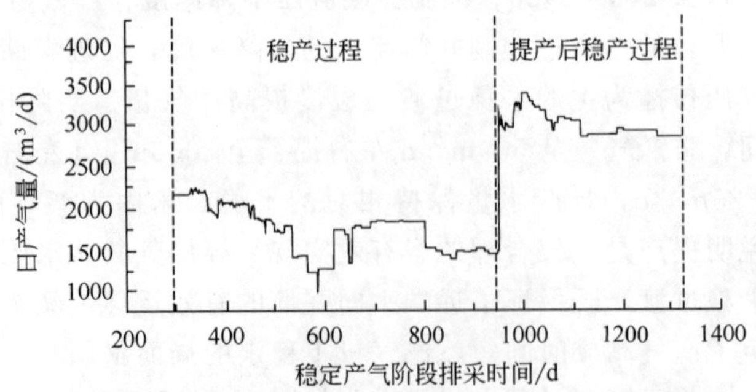

图 8-13 稳定产气阶段对应过程划分及产气量变化

二、低渗软煤层状储层典型排采曲线分析

因掌握研究区排采数据资料有限，在此以河南省平顶山某矿低渗软煤层状储层的煤层气直井的排采曲线为例进行分析。

1. 低渗软煤层状储层煤层气井概况

煤层气直井位于平顶山某矿，开发的煤层为二$_1$煤层。煤层中部埋深 845.8m，煤层厚度 6.58m。煤体结构主要为碎粒煤，含气量为 15.1m^3/t，储层压力为 7.665MPa。二$_1$煤层顶板砂质泥岩的渗透率为 0.0032mD，孔隙度为 1.7%；二$_1$煤层底板泥岩渗透率为 0.0017mD，孔隙度为 1.6%。注入/压降测试表明，煤储层渗透率为 0.211mD。排采过程中，围岩对煤层的补给水量小。因此，该井的排采储层类型为低渗软煤层状储层。该煤层气井排采过程中的日产水量、日产气量、套压和动液面高度的变化趋势如图 8-14 所示。

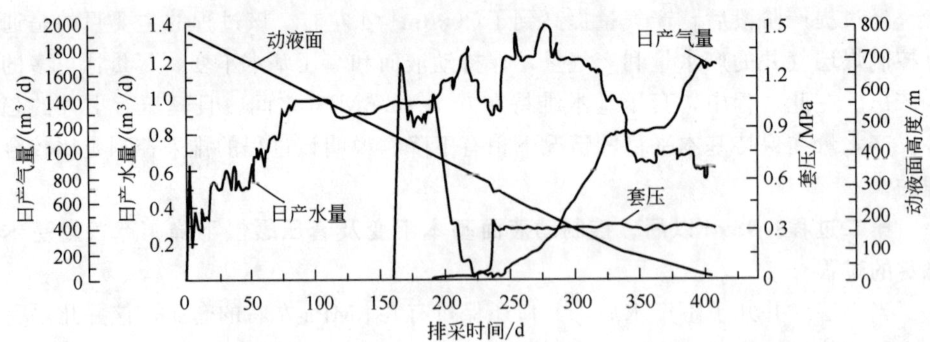

图 8-14 河南省平顶山市某矿低渗软煤层状储层煤层气直井排采曲线

2. 基于排采曲线的排采阶段划分

根据该井的排采数据，排采 405d 累计产水 358.1m^3，平均日产水量为 0.884m^3/d；累计产气 14.5×10^4 m^3，平均日产气量为 610m^3/d。根据该煤层气

直井的排采曲线，划分为以下几个排采阶段。

（1）平衡产水阶段：开始排采至159d　初始动液面高度为781.8m，即储层压力为7.665MPa。以大约2m/d的动液面下降速度进行排采。当液面降低到461.9m时，井口出现套压，煤层中的气体开始解吸产出，进入控制井底压力不放气阶段。

（2）控制井底压力不放气阶段：排采160～192d　井口套压逐渐上升，套压上升的平均速度为0.014MPa/d。当套压上升到0.43MPa时，开始放气，进入稳定提产阶段。

（3）稳定提产阶段：排采193～324d　保持井口套压的基本稳定，动液面以大约2m/d的速度持续下降，产气量持续稳步地提高，平均产气量以8.5m^3/d的增速缓慢上升，最后稳定到1100m^3/d左右。

（4）稳定生产后又提产阶段：排采324d以后　稳产后地层供液能力大幅度降低，产水量明显减小，动液面下降速度变缓，套压仍维持在0.32MPa左右。排采394d后，又出现了产气量的大幅增加，增加到1700m^3/d左右。

3. 不同排采阶段排采工作制度合理性评价

根据所构建的不同排采阶段合理排采工作制度的数学模型，代入所需的基本参数，得出不同排采阶段合理的压降速率，与实际排采数据进行对比，对各个排采阶段的排采工作制度的合理性进行评价。

（1）平衡产水阶段的合理性评价　根据平衡产水阶段的数学模型，计算的平衡产水阶段合理的压降速率为0.0178MPa/d，即平均的液面降速为1.81m/d。实际排采过程中，该井的平衡产水阶段的液面降速比较平稳，基本控制在2.034m/d左右，与计算结果相差不大。根据该井的日产水量和液面降速，该阶段的排采控制可以分为以下几个过程，分别对不同过程的合理性进行评价。

第一过程：从开始排采至82d，地层供液能力逐渐升高，不断调整排采工作制度的过程

这一排采过程中，该井的日产水量从初始的0.3m^3/d左右频繁上下波动，到日产水量逐渐稳定在1m^3/d左右，说明该井的地层供液能力在逐步升高，压力向远端逐渐扩展。这一过程中，通过不断调整排采工作制度，控制产水量，适应地层供液能力的变化，使井筒的液面降速控制在2m/d左右，保持了动液面的平稳下降。

第二过程：排采83～112d，地层供液能力趋于平稳，排采工作制度几乎稳定的过程

排采82d后，随着排采进行，压力传递的影响范围增加，但传递的速度变慢，地层的供液能力趋于稳定，该井的产水量基本稳定在1m^3/d左右，未出现明显的波动现象。为保证井筒液面平稳稳定，排采工作制度也趋于平稳，使液面降速控制在2m/d左右。

第三过程：排采 113～146d，地层供液能力缓慢下降，排采工作制度做出相应调整的过程

排采 112 天后，该井的日产水量在前一阶段的基础上出现下降的现象，由之前的 $1m^3/d$ 左右降低至 $0.9m^3/d$ 左右，然后缓慢抬升至 $0.95m^3/d$ 左右，并基本稳定。通过及时调整排采工作制度，将井筒的液面降速稳定在 2m/d 左右，排采工作制度比较合理。

第四过程：排采 147～159d，地层供液能力再次趋于平稳，排采工作制度逐步稳定过程

排采 146d 后，该井的日产水量基本稳定在 $0.95m^3/d$ 左右，未出现明显的波动现象，根据地层的供液能力，对排采工作制度及时做出调整，将井筒的液面降速稳定在 2m/d 左右。

整个平衡产水阶段，通过及时调整排采工作制度，控制液面的下降速度，保证井筒产水的连续性和稳定性，动液面未出现大的波动，说明该阶段的排采控制是合理的。根据该井的日产水量对平衡产水阶段进行划分，如图 8-15 所示。

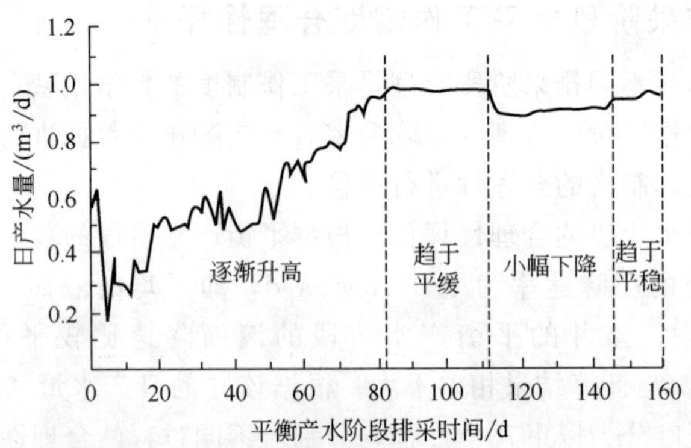

图 8-15 平衡产水阶段对应过程划分及产水量变化

(2) 控制井底流压不放气阶段的合理性评价 根据控制井底流压不放气阶段的数学模型，计算得到的该阶段的合理的放气套压值为 1.54MPa。实际排采过程中该井的放气套压为 1.12MPa。憋压阶段的实际放气套压值与计算放气套压值的差值主要是由于煤储层以碎粒煤为主，煤储层的渗透率较小，导致煤储层气体解吸较慢，且解吸的气体运移到井筒速度较慢。根据该井排采过程中的套压变化，该阶段可分为以下几个过程。

第一过程：排采 160～171d，控制套压上升速度，尽量保持井底流压为定值的过程

该过程中，井底压力达到煤储层的临界解吸压力，气体开始解吸，由于压降漏斗形成的压力降主要集中在井筒近端，气体解吸和运移到井筒相对较容易，因此该过程中，井筒的套压值上升较快。该井在实际排采过程中，平均套压升速为

0.09MPa/d。通过控制产水量，控制液面降速，实现了井底流压为定值，有效保证了较远端水向井筒的流动。

第二过程：排采 172～192d，井筒套压值趋于稳定，井底流压稍有下降的过程

排采 171d 后，压降漏斗影响的井筒近端的煤储层的气体解吸量逐渐减少，远端解吸的气体由于煤体结构和渗透率的原因，运移到井筒的速度变慢，井筒的套压值逐渐趋于稳定。该井在实际排采过程中，通过调整排采工作制度，让液面降速控制在 2m/d 左右，实现了套压值稳定在 1MPa 左右，有效保障了远端水向近井地带运移。这一过程中，日产水量基本维持在 $1m^3/d$ 左右，进一步说明该过程排采工作制度的做法是必要和基本合理的。

控制井底流压不放气阶段不同过程套压变化如图 8-16 所示。

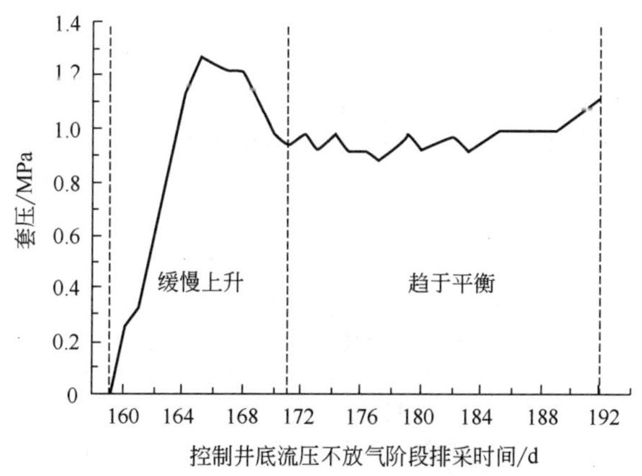

图 8-16　控制井底流压不放气阶段对应过程划分及套压变化

(3) 稳定提产阶段的合理性评价　根据稳定提产阶段压降数学模型，计算的稳定提产阶段合理的压降速率为 0.0201MPa/d，即平均的液面降低速度为 2.05m/d。实际排采过程中，稳定提产阶段的液面降速维持在 2.13m/d 左右，与计算结果相差不大。根据该井的排采控制和日产气量变化，将该阶段的排采控制分为以下几个过程，并对不同过程的合理性进行评价。

第一过程：排采 193～245d，控制井底流压力缓慢下降，以较低的产气量稳定排采的过程

该排采过程之前，井口套压基本稳定在 1MPa 左右。当液面降速 2m/d 已经无法维持井口套压的稳定时，打开针形阀，煤层气井开始产气。该过程的主要目的是以较低的产气量，既能保证气压降落漏斗半径的稳步扩展，又能保证远端水压的传递和井筒产气量的稳定。实际排采过程中，此过程的产气量一直维持在 $50m^3/d$ 以下，日产水量基本维持在 $1m^3/d$ 左右，稳定低产既保证了气压降落漏斗的形成，同时又保证了远端水向近端的流动。稳定的日产水量佐证了理论分析的正确性和排采工作制度的合理性。

第二过程：排采 246～324d，保持井底流压基本稳定，产气量缓慢上升的过程

排采 245d 以后，气压传递的漏斗进一步扩大，若继续以低产气量进行排采，可能导致近井地带的气体大量聚集，容易形成气锁，可能影响煤储层气压和水压的传递。为了进一步扩大气压和水压的传递范围。该井实际排采过程中，通过改变排采工作制度，以 13m^3/d 左右的产气增量进行提产，提升速度平稳，日产水量基本维持在 1.2m^3/d 之间，较稳定的日产水量进一步佐证了提产的合理性。经过 79d 的提产，产气量从 50m^3/d 左右提升到 1100m^3/d 左右。

稳定提产阶段不同过程的产气量变化如图 8-17 所示。

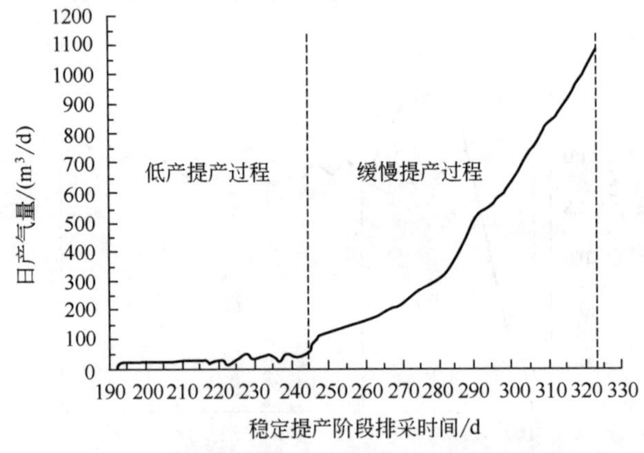

图 8-17　稳定提产阶段不同过程产气量变化

（4）稳定产气阶段的合理性评价　该井进入稳产期后，产气量基本稳定在 1100m^3/d 左右，累计产气量达到 14.5×10^4 m^3，排采 394d 后，产气量逐步提升至 1700m^3/d 左右，套压稳定在 0.32MPa 左右。日产水量基本维持在 0.6m^3/d 左右，说明水压也一直向远处传递，此阶段的排采控制基本是合理的，此阶段具体排采信息变化如图 8-14 所示，在此不再赘述。

三、中-高渗中硬煤块状储层典型排采曲线分析

根据现有的排采资料，以研究区某煤层气直井的排采曲线对中-高渗中硬煤块状储层排采曲线进行分析。

1. 中-高渗中硬煤块状储层煤层气井概况

该井位于研究区南部，开发的煤层为 3# 煤层，煤层中部埋深 557.4m，煤层厚度 3.13m，煤体结构主要为原生结构煤-碎裂煤，含气量为 15.57m^3/t，储层压力为 2.344MPa。3# 煤层煤储层渗透率为 1.95mD，该井排采过程中受到围

岩含水层的补给，但排采过程中，可以从有越流补给转变为无越流补给，该井的排采储层类型为中-高渗中硬煤块状储层。该井排采过程中的日产水量、日产气量、套压和动液面高度的变化趋势如图 8-18 所示。

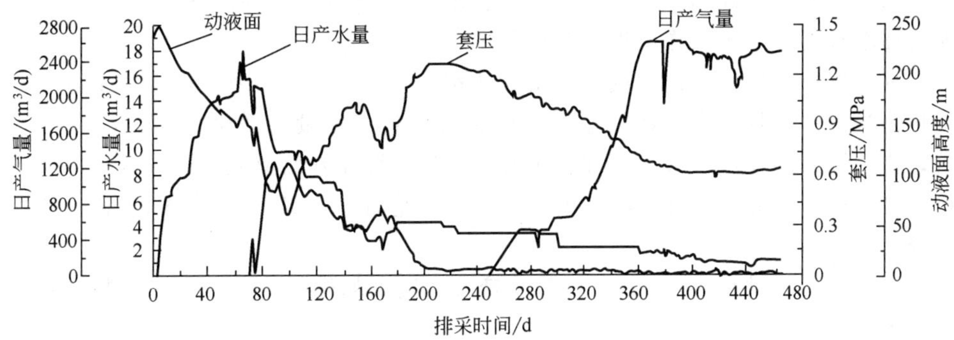

图 8-18　研究区中-高渗中硬煤块状储层某煤层气直井排采曲线

2. 基于排采曲线的排采阶段划分

根据该井的排采数据，排采 460d 累计产水 1936.21m^3，平均日产水量为 4.209m^3/d；累计产气 31.88×$10^4$$m^3$，平均日产气量为 1511$m^3$/d。根据该井的排采曲线，划分为以下几个排采阶段。

(1) 平衡产水阶段：开始排采至 72d　初始动液面高度为 239.2m，即储层压力为 2.344MPa。整个阶段排采工作制度以 1.5m/d 左右的动液面下降速度进行排采。当液面降低到 145m 时，井口出现套压，煤层中的气体开始解吸产出，进入控制井底压力不放气阶段。

(2) 控制井底压力不放气阶段：排采 73～250d　井口套压逐渐上升，整个阶段套压上升的平均速度为 0.0067MPa/d，排采工作制度以大约 0.7m/d 的动液面下降速度进行排采。当套压上升到 1.2MPa 时，开始放气，进入稳定提产阶段。

(3) 稳定提产阶段：排采 251～361d　保持井口套压的基本稳定，产气量持续稳步的提高，动液面在煤层至煤层上部 10m 以下范围内波动，整个阶段平均日增产气量为 22.5m^3/d，最后产气量稳定到 2500m^3/d 左右。

(4) 稳定产气阶段：排采 361d 以后　稳产后地层供液能力大幅度降低，产水量明显减小，动液面在煤层至煤层上部 10m 以下范围内波动，套压仍维持在 0.6MPa 以上，日产气量保持在 2500m^3/d 以上。

3. 不同排采阶段排采工作制度合理性评价

(1) 平衡产水阶段的合理性评价　根据平衡产水阶段的数学模型，计算的平衡产水阶段合理的压降速率为 0.0167MPa/d，即平均的液面降速为 1.7m/d。实

际排采过程中，该井的平衡产水阶段的液面降速控制在 1.5m/d 左右，计算结果与实际结果差别不大。根据该井的日产水量和排采控制可将该阶段分为以下几个过程。

第一过程：从开始排采至 43d，煤储层中的水开始不断地向井筒产出，供液能力逐渐升高，排采工作制度不断调整过程

这一排采过程中，该井的日产水量从初始的 0 逐渐上升到 $14m^3/d$ 左右。整个排采过程中，日产水量始终呈上升的趋势，日产水量的增速为 $0.326m^3/d$ 左右，说明该井的地层供液能力在逐步升高，压降漏斗开始形成。通过调整排采工作制度，将井筒的液面降速控制在 1.5m/d 左右，保证了动液面的相对平稳下降。

第二过程：排采 44～72d，地层供液能力逐渐趋于平稳，排采工作制度几乎稳定的过程

在该过程中，煤层的压降漏斗半径扩大，影响范围增加。同时围岩向煤层的补水量趋于平稳，该井的日产水量基本稳定在 $15m^3/d$ 左右。为保证井筒液面稳定下降，通过调整排采工作制度，使液面降速控制在 1.5m/d 左右。

平衡产水阶段，模型计算液面降速与实际排采的液面降速很接近，围岩含水层向煤层的补给量经历了“不断上升-趋于平稳”的过程，通过调整排采工作制度适应地层供液能力的变化，有效保证了动液面降速的平稳，说明该阶段的排采控制是合理的。该井平衡产水阶段不同过程的日产水量变化如图 8-19 所示。

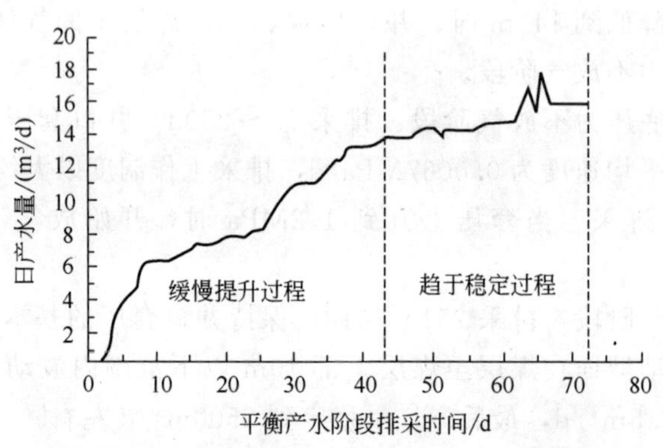

图 8-19 平衡产水阶段不同过程日产水量变化

(2) 控制井底流压不放气阶段的合理性评价　根据控制井底流压不放气阶段的数学模型，结合该区块的渗透率、含气量、储层压力等参数，计算出该阶段合理的放气套压值为 1.29MPa，该井实际排采过程中的放气套压为 1.2MPa，两者差值相对较小。根据该井排采过程中套压的变化，该阶段的排采工作制度可以分为以下几个过程。

第一过程：排采 73～139d，控制套压上升速度，尽量保持井底流压基本不变的过程

该排采过程中，井底压力达到煤储层的临界解吸压力，气体开始解吸，由于气体压降漏斗形成的压力降主要集中在井筒附近，气体解吸和运移到井筒相对较容易且时间短。因此，该排采过程中，井筒的套压值在前期上升较快，后期上升的速度逐渐减缓。该井实际排采过程中，套压平均上升速度为 0.015MPa/d，达到了 1MPa 左右。由于调节排采工作制度，出现井筒套压波动的现象，但通过控制产水量，控制液面降速，套压整体上仍呈现为上升的趋势，同时保持了井底流压基本不变。

第二过程：排采 140～194d，井口套压逐渐趋于平稳，井底流压稍有下降的过程

该过程中，套压上升至 1MPa 左右，煤储层水压和气压传递速率逐渐减缓，井筒气体增量逐渐减小，套压上升速度变慢。从套压 1MPa 左右上升至 1.2MPa，套压的平均上升速度为 0.0036MPa/d。通过控制产水量，控制液面缓慢下降，并保持井筒套压逐渐趋于稳定。

第三过程：排采 195～250d，井口套压值基本稳定不变，井底流压缓慢下降的过程

该过程中，井筒套压值基本稳定在 1.2MPa 左右，并表现出一定的下降趋势。因此，需要根据套压变化情况进行井口放气处理，避免井筒近端气体大量聚集导致气锁现象。该过程中，井筒套压逐渐趋于稳定，在保证井筒液面缓慢下降的前提下，井底流压会逐步下降。

控制井底流压不放气阶段，通过控制套压上升速度，有效保证了产水的连续性和稳定性，该阶段日产水量比较平稳，一定程度上说明了该阶段排采工作制度是比较合理的。该井该阶段不同过程套压变化如图 8-20 所示。

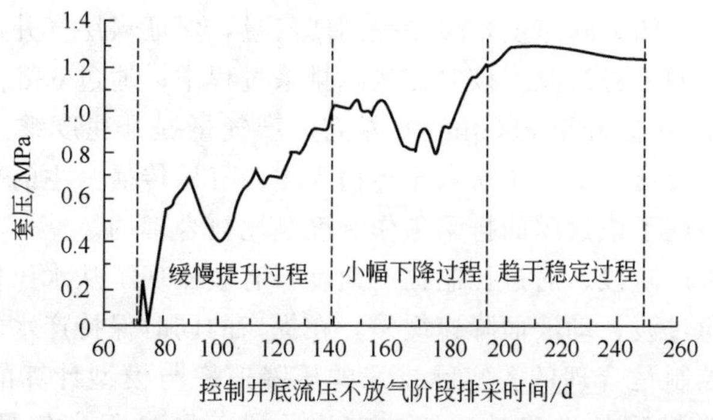

图 8-20　控制井底流压不放气阶段对应过程划分及套压变化

（3）稳定提产阶段的合理性评价　根据稳定提产阶段压降速率数理模型，结合渗透率、临界解吸压力、含气量等参数，计算的稳定提产阶段合理的压降速率为 0.0112MPa/d，即平均的液面降低速度为 1.14m/d。实际排采过程中，稳定提产阶段的液面在煤层至煤层上部 10m 左右的范围内波动，液面高度整体呈缓慢下降的趋势，井底流压的降速维持在 0.0084MPa/d 左右。该阶段的主要目的是保证气压压降漏斗变得更加平缓，确保水压传播为主向气压传播为主的平稳过渡。该排采阶段又可分为以下几个过程，下面分别对不同过程合理性进行评价。

第一过程：排采 251～271d，控制井底流压缓慢下降，产气量缓慢上升的过程

该过程的主要目的是以较低的产气量提升速度，保证气压降落漏斗半径的稳步扩展，又保证远端水压的传递和井筒产气量的稳定。实际排采过程中，产气量提升速度基本维持在 24m^3/d 左右，产气量提升速度较慢，避免提升速度过快导致的井筒近端的局部渗透率下降过快而影响产气量，有利于气压、水压传播和该过程中的气量供给。

第二过程：排采 272～293d，控制井底流压缓慢下降，以较稳定的低产气量排采过程

该过程之前，通过放气，将产气量缓慢提升至 504m^3/d。进入该阶段后，控制针形阀以稳定的产气量进行生产，套压及井底流压缓慢下降。该过程的主要目的是以较低的产气量进行稳定生产，使煤层气井气压压降漏斗变得平缓，保证气压降落漏斗半径的稳步扩展，同时又保证远端水压的传递和井筒产气量的稳定。实际排采过程中，此过程的产气量基本维持在 504m^3/d，有效保证了水压和气压的传播，日产水量基本保持平稳说明了这一过程排采控制是基本合理的。

第三过程：排采 294～361d，控制井底流压下降速度，产气量缓慢上升的过程

经过之前的两个过程，产气量提升至 504m^3/d 并稳定，井筒套压基本稳定在 1MPa 以上，说明煤储层的产气量有进一步提升的空间。该过程的主要目的是通过控制井筒流压的下降速度，缓慢提高产气量，保证煤层气井从水压传播为主向气压传播为主的平稳过渡。该井在实际排采过程中，通过 68d 的提产时间，将产气量从 504m^3/d 提升至 2500m^3/d 左右，产气量提升速度维持在 29.4m^3/d，产气量提升速度缓慢，实现了从水压传播为主向气压传播为主的平稳过渡。日产水量比较平稳佐证了该过程的排采工作制度是比较合理的。

整个稳定提产阶段，通过控制提产速度，有效实现了从水压传播为主向气压传播为主的平稳过渡，动液面降速缓慢，在提产的同时保持产水的连续性，说明该阶段的排采控制是合理的。实际排采的压降速率与模型计算的压降速率较接近，验证了数学模型的准确性。该井在该阶段不同过程产气量变化如图 8-21 所示。

(4) 稳定产气阶段的合理性评价　该井进入稳产期后，产水量明显减少，产

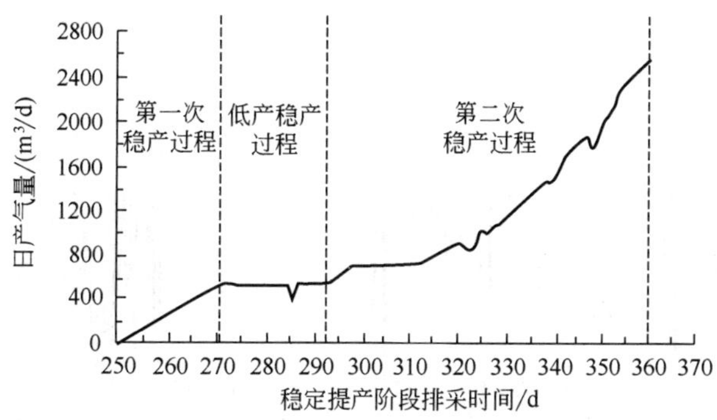

图 8-21　稳定提产阶段对应过程划分及产气量变化

气量基本稳定在 2500m^3/d 左右，累计产气量近 $32\times10^4m^3$，动液面在煤层至煤层上部 10m 左右的范围内波动，动液面高度基本稳定，井筒套压稳定在 0.6MPa 以上。日产水量稍有下降后基本保持平稳，说明在此阶段的排采控制是较合理的，该井此阶段的具体排采信息变化如图 8-18 所示，在此不再赘述。

四、低渗软煤块状储层典型排采曲线分析

对于低渗软煤块状储层排采曲线特征，以河南省焦作市某区块地面煤层气直井的勘探开发资料为例进行分析。

1. 低渗软煤块状储层煤层气井概况

该井位于河南省焦作市，开发的煤层为二$_1$煤层，煤层中部埋深 758.8m，煤层厚度 6.8m，钻井取心发现，煤层顶部和底部主要发育碎粒煤和糜棱煤，煤层中间为碎裂结构煤。含气量为 21.25m^3/t，储层压力为 7.015MPa。二$_1$煤储层渗透率为 0.02mD，该煤层气井排采时，受到围岩含水层的补给，且补给量比较大，很难从有越流补给转变为无越流补给，该煤层气井的排采储层类型可定为低渗软煤块状储层。该井排采过程中的日产水量、日产气量、套压和动液面高度的变化趋势如图 8-22 所示。

2. 基于排采曲线的排采阶段划分

根据该井的排采数据，排采 405d 累计产水 8224.74m^3，平均日产水量为 20.308m^3/d；累计产气 $10.85\times10^4m^3$，平均日产气量为 494m^3/d。根据该井的排采曲线，划分为以下几个排采阶段。

(1) 平衡产水阶段：开始排采至 97d　初始动液面高度为 715.9m，即储层压力为 7.015MPa。这一阶段排采工作制度以平均 7.04m/d 的动液面下降速度进行排采。当液面降低到 208.7m 时，井口出现套压，煤层中的气体开始解吸产出，该井没有进行憋压阶段，直接进入稳定提产阶段。

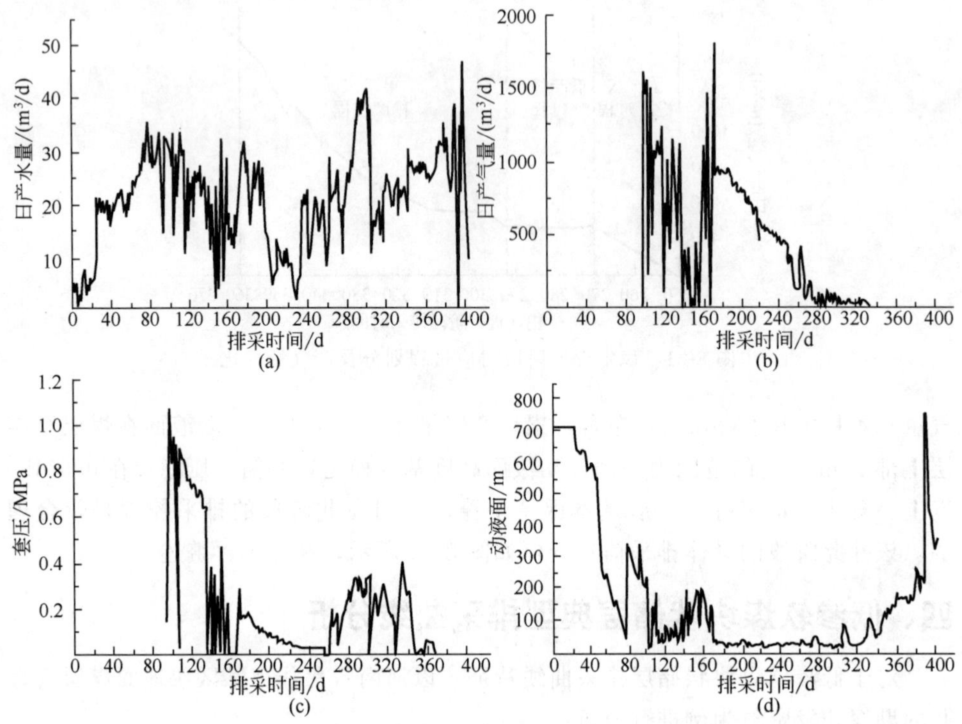

图 8-22 河南省焦作市低渗软煤块状储层某煤层气直井排采曲线

(2) 波动式提产阶段：排采 98～110d 从排采资料看出，出现套压 2d 后，套压上升至 0.87MPa。这一阶段套压上升的平均速度为 0.435MPa/d，随即进入波动式提产阶段。在波动式提产阶段，保持井口套压的基本稳定，产气量迅速提高后出现波动。仅用 4d 时间产气量由 $77m^3/d$ 增加至 $1625m^3/d$，之后在 $1000m^3/d$ 左右波动。井口套压以平均 0.0125MPa/d 的速度降低至 0.9MPa 左右。

(3) 波动式产气阶段：排采 111～175d 这一阶段中，日产气量呈波动式产气状态。井口套压以 0.0125MPa/d 的速度降低至 0.6MPa 左右，期间出现几次套压为 0 和日产气量为 0 的情况。当套压下降到 0.2MPa 以后，套压在 0～0.2MPa 之间上下波动，产气量也呈波动式状态。

(4) 产气衰减阶段：排采 175d 以后 排采 175d 以后，产气量出现下降趋势。332d 以后，井口套压和产气量均变为 0，累计产气 $10.85\times10^4m^3$。

3. 不同排采阶段排采工作制度合理性评价

(1) 平衡产水阶段排采的合理性评价 根据这一阶段动液面下降情况，可分为以下两个过程，分别对其合理性进行评价。

第一过程：从开始排采至24d，日产水量上下波动，动液面保持不变过程

这一排采过程中，始终采用了同一种排采工作制度对该井进行排采，平均产水量为4.38m^3/d。开始排采的几天，压力传递距离不太远，围岩含水层中的水还来不及向煤层及时补给，产出的水主要来自煤层，地层的供液能力不强，这种情况下若采用同一种排采工作制度进行排采，由于地层的供液能力不强，日产水量会出现波动，泵效也会呈现波动。当排采几天后，围岩含水层中的水开始向煤层补给，地层的供液能力增强，仍采用同一种排采工作制度，地层的实际供液能力大于排采工作制度的日产水量，动液面不下降。由于井底压力不变化，储层压力与井底压力之间没有压差，当井筒附近一部分水被排采出来后，才会有围岩的水向其补充，出现滞后现象，表现为日产水量的波动。这说明此过程的排采工作制度不合理。应通过调整排采工作制度，适应地层供液能力的变化，以便形成较平稳的动液面下降。

第二过程：排采25～97d，不断调整排采工作制度，动液面快速下降过程

排采24d后，调整了排采工作制度，冲次由原来的1.5次/min调整为5次/min，频率增加，冲程没有发生变化，日产水量由原来的5.7m^3/d陡然升高到19.5m^3/d左右，动液面以平均7.04m/d的速度下降。通过不断调整排采工作制度，日产水量由19.5m^3/d左右上升到30m^3/d左右，排采24d后出现套压。根据这一过程日产水量及动液面下降情况可知，地层的实际供液能力在18～23m^3/d之间，排采工作制度应根据这一实际供液能力进行排采工作制度的制定。这一过程中，随着动液面的下降，井底压力与储层压力之间产生压差，随着排采的进行，围岩向煤层的补给量开始增加，因围岩的渗透率高，煤层的渗透率低，若动液面下降过快，压力在围岩中传递较快，在煤层中传递较慢，在煤层中不易形成平缓的压降漏斗，当达到临界解吸压力时，压力传递的范围有限，影响后期的产气稳定。因此，在这一过程中，一方面应根据地层供液能力的变化调整排采工作制度进行适应；另一方面，动液面下降速度不能过快，以防止压力仅仅在围岩中传递，在煤层中传递距离太近，对后期产气不利。而该井这一过程显然动液面下降速度有点儿快，后期的产气的波动也佐证了这一点。

平衡产水阶段不同过程产水量变化如图8-23所示。

(2) 波动式提产阶段排采的合理性评价　根据这一阶段的产气量和套压情况，可分为以下两个过程，分别对其合理性进行评价。

第一过程：排采98～101d，产气量快速上升，动液面快速下降过程

这一过程中，仅用了4d时间，产气量从77m^3/d增加到1625m^3/d，产气量日增量为516.08m^3/d，动液面由208m降至53m，平均降低51.67m/d。当井底压力降低到临界解吸压力以下时，煤层中的气体开始解吸产出。气体的解吸产出会阻碍水的流动，地层的供液能力稍有下降，此时应及时调整排采工作制度适应地层供液能力的变化。但实际排采时，当煤层产气后，仍然采用未产气时的排采

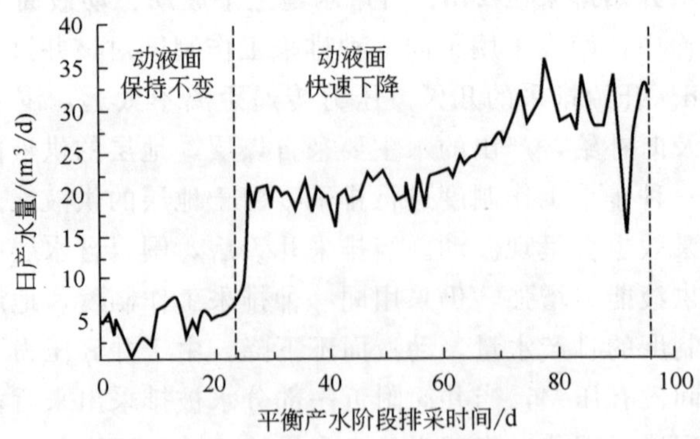

图 8-23 平衡产水阶段不同过程产水量变化

工作制度，实际产水量远大于地层的供液能力，造成动液面下降速度过快。动液面大幅度下降，近井地带的解吸气量也快速增加，造成日产气量增加速度很快。气压压降漏斗太陡，容易造成近井地带渗透率的急剧下降，影响煤层内水压和气压的传递，对后期产气不利。

第二过程：排采 102～110d，套压缓慢下降，产气量缓慢下降后稳定过程

由于实际产水大于地层的供液能力，造成动液面下降速度过快，产气量增加速度过快。发现这一问题后，及时调整了排采工作制度，使实际产水量与地层的供液能力基本匹配，动液面的快速下降得到抑制，但地层的产气速度无法维持 $1400m^3/d$ 的产气量，通过缓慢降低套压，来弥补地层供气能力的不足，产气量也缓慢下降。这说明产气初期排采速度过快，造成煤层中没有形成平缓的气压降落漏斗，气压传播距离十分有限，影响了后期的产气。这一过程中出现套压急剧降低及产气量急剧下降的情况是由于现场停电造成的，与排采工作制度关系不大。

波动式提产阶段不同过程产气量变化如图 8-24 所示。

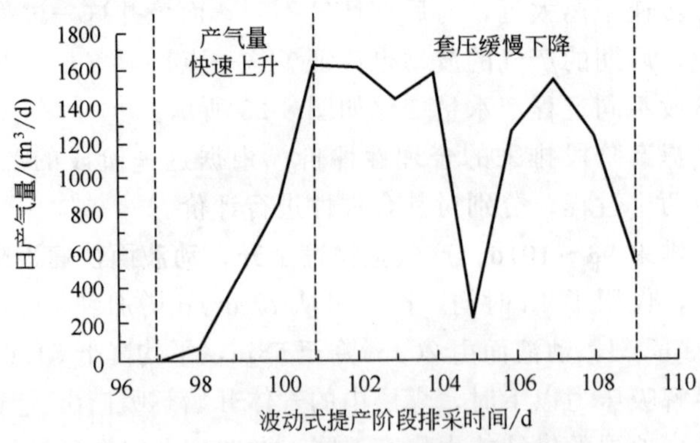

图 8-24 波动式提产阶段不同过程产气量变化

(3) 波动式产气阶段排采的合理性评价　根据这一阶段的产气量和套压情况，可分为以下两个过程，分别对其合理性进行评价。

第一过程：排采111～133d，套压平稳下降，产气量波动过程

由于没有形成平缓的气压降落漏斗，气压传播的距离有限，近井筒地带气体大量解吸后，随着排采的进行，相对较远端的气体解吸量相对比较少，无法继续维持较高的日产气量。因此，表现为井口的套压值下降，井底压力下降，煤储层压力与井底压力之间的压差增加，加速了相对较远端的气体的解吸，试图保持相对较高的产气量。气压传递的距离有限，通过相对较远端气体的大量解吸来维持较高产气量，产气量不能持久。产气量的不稳定造成地层供液能力的不稳定，地层供液能力的不稳定反过来又影响动液面的下降速度，造成井底压力的不稳定，对煤储层的伤害性较大，影响了后期的产气。

第二过程：排采134～175d，套压波动，产气量波动过程

地层的产气速度无法维持较高的产气量时，日产气量下降，由于地层产气速度发生变化，地层的供液能力也发生变化，导致产水量也出现变化。产水量的变化，导致动液面下降出现波动，井底压力出现波动，地层的产气速度也出现波动。由于前期排采速度过快，未形成较平缓的气压降落漏斗，气压降落漏斗过陡，一方面影响了远端水向井筒的运移，影响了水压传递的距离；另一方面，近井地带大量气体的产出，使煤基质承受的应力增加，近井地带煤储层的导流能力下降，也影响了水压和气压的传播。

波动式产气阶段不同过程套压变化如图8-25所示。

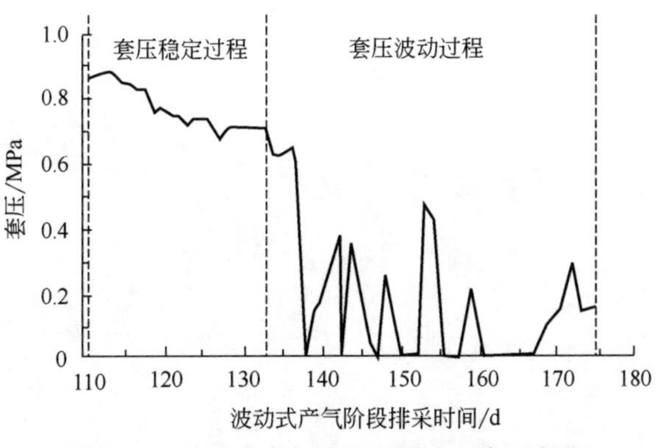

图8-25　波动式产气阶段不同过程套压变化

(4) 产气衰减阶段排采的合理性评价　前期排采工作制度的不合理，动液面下降速度过快，造成煤层中水压传递的距离有限。由于煤储层渗透率较低，当产气后，未经过憋压处理，让煤层远端的水尽量向井筒运移，使产气后水压在煤层中传播的距离有限。而且产气后，不能及时调整排采工作制度以适应地层供液能力的变化，造成动液面下降速度过快，近井地带解吸气体过多，气压压降漏斗过陡，气压传播距离有限，近井地带煤层所受的应力增加过快，近井地带煤储层的导流能力下降过大，影响了远端的水和气的传播。造成产气一段时间后，需要通过降低套压和动液面来维系产气量。当近井地带气体解吸差不多时，相对较远端的气体补充量越来越少，出现产气衰减现象。当相对较远端的气体解吸差不多时，煤层中的气压无法向更远端传播，煤层中的水压也无法向更远端传播时，该井产气量为零，排采的水主要是围岩中的水，该煤层气井成为一口水井。

作者根据排采过程中煤层与围岩上水压和气压传递主控因素的明显变化，初步划分了排采储层类型。基于“五段三压四点”式的排采指导思想，应用渗流、煤层气开发地质学等理论，构建了不同排采储层类型、不同排采阶段压降速度变化数理模型，试图提出不同排采储层类型下不同排采阶段合理的排采工作制度制定的方法。但煤层段横向和纵向上储层物性的非均质性、含水量的差异、煤层本身力学性质的不同、内部能量的不平衡性、储层改造工艺效果的差异性、围岩与煤层段空间组合的多样性、地质构造的复杂性、煤层所受应力状态的多变性、数理模型的简化性等，都决定了仅通过几种情况确定排采工作制度的局限性。面临的问题还很多，需要研究者在充分认识煤储层属性及地质控制作用基础上，对不同阶段、不同时间、不同空间下工程诱导与地质属性的耦合作用机制进行深入、细致的研究，进一步拓展煤层气开发地质理论，实现煤储层属性与开发工艺技术的最佳匹配，最大限度地提高煤层气井的产气量和采收率，促进煤层气产业的大发展。

参考文献

[1] 赵庆波，张建博主编．中国煤层气研究与勘探进展（一）[M]．徐州：中国矿业大学出版社，2001：5-9.

[2] 秦勇．中国煤层气地质研究进展与述评 [J]．高校地质学报，2003，9（3）：339-358.

[3] 秦勇．中国煤层气产业化面临的形势与挑战（Ⅱ）：关键科学技术问题．天然气工业，2006，26（2）：6-10.

[4] 秦勇．中国煤层气产业化面临的形势与挑战（Ⅲ）：走向与前瞻性探索．天然气工业，2006，26（2）：6-10.

[5] 秦勇，傅雪海，韦重韬等．煤层气成藏动力条件及其控藏效应 [M]．北京：科学出版社，2012：1-15.

[6] 全国煤层气资源评价（国家计委勘查项目研究报告）//全国煤层气会议论文集，2006.

[7] 袁建军．矿井瓦斯爆炸预防措施分析 [J]．煤炭科学技术，2013，41（增）：64-67.

[8] 秦勇，朱炎铭，范炳恒．沉积有机质二次生烃理论与应用 [M]．北京：地质出版社，2001：23-38.

[9] Gayer Rand Harris I. Coalbed methane and Coal Geology [M]. London：Geological Society，1996：1-338.

[10] 秦勇，傅雪海，叶建平等．中国煤储层岩石物理学因素控气地质特征及其机理 [J]．中国煤层气，1999（2）：29-33.

[11] 王凤国，李兰杰，徐德江．华北地区煤层含气性影响因素探讨 [J]．焦作工学院学报，2003，22（2）：88-90.

[12] 王红岩，万天丰，李景明等．区域构造热事件对高煤阶煤层气富集的控制 [J]．地学前缘，2008，15（5）：364-369.

[13] 王红岩，张建博，李景明等．中国煤层气富集成藏规律 [J]．天然气工业，2004，24（5）：11-13.

[14] 琚宜文，范俊佳，谭静强等．华北盆-山演化和岩石圈转型与煤层气富集的关系 [J]．中国煤炭地质，2009，21（3）：1-6.

[15] 桑树勋，范炳恒，秦勇等．煤层气的封存与富集条件 [J]．石油与天然气地质，1999，20（2）：104-107.

[16] 秦勇，傅雪海，岳巍等．沉积体系与煤层气储盖特征之关系探讨 [J]．古地理学报，2000，2（1）：77-84.

[17] 刘成林，汪泽成，冉启贵等．煤层气藏保存条件评价 [J]．天然气勘探与开发，1998（1）：1-5.

[18] 叶建平，武强，王子和．水文地质条件对煤层气赋存的控制作用 [J]．煤炭学报，2001，26（5）：459-462.

[19] Scott A R. Hydrogeologic factors affecting gas content distribution coal beds [J]. International Journal of Coal Geology，2002，50（1）：363-387.

[20] 秦胜飞，宋岩，唐修义等．流动的地下水对煤层含气性的破坏机理 [J]．科学通报，2005，50（1）：99-104.

[21] Yao Y，Liu D，Tang D，et al. Preliminary evaluation of the coalbed methane production potential and its geological controls in the Weibei Coal field South eastern Ordos Basin China [J]，International Journal of Coal Geology，2009，78（1）：1-15.

[22] 王红岩，李贵中，李景明．中国煤层气的富集特征 [J]．中国煤层气，2006，3（2）：7-10.

[23] 宋岩，秦胜飞，赵孟军．中国煤层气成藏的两大关键地质因素 [J]．天然气地球科学，2007，18（4）：545-553.

[24] 陈振宏，宋岩．高、低煤阶煤层气藏成藏过程及优势地质模型 [J]. 新疆石油地质，2007，28 (3)：275-278.

[25] 王红岩，李景明，赵群．高变质煤层气成藏特征 [J]. 天然气技术，2007，1 (5)：36-40.

[26] 王勃，巢海燕，郑贵强等．高、低煤阶煤层气藏地质特征及控气作用差异性研究 [J]. 地质学报，2008，82 (10)：1396-1341.

[27] 刘洪林，赵国良，门相勇等．煤层气的富集成藏类型初探 [J]. 辽宁工程技术大学学报，2005，24 (2)：165-168.

[28] 林晓英．煤层气藏成藏机理 [D]. 郑州：河南理工大学，2005.

[29] 闫宝珍，王延斌，丰庆泰等．基于地质主控因素的沁水盆地煤层气富集划分 [J]. 煤炭学报，2008，33 (10)：1102-1106.

[30] 张建博，秦勇，王红岩等．高渗透性煤储层分布的构造预测 [J]. 高校地质学报，2003，9 (3)：359-364.

[31] 苏强．裂缝预测的构造曲率方法比较 [J]. 西部探矿工程，2010 (5)：47-50.

[32] EVAN R S. Subsurface and experimental analyses of fractures and curvature [D]. Norman：Conocophillips School of Geology and Geophysics，University of Oklahoma，2011：17-25.

[33] 秦勇，张德民，傅雪海等．沁水盆地中-南部现代构造应力场与煤储层物性关系之探讨 [J]. 地质论评，1999，45 (6)：576-583.

[34] 张泓，王绳组，郑玉柱等．古构造应力场与低渗煤储层的相对高渗区预测 [J]. 煤炭学报，2004，29 (6)：708-711.

[35] 员争荣．构造应力场对煤储层渗透性的控制机制研究 [J]. 煤田地质与勘探，2004，32 (4)：23-25.

[36] 李小彦，李静，杨利军等．铁法煤田煤储层渗透性预测 [J]. 煤田地质与勘探，1998，26 (2)：34-36.

[37] 傅雪海，姜波，秦勇等．用测井曲线划分煤体结构和预测煤储层渗透率 [J]. 测井技术，2003，27 (2)：140-143.

[38] 原福堂．应用神经网络计算储层参数 [J]. 测井技术，1995 (5)：323-328.

[39] 夏宏泉，张贤辉，范翔宇等．基于神经网络法的逐点渗透率测井解释研究 [J]. 西南石油学院学报，2001，23 (1)：11-13.

[40] 晋香兰，张泓．基于多元回归分析的煤储层高渗区预测——以沁水盆地为例 [J]. 煤田地质与勘探，2006，34 (2)：22-25.

[41] Smyth M，BuckleyM J. Statistical analysis of themicrolithotype sequence in the Bulli seam，Australia，and relevance to permeability for coal [J]. International Joural of Coal Geology，1993，22 (2)：167-187.

[42] 冯富成，毛耀保，王永等．沁水盆地煤层气高渗富集区遥感研究 [J]. 中国煤田地质，2002，14 (2)：24-25.

[43] 傅雪海，秦勇，姜波等．山西沁水盆地中-南部煤储层渗透率物理模拟与数值模拟 [J]. 地质科学，2003，38 (2)：221-229.

[44] Cuddy S J (李乐中译). 利用模糊逻辑技术预测岩相和渗透率 [J]. 国外油田工程．2001，17 (6)：26-29.

[45] 李志强，鲜学福，徐龙君等．地应力场、地温场中煤层气相对高渗区定量预测方法 [J]. 煤炭学报，2009，34 (6)：766-770.

[46] 张有生，秦勇，陈家良．煤层显微序列数学模拟及其在煤储层物性评价中初步应用 [J]. 沉积学报，1998，16 (4)：118-123.

[47] Gan H, Nandi S P, Walker P L, Porosities of coals [J]. Fuel, 1972, 51 (3): 272-285.
[48] 郝琦．煤的显微孔隙形态特征及其成因探讨 [J]. 煤炭学报, 1987 (4): 51-54.
[49] 张素新, 肖红艳．煤储层中微孔隙和微裂隙的扫描电镜研究 [J]. 电子显微学报, 2000, 19 (4): 531-532.
[50] 张慧．煤孔隙的成因类型及其研究 [J]. 煤炭学报, 2001, 26 (1): 40-44.
[51] 苏现波．煤层气储集层的孔隙特征 [J]. 焦作工学院学报, 1998, 17 (1): 6-11.
[52] Ходо Т В В. 煤与瓦斯突出 [M]. 宋世钊, 王佑安译．北京: 中国工业出版社, 1966: 27-30.
[53] Elliot M A. 煤利用化学 [M]. 徐晓, 吴奇虎, 鲍汉深等译．北京: 化学工业出版社, 1991: 142-152.
[54] Mahajan O P, Coalporosity. In: Meyers, R. A. (ed.), CoalStructure [M]. New York: Academic Press, 1982: 51-52.
[55] 苏现波, 陈江峰, 孙俊民等．煤层气地质学与勘探开发 [M]. 北京: 科学出版社, 2001: 17-22.
[56] 抚顺煤炭科学研究所, 煤层烃类气体组分与煤岩煤化关系的研究 [R]. 1985.
[57] 杨思敬, 杨福蓉, 高照祥．煤的孔隙系统和突出煤的孔隙特征//第二届国际采矿科学技术讨论会论文集 [C]. 徐州, 1991: 770-777.
[58] 刘常洪．煤孔结构特征的试验研究 [J]. 煤矿安全, 1993 (8): 1-5.
[59] 肖宝清．煤的孔隙特性与煤浆流变性关系的研究 [J]. 世界煤炭技术, 1994 (2): 37-40.
[60] 秦勇, 徐志伟, 张井．高煤级煤孔径结构的自然分类及其应用 [J]. 煤炭学报, 1995, 20 (3): 266-271.
[61] 唐书恒, 张静平, 吴敏杰．腐泥煤孔隙结构特征研究 [J]. 天然气地球科学, 2013, 24 (2): 247-251.
[62] 童宏树, 胡宝林．鄂尔多斯盆地煤储层低温氮吸附孔隙分形特征研究 [J]. 煤炭技术, 2004, 23 (7): 1-3.
[63] 许浩, 张尚虎, 冷雪等．沁水盆地煤储层孔隙系统模型与物性分析 [J]. 科学通报, 2005, 50 (增刊 1): 45-50.
[64] 姚艳斌, 刘大锰．煤储层孔隙系统发育特征与煤层气可采性研究 [J]. 煤炭科学技术, 2006, 34 (3): 64-68.
[65] 许江, 陆漆, 吴鑫等．不同颗粒粒径下型煤孔隙及发育程度分形特征 [J]. 重庆大学学报, 2011, 34 (9): 81-89.
[66] 周龙刚, 吴财芳．黔西比德——三塘盆地主采煤层孔隙特征 [J]. 煤炭学报, 2012, 37 (11): 1878-1884.
[67] 常会珍, 秦勇, 王飞．贵州珠藏向斜煤样孔隙结构的差异性及其对渗流能力的影响 [J]. 高校地质学报, 2012, 18 (3): 544-548.
[68] 杨其銮, 王佑安．煤层瓦斯扩散理论及其应用 [J]. 煤炭学报, 1986, 11 (3): 87-93.
[69] 杨其銮．关于煤屑瓦斯扩散规律的试验研究 [J]. 煤矿安全, 1987 (2): 9-16.
[70] 聂百胜, 何学秋, 王恩元．瓦斯气体在煤层中的扩散机理及模式 [J]. 中国安全科学学报, 2000, 10 (6): 24-28.
[71] 傅雪海, 秦勇, 张万红等．基于煤层气运移的煤孔隙分形分类及自然分类研究 [J]. 科学通报增刊 (Ⅰ), 2005 (10): 51-55.
[72] 闫宝珍, 王延斌, 倪小明．地层条件下基于纳米级孔隙的煤层气扩散特征 [J]. 煤炭学报, 2008, 33 (6): 657-660.
[73] 张小东, 刘炎昊, 桑树勋等．高煤级煤储层条件下的气体扩散机制 [J]. 中国矿业大学学报, 2011, 40 (1): 43-48.

[74] 范俊佳，琚宜文，侯泉林等．不同变质变形煤储层孔隙特征与煤层气可采性［J］．地学前缘，2010，17（5）：325-335.

[75] 刘爱华，傅雪海，梁文庆等．不同煤阶煤孔隙分布特征及其对煤层气开发的影响［J］．煤炭科学技术，2013，41（4）：104-108.

[76] Friesen W I，Mikule R J. Fractal Dimensions of Coal Particles［J］. Journal of Colloid and Interface Science，1987，20（1）：263-271.

[77] 王启立，胡亚非，何敏等．石墨多孔介质孔隙度与比表面积的分形描述［J］．煤炭学报，2010，35（10）：1725-1729.

[78] 霍永忠，张爱云．煤层气储层的显微孔裂隙成因分类及其应用［J］．煤田地质与勘探，1998，26（6）：28-32.

[79] 傅雪海，秦勇，薛秀谦．分形理论在煤储层物性研究中的应用［J］．煤，2000，9（4）：1-3.

[80] 王恩元，何学秋．煤岩等多孔介质的分形结构［J］．焦作工学院学报，1996，15（4）：19-23.

[81] 张玉涛，王德明，仲晓星．煤孔隙分形特征及其随温度的变化规律［J］．煤炭科学技术，2007，35（11）：73-76.

[82] 赵阳升，冯增朝，文再明．煤体瓦斯愈渗机理与研究方法［J］．煤炭学报，2004，29（3）：293-297.

[83] 于艳梅，胡耀青，梁卫国等．应用CT技术研究瘦煤在不同温度下孔隙变化特征［J］．地球物理学报，2012，55（2）：637-644.

[84] 宋晓夏，唐跃刚，李伟等．基于显微CT的构造煤渗流孔精细表征［J］．煤炭学报，2013，38（3）：435-440.

[85] 刘玉明，梁灿．复杂岩性储层核磁共振测井岩心分析［J］．石油天然气学报，2014，36（6）：75-78.

[86] Ammosov Ⅱ，Eremin Ⅳ. Fracturing in coal［M］. Mosccow：IZDAT Publishers，1954：109.

[87] Close J C. Natural Fractures in Coal，In：Law，B. E.，Rice，D. D.（Eds），Hydrocarbons from Coal［J］. AAPG Studies in Geology，1993，（38）：119-132.

[88] 李小彦．煤储层裂隙研究方法辨析［J］．中国煤田地质，1998，10（1）：30-36.

[89] 苏现波，冯艳丽，陈江锋．煤中裂隙的分类［J］．煤田地质与勘探，2002，30（4）：21-24.

[90] 张慧，王晓刚，员争荣等．煤中显微裂隙的成因类型及其研究意义［J］．岩石矿物学杂志，2002，21（3）：278-284.

[91] 王生维，张明，庄小丽．煤储层裂隙形成机理及其研究意义［J］．地球科学——中国地质大学学报，1996，21（6）：637-640.

[92] 刘洪林，王红岩，张建博．煤储层割理评价方法［J］．天然气工业，2000，20（4）：27-29.

[93] 张红日，王传云．突出煤的微观特征［J］．煤田地质与勘探，2000，28（4）：31-33.

[94] 唐巨鹏，潘一山．核磁共振成像技术在煤层气领域应用研究［J］．煤矿开采，2003，8（2）：1-6.

[95] Warrenh J E，Root P J. The behavior of naturally fractured reservoirs［J］. Society of Petroleum Engineers Journal，1963：245-255.

[96] 韩月旺，苏现波．煤层气储层几何模型及其应用［J］．焦作工学院学报：自然科学版，2004，23（4）：251-254.

[97] 傅雪海，秦勇．多相介质煤层气储层渗透率预测理论与方法［M］．徐州：中国矿业大学出版社，2003：9-10.

[98] 许浩，汤达祯，唐书恒．鄂尔多斯盆地西部侏罗系煤储层特征及有利区预测［J］．中国煤田地质与勘探，2010，38（1）：26-29.

[99] 刘大锰，姚艳斌，刘志华等．华北安鹤煤田煤储层特征与煤层气有利区分布［J］．现代地质，2008，22（5）：787-793.

[100] 姚艳斌，刘大锰，汤达祯等．平顶山煤田煤储层物性特征与煤层气有利区预测 [J]. 中国科学——中国地质大学学报，2007，32 (2)：285-290.

[101] 罗金辉，杨永国，秦勇等．基于组合权重的煤层气有利区块模糊优选 [J]. 煤炭学报，37 (2)：242-246.

[102] 王勃，孙粉锦，李贵中等．基于模糊物元的煤层气高产富集区预测——以沁水盆地为例 [J]. 天然气工业，2010，30 (11)：22-25.

[103] 池卫国．煤层气评价选区新思路——地层能量评价法及其应用 [J]. 天然气工业，1998，18 (4)：13-16.

[104] 秦勇．中国煤层气地质研究进展与述评 [J]. 高校地质学报，2003，9 (3)：339-358.

[105] 秦勇，傅雪海，吴财芳等．高煤级煤储层弹性自调节作用及其成藏效应 [J]. 科学通报，2005，50 (增刊 1)：82-86.

[106] 吴财芳，秦勇，傅雪海等．煤基块弹性能及其与地质控制因素之间的关系 [J]. 中国矿业大学学报，2005，34 (5)：636-639.

[107] 吴财芳，秦勇，傅雪海．煤储层弹性能及其对煤层气成藏的控制作用 [J]. 中国科学，D 辑：地球科学，2007，37 (9)：1163-1168.

[108] 吴财芳，秦勇，傅雪海等．沁水盆地煤储层地层能量演化历史研究 [J]. 天然气地球科学，2007，18 (4)：557-561.

[109] 吴财芳，秦勇，韦重韬等．沁水盆地南部煤层气成藏的有效压力系统研究 [J]. 地质学报，2008，82 (10)：1372-1375.

[110] 吴财芳，秦勇．煤储层弹性能及其控藏效应：以沁水盆地为例 [J]. 地学前缘 [中国地质大学 (北京)；北京大学]，2012，19 (2)：248-256.

[111] 杨兆彪，秦勇，陈世悦等．多煤层储层能量垂向分布特征及控制机理 [J]. 地质学报，2013，87 (1)：139-144.

[112] Terzaghi K. Theorectical Soil mechanics [M]. New York：Wiley，1943.

[113] 杨满平，李允．考虑储层初始有效应力的岩石应力敏感性分析 [J]. 天然气地球科学，2004，15 (6)：601-604.

[114] 黄远智，王恩志．低渗透岩石渗透率对有效应力敏感系数的试验研究 [J]. 岩石力学与工程学报，2007，26 (2)：410-415.

[115] 高建，吕静，王家禄．储层条件下低渗透岩石应力敏感评价 [J]. 岩石力学与工程学报，2009，28 (s2) 3899-3905.

[116] 郭晓华，蔡卫，马尚权等．不同形式载荷煤体渗透率及其损伤试验研究 [J]. 煤炭工程，2010，(5)：76-80.

[117] 王尤富，石勇，付利琴．低渗透裂缝油藏岩石应力敏感性试验研究 [J]. 石油天然气学报，2010，32 (2)：117-120.

[118] 孙东生，李阿伟，王红才等．低渗砂岩储层渗透率各向异性规律的实验研究 [J]. 地球物理学进展，2012，27 (3)：1101-1106.

[119] Berryman J G. Effective stress for transport properties of inhomogeneous porous rock [J]. Geophys. Res.，1992，97 (B12)：17409-17424.

[120] BernabeY. Thee ffective pressure law for permeability during pore pressure and confining pressure cycling of several crystalline rocks [J]. J. Geophys. Res.，1987 (B1)：649-657.

[121] 丁艳艳，李闽，肖文联．围压对低渗砂岩渗透率有效应力系数的影响 [J]. 地球物理学进展，2012，27 (2)：696-701.

[122] 代平，孙良田，李闽．低渗透砂岩储层孔隙度、渗透率与有效应力关系研究 [J]. 天然气工业，2006，26 (2)：93-95.

[123] 汪枫，孙雷，李松林．裂缝性低渗透气藏的应力敏感性室内研究［J］．内蒙古石油化工，2009，6：100-102.

[124] 乔丽萍，王者超，李术才．基于 Tightgas 致密砂岩储层渗透率的有效应力特性研究［J］．岩石力学与工程学报，2011，30（7）：1422-1428.

[125] 刘珊，同登科．变形双重介质煤层气拟稳态渗流问题［J］．天然气地球科学，2004，15（6）：669-673.

[126] 罗瑞兰，程松林，彭建春等．油气储层渗透率应力敏感性与启动压力梯度的关系［J］．西南石油学院学报，2005，27（3）：20-23.

[127] 褚卫江，徐卫亚，苏静波．变形多孔介质流固耦合模型及数值模拟研究［J］．工程力学，2007，24（9）：56-65.

[128] 胡大伟，朱其志，周辉等．脆性岩石各向异性损伤和渗透性演化规律研究［J］．岩石力学与工程学报，2008，27（9）：1822-1828.

[129] 周志军，李菁，刘永建等．低渗透油藏渗流场与应力场耦合规律研究［J］．石油与天然气地质，2008，29（3）：391-397.

[130] 邓广弘，罗克勇，马东民等．煤层气储层流固耦合数学模型［J］．天然气地球科学，2011，22（4）：723-728.

[131] 汪吉林，秦勇，傅雪海．多因素叠加作用下煤储层渗透率的动态变化规律［J］．煤炭学报，2012，37（8）：1348-1354.

[132] 唐巨鹏，潘一山，李成全等．有效应力对煤层气解吸渗流影响试验研究［J］．岩石力学与工程学报，2006，25（8）：1563-1569.

[133] 许江，周婷，李波波等．三轴应力条件下煤层气储层渗流滞后效应试验研究［J］．岩石力学与工程学报，2012，31（9）：1854-1862.

[134] 张先敏，同登科．考虑基质收缩影响的煤层气流动模型及应用［J］．中国科学 E 辑（技术科学），2008，38（5）：790-796.

[135] 傅雪海，秦勇，张万红．高煤级煤基质力学效应与煤储层渗透率耦合关系分析［J］．高校地质学报，2003，9（3）：373-378.

[136] 陈金刚，陈庆发．煤岩力学性质对其基质自调节能力的控制效应［J］．天然气工业，2005，25（2）140-142.

[137] 赵全胜，李其廉，黄鹂．考虑瓦斯解吸影响的煤渗流应力耦合模型［J］．辽宁工程技术大学学报：自然科学版，2010，29（4）：533-537.

[138] 周军平，鲜学福，姜永东等．考虑基质收缩效应的煤层气应力场-渗流场耦合作用分析［J］．岩土力学，2010，31（7）：2317-2325.

[139] 赖枫鹏，李治平，汪益宁等．基于等效基质颗粒模型的自调节效应孔渗计算方法［J］．中国石油大学学报：自然科学版，2012，36（6）：84-89.

[140] 赵明章，姚泽，徐明等．考虑自调节效应的煤层气动态渗透率模型［J］．断块油气田，2013，20（1）：63-66.

[141] 程波，叶佩鑫，隆清明等．煤基质收缩效应和有效应力对煤层渗透率影响的新数学模型［J］．矿业安全与环保，2010，37（2）：1-3.

[142] 杨陆武．中国煤层气水平井开发的理论与实践——兼谈煤层气成藏的基本理论条件//．叶建平，范志强主编．2006 年煤层气学术研讨会论文集［C］，北京：地质出版社，2006：100-113.

[143] 倪小明，苏现波，张小东．煤层气开发地质学［M］．北京：化学工业出版社，2010：157-180.

[144] 陈振宏，陈艳鹏，杨焦生等．高煤阶煤层气储层动态渗透率特征及其对煤层气产量的影响［J］．石油学报，2010，31（6）：966-969.

[145] 曹立刚，郭海林，顾谦隆．煤层气井排采过程中各排采参数间关系的探讨［J］．中国煤田地质，2000，12（1）：31-35.

[146] 杨秀春，李明宅．煤层气排采动态参数及其相互关系［J］．煤田地质与勘探，2008，36（2）：19-24.

[147] 倪小明，苏现波，煤储层渗透率与煤层气垂直井排采曲线关系［J］．煤炭学报，2009，34（9）：1194-1198.

[148] 赵金，张遂安．煤层气井底流压生产动态研究［J］．煤田地质与勘探，2013，41（2）：21-25.

[149] 郭徽，房新亮，王雪颖，等．煤层气井排采时储层渗透率变化特征研究［J］．煤炭科学技术，2013，41（1）：82-84.

[150] 陈金刚，秦勇，傅雪海．高煤级煤储层渗透率在煤层气排采中的动态变化数值模拟［J］．中国矿业大学学报，2006，35（1）：49-53.

[151] 郭春华，周文，孙晗森等．考虑应力敏感性的煤层气井排采特征［J］．煤田地质与勘探，2011，39（5）：27-30.

[152] 杜严飞，吴财芳，邹明俊等．煤层气排采过程中煤储层压力传播规律研究［J］．煤炭工程，2011，（7）：87-89.

[153] 赵金，张遂安．煤层气排采储层压降传播规律研究［J］．煤炭科学技术，2012，40（10）：65-68.

[154] 王向浩，王延斌，倪小明，等．潘庄区块煤层气排采过程中水压传播数值模拟［J］．河南理工大学学报，2013，32（6）：681-685.

[155] 倪小明，王延斌，接铭训等．煤层气排采初期合理排采强度的确定方法［J］．西南石油大学学报，2007，29（6）：101-104.

[156] 康永尚，赵群，王红岩等．煤层气井开发效率及排采制度的研究［J］．天然气工业，2007，27（7）：79-82.

[157] 李金海，苏现波，林晓英等．煤层气井排采速率与产能关系［J］．煤炭学报，2009，34（3）：376-380.

[158] 段品佳，王芝银，翟雨阳等．煤层气排采初期阶段合理降压速率的研究［J］．煤炭学报，2011，36（10）：1689-1692.

[159] 王芝银，段品佳，张华宾．煤层气开采初期井底压力的合理控制范围研究［J］．岩石力学与工程学报，2011，30（增2）：3407-3412.

[160] 倪小明，苏现波，王延斌．煤层气垂直井排采控制决策系统的开发［J］．煤田地质与勘探，2009，37（4）：22-25.

[161] 刘升贵，胡爱梅，宋波，李惠芳．煤层气井排采煤粉浓度预警及防控措施［J］．煤炭学报，2012，37（1）：86-90.

[162] 曹代勇，姚征，李小明等．单相流驱替物理模拟实验的煤粉产出规律研究［J］．煤炭学报，2013，38（4）：624-628.

[163] 魏迎春，曹代勇，袁远，朱学申，姚征，周济．韩城区块煤层气井产出煤粉特征及主控因素［J］．煤炭学报，2013，38（8）：1424-1429.

[164] 胡秋嘉，李梦溪，王立龙等．樊庄区块煤层气直井产气曲线特征分析［J］．中国煤层气，2012，9（2）：3-7.

[165] 刘焕杰，秦勇．山西南部煤层气地质［M］．北京：中国矿业大学出版社，1998：1-10.

[166] 田敏．煤层气资源量预测中的灰色系统理论研究［D］．青岛：中国石油大学（华东），2008.

[167] 邵龙义，肖正辉，汪浩等．沁水盆地石炭——二叠纪含煤岩系高分辨率层序地层及聚煤模式［J］．地质科学，2008，43（4）：777-791.

[168] 秦勇，宋党育．山西省南部煤化作用及其古地热系统——兼论煤化作用的控气地质机理［M］．北

京：地质出版社，1998.

[169] 饶孟余，钟建华，杨陆武等．无烟煤煤层气成藏与产气机理研究——以沁水盆地无烟煤为例［J］. 石油学报，2004，25（4）：23-28.

[170] 林玉祥，刘虎，郭凤霞等．沁水盆地剥蚀量研究［J］. 地质与勘探，2014，50（1）：114-121.

[171] Magara K. Thickness of removal sediments，paleopore pressure and paleo temperature，southwestern part of Western Canada Basin [J]. AAPG Bulletin，1976，60（4）：554-565.

[172] 秦勇，曾勇．煤层甲烷储层评价及生产技术［M］. 徐州：中国矿业大学出版社，1996.

[173] 彭伦，傅雪海，权彪，王可新，陈莉．沁东南煤层气井水文地球化学特征的动态变化规律研究//叶建平主编．2008年煤层气学术研讨会论文集［C］. 北京：地质出版社，2006：100-113.

[174] 林晓英，苏现波，郭红玉．沁水盆地东南部寺头断层对煤层气藏的封闭性评价［J］. 天然气工业，2010，30（4）：20-23.

[175] 薛光武，刘鸿福，要惠芳．韩城地区构造煤类型与孔隙特征［J］. 煤炭学报，2011，36（11）：1845-1851.

[176] 姚艳斌，刘大锰，汤达祯等．沁水盆地煤储层微裂隙发育的煤岩学控制机理［J］. 中国矿业大学学报，2010，39（1）：6-13.

[177] 蔡佳丽，汤达祯，许浩．黔西滇东上二叠统煤孔隙发育特征及煤级对孔隙的影响［J］. 洁净煤技术，2011，17（4）：88-91.

[178] 姚艳斌，刘大锰，蔡益栋等．基于NMR和X-CT的煤的孔裂隙精细定量表征［J］. 中国科学：地球科学，2010，40（11）：1598-1607.

[179] 林然，倪小明，李梦溪．沁水盆地郑庄区块3#煤层裂隙发育情况预测［J］. 矿业安全与环保，2012，39（6）：54-57.

[180] 彭瑞东，杨彦从，鞠杨等．基于灰度CT图像的岩石孔隙分形维数计算［J］. 科学通报，2011，56（26）：2256-2266.

[181] GB/T 21650. 2—2008.

[182] Hawkins J M，Luffel D L，Harris T G. Capillary pressure model predicts distance to gas/water，oil/water contact [J]. Oil and Gas Journal，1993，91（3）：39-43.

[183] 王培春，李兴丽，张琳琳等．利用常规测井物性曲线重构毛细管压力曲线［J］. 测井技术，2012，36（1）：33-36.

[184] 何晓辉，赵荣，谢立志．煤层气储层孔渗性评价研究［J］. 中国煤炭地质，2011，23（11）：52-56.

[185] 欧阳健．塔单木盆地油气勘探丛书．石油测井解释与储层描述［M］. 北京：石油工业出版社，1991.

[186] 傅雪海，秦勇，韦重韬．煤层气地质学［M］. 徐州：中国矿业大学出版社，2007.

[187] ［法］Benoit Mandelbrot 著．分形对象行、机遇和维数．文志英，苏虹译．北京：世界图书出版公司，1999.

[188] Neimark A V. Calculating surface fractal dimensions of adsorbents [J]. Adsorption Science and Technology，1990，7（4）210-219.

[189] 赵爱红，廖毅，唐修义．煤的孔隙结构分形定量研究［J］. 煤炭学报，1998，23（4）：439-442.

[190] 傅雪海，秦勇，薛秀谦等．煤储层孔、裂隙系统分形研究［J］. 中国矿业大学学报，2001，30（3）：225-228.

[191] 郭小军，陈世悦等．致密储层裂缝识别与预测方法研究综述［J］. 低渗透油气田，2009（1）：86-92.

[192] 戴俊生，汪必峰．综合方法识别和预测储层裂缝［J］. 油气地质与采收率，2003，10（1）：1-4.

［193］ 吴文圣，陈钢花，王中文，雍世和．用地层微电阻率扫描成像测井识别沉积构造特征［J］．测井技术，2000（1）：60-63.

［194］ 李清松，潘和平，张荣．电阻率成像测井进展［J］．工程地球物理学报，2005，2（4）：304-310.

［195］ 卫明明．沁水盆地南部高煤级煤构造变形及其对煤层气富集区渗透率的制约［R］．昆明：昆明理工大学，2011.

［196］ 要惠芳，王秀兰．沁水盆地南部煤层气储层地质特征［M］．北京：煤炭工业出版社，2009.

［197］ 焦作矿业学院瓦斯地质研究室．瓦斯地质概论［M］．北京：煤炭工业出版社，1990.

［198］ 乔伟，倪小明等．煤体结构组合与井径变化变化关系研究［J］．河南理工大学学报：自然科学版，2010，29（2）：162-166.

［199］ 龙王寅，朱文伟，徐静等．利用测井曲线判识煤体结构探讨［J］．中国煤田地质，1999，11（3）：64-69.

［200］ 孙四清，陈致胜，韩保山等．测井曲线判识构造软煤技术预测煤与瓦斯突出［J］．煤田地质与勘探，2006，34（4）：65-68.

［201］ 郭恒隆．电性放射性测井曲线在陕北侏罗纪煤田中的物性反映特征及其解释规律［J］．中国煤炭地质，2010，22（增刊）：86-89.

［202］ 沈明荣，陈建峰．岩体力学［M］．上海：同济大学出版社，2006.

［203］ 江汉石油学院测井教研室．测井资料解释［M］．北京：石油工业出版社，1981.

［204］ 宋岩竹．朝阳沟油田储层孔隙度和渗透率解释方法［J］．中外能源，2009，14（8）：47-50.

［205］ 丁次乾．矿场地球物理［M］．东营：石油大学出版社，1991：91-99，121-129.

［206］ 马延君，于莉莉，唐学民等．利用测井方法估算渗透系数［J］．中国煤炭地质，2008，20（12）：24-25.

［207］ 孟召平，侯泉林．煤储层应力敏感性及影响因素的试验分析［J］．煤炭学报，2012，37（3）：430-437.

［208］ 倪小明，苏现波，李玉魁．多煤层合层水力压裂关键技术研究［J］．中国矿业大学学报，2010，39（5）：728-732.

［209］ 杨兆彪；秦勇；王兆丰等．钻井液条件下煤芯煤层气解吸-扩散模型及逸散量求取［J］．中国科学：地球科学，2010，40（2）：171-177.

［210］ 林瑞泰．多孔介质传热传质引论［M］北京：科学出版社，1995：18-22.

［211］ 司胜利．影响煤层气解吸扩散运移的地质因素［J］．云南地质，2004，23（2）：212-216.

［212］ 陈军斌，王冰，张国强．渗流力学与渗流物理［M］．北京：石油工业出版社，2013：8-9.

［213］ 倪小明，王延斌，接铭训等．不同构造部位地应力对压裂裂缝形态控制研究［J］．煤炭学报，2008（5）：505-508.

［214］ 乌效鸣．煤层气井水力压裂计算原理及应用［M］．武汉：中国地质大学出版社，1997：44-47.

［215］ 詹美礼，岑建．岩体水力劈裂机制圆筒模型试验及解析理论研究［J］．岩石力学与工程学报，2007（6）：1173-1181.

［216］ 楼一珊，金业权．岩石力学与石油工程［M］．北京：石油工业出版社，2006：134-136.

［217］ 葛家理．现代油藏渗流力学原理［M］．北京：石油工业出版社，2003：81-89.

［218］ 林良俊，马凤山．煤层气产出过程中气-水两相流与煤岩变形耦合数学模型研究［J］．水文地质工程地质，2001（1）：1-3.

［219］ 倪小明，张崇崇，王延斌等．基于损伤力学的煤储层有效应力数学模型［J］．岩石力学与工程学报，2014，33（增1）：3333-3340.

［220］ Terzaghi K. Die Berechnung der Durchlaeassigkeitsziffer desTones AuS dem Verlauf der Hydrodynamoschen Spannun-gserscheinungen，Sitzungsber［J］. Akad. Wiss. Wien，1923，132：125-138.

[221] 高延法，张劲松．矿山岩体力学［M］．徐州：中国矿业大学出版社，2000：36-40.

[222] 倪小明，张崇崇，王延斌等．气、水两相流阶段煤基质收缩变化规律研究［J］．天然气地球科学，2013，24（5）：1069-1074.

[223] 李小双，尹光志，赵洪宝等．含瓦斯突出煤三轴压缩下力学性质试验研究［J］．岩石力学与工程学报，2010，29（s1）：3350-3359.

[224] 刘延宝，曹树刚，李勇等．煤体吸附瓦斯膨胀变形效应的试验研究［J］．岩石力学与工程学报，2010，29（12）：2484-2492.

[225] Kozeny J. Üeber kapillare Leitung des Wassers im Boden［J］. Sitzungsber. Akad. Wiss. Wien，1927，136（2a）：271-306.

[226] Carman P C. Fluid flow through granular beds［J］. Transactions of the Institution of Chemical Engineers，1937，15：150-167.

[227] Carman P C. Flow of gases through porous media［M］. London：Butterworths，1956.

[228] 张崇崇，王延斌，倪小明等．煤层气直井排采过程中渗透率变化规律研究［J］．2015，44（3）：546-552.

[229] 郝鹏程，向俊华，王玮．低渗透油层启动压力梯度与渗透率的关系研究［J］．石油天然气学报，2008，30（5）：315-317.

[230] 郭红玉，苏现波．煤储层启动压力梯度的实验测定及意义［J］．天然气工业，2010，30（6）：52-54.

[231] 卢德堂．现代试井理论及应用［M］．北京：石油工业出版社，2009：267-269.

[232] 姜德义，张广洋，胡耀华等．有效应力对煤层气渗透率影响的研究［J］．重庆大学学报，1997，20（5）：22-25.

[233] 彭守建，许江，陶云奇等．煤样渗透率对有效应力敏感性实验分析［J］．重庆大学学报，2009，32（3）：303-307.

[234] 吴世跃，赵文．含吸附煤层气煤的有效应力分析［J］．岩石力学与工程学报，2005，24（10）：1674-1678.

[235] 李闽，肖文联．低渗砂岩储层渗透率有效应力定律试验研究［J］．岩石力学与工程学报，2008，27（增2）：3535-3540.

[236] 倪小明，王延斌，接铭训等．煤层气井排采初期合理排采强度的确定方法［J］．西南石油大学学报，2007，29（6）：101-104.

[237] 赵庆波，孙粉锦，李五忠．煤层气勘探开发地质理论与实践［M］．北京：石油工业出版社，2011：34-35.

[238] 孙粉锦，王一兵，王勃等．华北中高煤阶煤层气富集规律和有利区预测［M］．徐州：中国矿业大学出版社，2012：30-38.